高等医学院校教材

供临床医学、基础医学、预防医学、口腔医学等专业用

生物化学实验指导

Biochemistry Experiment Manual

主　　审　吕社民

主　　编　李　凌　吕立夏

副 主 编　李冬民　郭　睿　冯　晨　吴　宁

编　　者　（以姓氏汉语拼音为序）

安　然	安徽医科大学	史　磊	新乡医学院
蔡翠霞	南方医科大学	王　凯	海南医学院
费小雯	海南医学院	王学军	南京医科大学
冯　晨	中国医科大学	王毓平	井冈山大学医学部
葛振英	河南大学基础医学院	吴　宁	贵州医科大学
郭　睿	山西医科大学	吴颜晖	暨南大学医学院
胡晓鹃	南昌大学医学院	吴遵秋	贵州医科大学
嵇玉佩	郑州大学基础医学院	徐　琰	郑州大学基础医学院
来明名	大理大学基础医学院	杨旭东	西安交通大学医学部
李　姣	同济大学医学院	尹　虹	南方医科大学
李　凌	南方医科大学	尹　业	南京医科大学
李冬民	西安交通大学医学部	余海浪	南方医科大学
林贯川	南方医科大学	袁　萍	华中科技大学同济医学院
刘安玲	南方医科大学	张　旭	郑州大学基础医学院
刘宝琴	中国医科大学	张春晶	齐齐哈尔医学院
刘孝龙	安徽医科大学	张海涛	广东医科大学
吕立夏	同济大学医学院	张维娟	河南大学基础医学院
卢小玲	海军军医大学	周宏博	哈尔滨医科大学
商　亮	武汉大学基础医学院		

编写秘书　余海浪

人民卫生出版社

图书在版编目（CIP）数据

生物化学实验指导 / 李凌，吕立夏主编 . —北京：人民卫生出版社，2020

ISBN 978-7-117-28113-3

Ⅰ.①生… Ⅱ.①李…②吕… Ⅲ.①生物化学 – 化学实验 – 医学院校 – 教学参考资料 Ⅳ.①Q5-33

中国版本图书馆 CIP 数据核字（2020）第 038237 号

| 人卫智网 | www.ipmph.com | 医学教育、学术、考试、健康，购书智慧智能综合服务平台 |
| 人卫官网 | www.pmph.com | 人卫官方资讯发布平台 |

生物化学实验指导

主　　编：李　凌　吕立夏
出版发行：人民卫生出版社（中继线 010-59780011）
地　　址：北京市朝阳区潘家园南里 19 号
邮　　编：100021
E - mail：pmph @ pmph.com
购书热线：010-59787592　010-59787584　010-65264830
印　　刷：河北新华第一印刷有限责任公司
经　　销：新华书店
开　　本：787×1092　1/16　印张：17
字　　数：414 千字
版　　次：2020 年 5 月第 1 版　2023 年 1 月第 1 版第 3 次印刷
标准书号：ISBN 978-7-117-28113-3
定　　价：45.00 元
打击盗版举报电话：010-59787491　E-mail：WQ @ pmph.com
质量问题联系电话：010-59787234　E-mail：zhiliang @ pmph.com

前言

　　生物化学是生命的化学,生物化学与分子生物学的理论和实验技术已广泛渗透到医学、生命科学的各个领域,成为揭示生命奥秘的重要工具。我们组织全国21所高等医学院校的37名教学一线的中青年骨干教师共同编写了这部实验指导用书。

　　本书共6篇24章及附录,总体上可分为生物化学实验总论(第一篇)、生物化学实验各论(第二篇至第六篇)、附录三大部分。总论部分首先介绍了生物化学实验的基本要求、基本操作技能(第一章至第二章),然后简要介绍了四大生物化学技术的基本原理(第三章至第六章);实验各论部分先介绍了蛋白质实验、酶学实验、糖类脂类实验、核酸实验(第七章至第二十一章),随后介绍了设计性实验的基本程序、研究型实验设计的基本思路与生物信息学实验的基本方法(第二十二章至第二十四章);附录部分列举了生物化学实验常用数据。书中还收录了13个实验操作和结果分析的视频,读者可通过扫描二维码观看。

　　本书的编写特色鲜明。①内容编排系统,逐层深入:由实验基本要求、基本技能到实验理论,再到实验各论;②内容丰富、翔实:共涵盖35个实验项目,包括基本型实验、综合型实验、设计性实验、研究型实验;③写作特色:在简要介绍实验原理的基础上,重点描述了各项操作步骤的要点提示、技巧分析、注意事项,最后分析了常见问题及处理方法。因此,本书既是一本高等学校生物化学与分子生物学实验教材,又可作为生物化学与分子生物学实验技术的重要参考书。

　　本书的读者对象包括高等医药院校、综合性大学等的相关专业本科生、长学制学生、研究生及教师,也可供其他生物化学与分子生物学实验技术工作者和科研工作者参考,适用课程包括生物化学实验(本科生)、分子生物学实验(本科生及研究生)。

　　本书在编写过程中得到了同济大学医学院、中国医科大学等参编高校的大力支持,在此一并表示感谢。

　　由于编者水平有限,书中难免存在疏漏和不妥之处,敬请广大师生批评指正,以使本书逐渐完善。

李　凌　吕立夏

2020年3月

目录

第三篇　酶　学　实　验

第四篇　糖类和脂类实验

第一篇

生物化学实验总论

第一章
生物化学实验基本要求

生物化学实验的对象是生物活性物质,在实验中容易受到外界环境因素的影响,导致实验结果产生差异。因此,遵守实验室的基本要求,仔细认真、实事求是地做好实验记录、数据处理分析非常重要。

第一节　实验室基本要求

一、实验室规则

1. 课前预习　实验前认真预习本次实验的具体内容,熟悉实验的目的、原理、操作步骤,结合实验原理理解、领悟每一操作步骤的意义,同时初步了解所用仪器的使用方法,写出预习报告。

2. 遵守课堂纪律　进入实验室必须穿白大衣;严格遵守实验课纪律,不得无故迟到或早退;不得高声说话;严禁拿实验器具开玩笑;实验室内禁止进食。

3. 遵守操作规程　严格按实验操作规程进行实验;对于实验过程中自己不能解决或决定的问题,切勿盲目处理,应及时请教指导老师。

(1)仪器使用:严格按操作规程使用仪器,凡不熟悉操作方法的仪器不得随意动用,贵重的精密仪器必须先熟知使用方法,才能开始使用;使用后需填写使用记录;仪器发生故障或损坏,应立即关闭电源并报告老师,不得擅自拆修。

(2)试剂使用:取用试剂时必须"随开随盖""盖随瓶走",即用毕立即盖好放回原处,切忌"张冠李戴",避免污染。

(3)废物处理:废纸及其他固体废物严禁倒入水槽,应倒入垃圾桶内;废弃液体如为强酸强碱,用水稀释后方可倒入水槽内,并放水冲走。

4. 如实记录分析　以实事求是的科学态度如实记录实验结果,仔细分析,做出客观结论。若实验失败,须认真查找原因,不能任意涂改实验结果。实验完毕,认真书写实验报告,按时上交。

5. 遵守节约原则　节约药品、试剂和其他实验物品及水、电,爱护公物;遵守损坏仪器赔偿制度。

6. 保证安全　注意水、电、试剂的使用安全。使用易燃、易爆物品时应远离火源。用试管加热药品时,管口不可对人。严防强酸、强碱及有毒物质吸入口内或溅到别人身上。任何时候不得将强酸、强碱、高温、有毒物质抛洒在实验台面及仪器上。

7. 保持整洁卫生　实验台面应随时保持整洁,仪器、药品摆放整齐。实验完毕后,将实验器材洗净、放好,实验台面擦拭干净,所用仪器关闭、恢复原状。值日生要认真负责整个实验室的清洁和整理,保持实验室整洁。离开实验室前检查电源、水源和门窗等的安全,并严格执行值日生登记制度,经实验教师检查同意后方可离开实验室。

二、实验室安全

实验室里经常使用易损坏的玻璃仪器、精密的分析仪器和有腐蚀性的、有毒的、易燃的化学试剂,存在发生爆炸、火灾、中毒、灼伤、割伤、触电等事故的潜在危险。因此,一定要高度重视实验室安全,严格遵守实验室规则和实验操作规程,学习一定的安全自救和事故处理知识。发生意外事故时,要保持镇定,立即报告老师,并根据具体情况及时处理。

1. 禁止在实验室内进食。一切化学药品禁止入口,不能用实验室器皿盛放食物,不能用实验室的冰箱存放食物。实验完毕,要洗净双手再离开实验室。

2. 必须认真学习实验操作规程和有关的安全技术规程,了解仪器设备的性能及操作中可能发生事故的原因,掌握预防和处理事故的方法。

3. 使用浓酸、浓碱、铬酸洗液等试剂时要小心操作,切勿溅到眼睛、皮肤和衣物上。如果不小心溅在皮肤和眼内,应立即用大量自来水冲洗。

4. 如果误服毒性药物,应立即吐出,切勿咽下,并用清水反复漱口。伤势较重者,经急救后,应立即送医院检查、治疗。

5. 不能用湿手接触电源。若发生触电,应迅速切断电源,必要时进行心肺复苏术。若发生烫伤,应立即用自来水冲洗或冷水浸泡伤处,简单包扎后送医院治疗。对于重度烧伤,不宜就地进行治疗处理,应立即前往附近医院治疗。

6. 使用易碎玻璃仪器时应轻拿轻放。若不小心被玻璃割伤,应检查伤口内有无玻璃碎片,挑出碎片后,轻伤可以涂上红汞、紫药水或碘酊,然后包扎好。若伤势较重,进行简单处理后应尽快到医务室或医院进行治疗。

7. 实验过程中如果发生火灾,应立即切断电源、关闭燃气开关,并迅速针对起火原因选用合适的灭火方法。对于酒精(乙醇)、苯或乙醚等引起的火灾,火势较小时,可用湿布、石棉布或沙子覆盖灭火;火势大时,可用泡沫灭火器灭火。对于电器设备起火,必须先切断电源,再用二氧化碳或四氯化碳灭火器灭火。在灭火的同时,要迅速移走易燃、易爆物品,以防火势蔓延。实验人员衣服着火时,切勿惊慌乱跑,应快速脱下衣服,或用石棉布覆盖着火处,或就地躺下滚动。若情况紧急应及时报警。

第二节　实验记录及数据处理

一、实验记录

在实验实施过程中,为了得到准确的实验结果,不仅要准确地进行观察、测量,还应当正确记录实验条件、观察到的实验现象和数据。记录及描述数据结果时,不仅要反映测量值的大小,还要反映测量值的准确程度。通常用有效数字来体现测量值的可信程度。正确运用有效数字及其计算法则,是实验技术人员的基本技能之一。

1. 实验记录的基本内容　实验记录是实验教学、科学研究的重要环节之一,正确记录实验数据是培养严谨科学作风的基本要求。实验记录直接记录实验数据和现象,要求真实、完整、规范、清晰。

实验过程中应将以下三方面内容详细记录在实验记录本上:①主要实验条件,如材料的来源、质量,试剂的生产厂家、规格、用量、浓度,实验时间、操作技巧、失误等,以便总结时进行核对和作为查找失败原因的参考依据;②实验中观察到的现象,如加入试剂后溶液颜色的变化等;③原始实验数据:设计实验数据表格(注意应使用三线表格式),准确记录实验中测得的原始数据。记录测量数据时,应正确记录其有效数字的位数。

注意:实验时应及时、准确地记录实验数据和现象,以免事后补记,造成错漏。实验记录应该用钢笔或圆珠笔记录,不能用铅笔。记录要客观、真实,绝不允许拼凑、伪造数据。如果发现数据记录错误或计算错误,不能直接在某位数字上进行涂改,而应将数据用横线划去,在其上方写上正确的数字并签字。

2. 有效数字的运用　有效数字是指实际能测量到的数字,通常包括全部准确数字和最后一位估计的、不确定的可疑数字。除另有说明外,一般可理解为在可疑数字的位数上有 ±1 个单位,或在其下一位上有 ±5 个单位的误差。有效数字保留的位数与测量方法及仪器的准确度有关。在生物化学实验中正确运用有效数字时应注意以下几点。

（1）正确记录测量数据:记录的数据一定要如实反映实际测量的准确度。

（2）正确确定样品用量和选用适当的仪器:常量组分的分析测定常用质量分析或容量分析方法,准确度可达 0.1%,因此,整个测量过程中每一步骤的误差都应小于 0.1%。用分析天平称量样品时,样品量一般应大于 0.2g,才能使称量误差小于 0.1%。若称量大于 3g 的样品,可使用 1/1 000 的天平(即感量为 0.001g),也能满足对称量准确度的要求,其称量误差小于 0.1%。

（3）正确报告分析结果:分析结果的准确度要如实反映各测定步骤的准确度。分析结果的准确度不能高于各测定步骤中误差最大那一步的准确度。

（4）正确掌握准确度的要求:生物化学实验定量分析中的误差是客观存在的,对准确度的要求要根据需要和客观可能而定。常量组分的分析测定常用重量法和容量法,其误差约 ±0.1%,一般取 4 位有效数字。对于微量物质的分析,分析结果的相对误差在 ±2%～±3% 就已满足实际需要。

（5）计算器运算结果中有效数字的取舍:电子计算器的普遍使用给多位数字的计算带来很大方便,但记录计算结果时切勿照抄计算器上显示的数字,需按照有效数字的规则,决定数字位数的取舍。

二、实验数据处理

对实验中得到的一系列数值,采取适当的方法进行整理、分析,才能准确地反映出被研究对象的数量关系。在生物化学实验中,通常用列表法或图解法来表示实验结果,使结果表达得清晰、明了,减少和弥补某些测定的误差。根据对标准样品的一系列测定,也可以列出表格或绘制标准曲线,再由测定数值查出结果。

1. 列表法　是将实验所得数值用适当的表格列出,并显示它们之间的关系。通常数据的名称和单位写在标题栏中,表内只填写数字。数据应正确反映测定的有效数字,必要时应计算出误差值。

2. 图解法　是以作图的方式显示数据并获取分析结果的方法,即将实验数据按自变量与因变量的对应关系绘成图形,从中得到所需的分析结果。图解法在仪器分析中广泛应用,如用标准曲线法求样品浓度,分光光度法中作吸收曲线确定光谱特征数据及进行定性定量分析等。

通常图解法的步骤如下。

(1)选择合适的坐标纸:分析中最常用的是直角坐标系,有时也用半对数、全对数坐标纸。选用何种形式的坐标纸要根据变量之间的函数关系来确定,通常以能获得线性图形为目的。

(2)画坐标轴:按习惯通常把自变量画在横轴(x轴)上而把因变量画在纵轴(y轴)上。分别在纵轴的左面和横轴的下面,标注该轴所代表的变量名称和单位;横纵坐标数据单位的比例尺要合适,使图形在全幅坐标纸上的分布匀称、美观;坐标轴的分度应尽量与所用仪器的分度一致(如使用 10mmol/L 比 0.01mol/L 或 10 000μmol/L 好),以表示全部有效数字,坐标纸上的每小格所对应的数值应便于迅速、简便地读数。

(3)根据测得的数据描点:可用空心小圆"○"符号标出。若一张图上绘制多条曲线,可选用不同的符号如○、●、□、■、△、▲等,符号的大小应与测量值的精密度相当。

(4)连线:根据所描点的分布情况,作直线或光滑连续的曲线。该线表示实验点的平均变动情况,因此不需全部通过各点,但应尽量使未经过线上的实验点均匀分布在曲线或直线两侧。作曲线时,在曲线的极值点、拐点处应多取一些点,以保证曲线所表示规律的可靠性。若发现个别点远离曲线,又不能判断是否为异常值,应进行重复实验以判断该点是否代表变量间的某些规律,否则应当舍弃。

(5)求实验结果:根据描出的直线或曲线求出实验结果,如样品浓度、最大吸收峰的波长、测定波长的吸收系数、等吸收双波长消去法的等吸收波长、滴定终点等。

3. 数学方程表示法　也称解析法,指以数学方程表示变量间关系的方法,即将大量实验数据进行归纳处理,从中概括出各种物理量的函数关系。这种表达方式简洁、准确,能快速进行相关结果的计算,如求溶液浓度、内插值、微分、积分等。最常用的解析法是回归方程法,即通过对两变量各数据对进行回归分析,求出回归方程,再由变量求出待测组分的量。回归中又以线性回归为多,即当相关系数 r 接近 1 时,两变量间呈线性关系。

$$\bar{y}=a+bx$$

通常,0.90<r<0.95,表示一条平滑的直线;0.95<r<0.99,表示一条良好的直线,r>0.99 表示线性关系很好。

现在不需要进行繁复的手工运算,直接采用计算机软件或具有回归功能的计算器,输入各组实验数据,即可迅速、准确地算出 a、b、r 值,十分简便。

三、实验报告要求

撰写实验报告,可以使操作者通过分析总结实验的结果和问题,加深对相关理论和技术的理解与掌握,提高分析问题、解决问题的能力,同时这也是学习撰写研究论文的过程。实验报告各项内容的基本要求如下:

1. 实验原理　简明扼要地写出实验的原理;涉及化学反应时用化学反应方程式表示。

2. 实验材料　应包括各种来源的生物样品、试剂和主要仪器。记录化学试剂时要避免使用未被普遍接受的商品名和俗名。试剂要标清所用的浓度。

3. 实验步骤　描述要简洁,不能照抄实验讲义,可以采用工艺流程图或自行设计表格来表示;对实验条件和操作的关键环节应详细记录,以便他人重复。

4. 结果(定量实验包括计算)　应把所得的实验结果(如观察现象)和数据进行整理、归纳、分析、对比,尽量用图表的形式概括实验结果,如实验组与对照组实验结果的比较表等(有时对实验结果还可附以必要的说明)。

5. 讨论　不是实验结果的重述,而是以结果为基础的逻辑推论。例如,对于定性实验,在分析实验结果的基础上应有结论;还可以包括关于实验方法、操作技术和有关实验的一些问题,对实验异常结果的分析和评论,对于实验设计的认识、体会和建议,对实验课的改进意见等。

6. 结论　一般要有结论。结论要简单扼要,说明本次实验所获得的结果。

（刘安玲　蔡翠霞　尹　虹）

第二章
生物化学实验的基本操作

生物化学实验中包含多种基本操作,如玻璃器材的清洁,溶液的混匀、搅拌、振荡、离心以及吸量管、微量移液器等的使用等。熟练掌握正确的生物化学实验基本操作技能,对于获得准确的实验结果是非常重要的。

第一节　基本操作技能

一、玻璃器材的洗涤与干燥

清洗玻璃器材的方法很多,需根据实验要求、污物的性质和沾污程度选用合适的清洁方法。

(一)玻璃器材的洗涤

玻璃器材的洗涤原则:对不同玻璃器皿,采用不同的洗涤方法。一般,先根据器皿污染源选择合适的洗涤液清洗,然后用自来水冲洗,此时其表面往往还留有 Ca^{2+}、Mg^{2+}、Cl^- 等离子,所以,最后按照少量多次的原则,用蒸馏水或去离子水再淋洗 2~3 次。

1. 新购置的玻璃器材的洗涤　新购置玻璃器材的表面常附有碱性物质,可先用肥皂水刷洗,再用流水冲净,浸泡于 1%~2% 盐酸溶液中过夜,之后再用流水冲洗,最后用蒸馏水淋洗 2~3 次,干燥备用。

2. 使用过的玻璃器材的洗涤

(1)一般玻璃器材:如烧杯、烧瓶、锥形瓶、试管等,先用自来水冲洗,再以毛刷蘸肥皂液洗刷数遍,以自来水彻底冲刷,最后以少量蒸馏水淋洗 2~3 次,干燥备用。

(2)容量分析器材:如吸量管、滴定管、容量瓶等,先用自来水冲洗,晾干后,于铬酸洗液中浸泡数小时,然后用自来水充分冲洗,最后用蒸馏水淋洗 2~3 次,干燥备用。

铬酸洗液配制法:取重铬酸钾 5g 置于 250mL 烧杯中,加水 5mL,摇动使其尽量溶解,慢慢加入浓硫酸 100mL,随加随摇。冷却后,贮存于广口容器内,加盖防止吸水。

(3)比色杯:用毕立即用自来水反复冲洗。洗不净时,用盐酸或适当溶剂冲洗,再用自来水、蒸馏水冲洗干净,倒置备用。注意,应避免用碱液或强氧化剂清洗,切忌用试管刷或粗糙布(纸)擦拭。

(4)吸取含血液或蛋白质等物质的吸量管或其他容器:必须立即用水冲洗。否则,会因血液或蛋白质凝结而不易洗净。用洗液浸泡之前,也必须先用水冲净、晾干。

（二）特殊污物的清洗

1. 蛋白质污物　45%~50% 尿素为除去蛋白质的良好溶剂,10% 氢氧化钠热溶液也可除去蛋白质。

2. 高锰酸钾痕迹　加几滴浓硫酸后,再加 5% 草酸溶液。

3. 油脂类污物　有机溶剂(如丙酮、乙醇、乙醚等)可用于洗脱油脂、脂溶性染料等污痕,也可用 5%~10% 磷酸钠溶液处理油污物。

4. 金属污物　5% 硝酸溶液和稀盐酸对除去金属和金属氧化物效果较好。

（三）玻璃器材的干燥

玻璃器材的干燥原则:量器自然晾干,容器可烘干。

生物化学实验对玻璃器材清洁的要求是以化学清洁的标准来衡量的,即玻璃器材表面不应黏附任何杂质,应透明、光亮,倒置容器,其内壁无挂珠,干燥后器壁内外干净、无污物痕迹。

二、溶液的混匀

配制溶液或反应体系时,必须充分混匀。混匀的方式多种多样,须根据容器的大小和形状以及所盛溶液的多少和性质而采用不同的方法。

（一）振荡混匀

不借助工具,仅依靠操作者自身产生的机械力进行混匀。具体有以下几种操作方式。

1. 甩动混匀　即用右手持试管上部,轻轻甩动、振摇,将液体混匀,适用于试管中液体较少时。

2. 弹打混匀　一只手持容器上端,另一只手弹动或拨动容器下部,使液体在容器内做旋涡状转动,适用于锥形离心管、小试管和 Eppendorf 管（EP 管）等容器内容物的混匀。

3. 旋转混匀　手持容器上端,以手腕、肘或肩作轴,旋转容器底部(注意,不应上下振动),适用于未盛满溶液的锥形瓶、试管和小口容器等容器内容物的混匀。

4. 转动混匀　手持容器上部,使容器底部在桌面上做快速圆周运动,适用于黏稠性大的溶液的混匀,但液量不可太满,以占容器容积的 1/3~2/3 为宜。

5. 倒转混匀　适用于有塞容器,如容量瓶、具塞量筒和具塞离心管等容器内容物的混匀。具体操作为用示指或手心顶住瓶塞,将容器反复倒转;如是无塞试管且液量较多时,也可用聚乙烯薄膜封口,再用大拇指按住管口反复倒转混匀。

6. 倾倒混匀　适用于液量多、内径小的容器中溶液的混匀。具体操作为用两个洁净的容器来回倾倒溶液数次,以达到混匀目的。倾倒溶液时应沿器壁慢慢倾入。倾倒表面张力低的溶液(如蛋白质溶液)时,更需缓慢、仔细。

（二）借助仪器混匀

进行生物化学实验时,对于某些较难溶解或混匀的物质,经常需要借助仪器进行混匀。常见的有以下几种方式。

1. 玻璃棒搅拌混匀　适用于烧杯内容物的混匀,如固体试剂的溶解和混匀。搅拌使用的玻璃棒,必须两头圆滑,其粗细长短与容器大小和所配制溶液的量呈适当比例关系,不能用长而粗的玻璃棒搅拌小离心管中的小量溶液。搅拌时,尽量使玻璃棒沿管壁运动,不搅入空气,不使溶液飞溅。

2. 吸量管混匀　适用于样品不同浓度等级稀释的混匀。先用吸量管吸取溶液,吸量管嘴提离液面少许,再把其中的液体用力吹回溶液中。反复吸、吹数次,使溶液充分混匀。

3. 微量移液器混匀　将微量试剂加入溶液中时,将枪头深入液面下少许,反复吹打,使其充分混匀。枪头由于已沾染溶液,不可再次使用。

4. 研磨混匀　配制胶体溶液时,要使杵棒沿着研钵壁单方向运动,不要来回研磨。

5. 振荡器混匀　利用振荡器使容器中的内容物充分振荡,达到混匀的目的。

6. 磁力搅拌器混匀　适用于酸碱自动滴定、pH 梯度滴定等。把装有待混匀溶液的烧杯放在电磁搅拌器上,在烧杯内放入封闭于玻璃或塑料管中的搅拌子,利用电磁力使搅拌子旋转,以达到混匀烧杯中溶液的目的。

第二节　基本器材与仪器的使用

一、吸量管的使用

(一) 吸量管的种类

1. 刻度吸量管　管壁有详细的刻度,可供量取量程为以下任意体积的液体:0.1mL、0.2mL、0.5mL、1.0mL、2.0mL、5.0mL、10.0mL 等。

2. 移液吸量管　也称容量吸量管或胖肚吸量管,是一种单一刻度的吸量管,中间呈圆柱状膨大,为定量移取整量液体之用,有 5mL、10mL、15mL、20mL、25mL、50mL、100mL 等规格,其容量根据液体自内流出量来计算。

3. 奥氏吸量管　也称欧氏吸量管,也是一种单一刻度的吸量管,中下部呈环形膨大,所以液体与吸量管表面接触面积较小,用于吸取血液、血清等黏稠液体。用奥氏吸管流放液体时,应让其自然地缓慢流出,以减少内壁黏附。实验室常用的有 1.0mL、2.0mL、5.0mL 等规格。

吸量管根据流放液体时的操作不同,还分为完全流出式吸量管和不完全流出式吸量管两种类型。完全流出式吸量管的刻度标至管尖端,容量包括液体全部,放液时需将管尖残留液体吹出。这种吸量管的上端标有"吹"字。不完全流出式吸量管在放液时,让液体自然流出,尖端在试管内壁停留数秒,所余液体不得吹出。因此,在使用吸量管之前,务必确定其是否带有"吹"字。

(二) 吸量管的使用

根据需要选择合适的吸量管,其容量最好等于或稍大于取液量。用前看清容量、刻度以及是否带有"吹"字。使用吸量管时,操作者左手持洗耳球,右手持吸量管上端,将吸量管浸入液体内少许(不得过深,以免管外壁黏附溶液太多,也不可太浅,防止空气突然进入管中)。左手捏压洗耳球,排出气体,然后将其下端对准吸量管上口,缓缓放松,将液体缓慢吸上,当吸取液体至所需刻度上方 1~2cm 处时,立即用右手示指按住管口。将吸量管下端提出液面,用示指控制液体下降至所需刻度处,使管尖端接触瓶壁,去除多余液体。观察刻度时,应保持吸量管于垂直状态,刻度面对操作者,操作者的视线应与液面处于同一平面上,弧形液面与刻度成切线。接着,将吸量管移入所用容器内,吸量管保持垂直,管尖靠在容器内壁上(注意不能插入容器内原有液体中),容器倾斜 15°~20°,松开右手示指让溶液自然流下。如果使用带有"吹"字的吸量管,将管内溶液吹出;如果使用不带"吹"字的吸量管,则让吸量管尖端靠内壁停留数秒,同时转动吸量管,重复一次(图 2-1)。

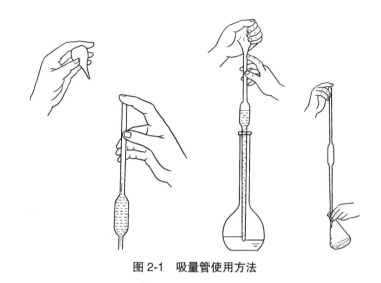

图 2-1　吸量管使用方法

ER2-1　吸量管使用方法

二、微量移液器的使用

微量移液器(俗称加样枪)是一种取液量连续可调的精密取液仪器。其量程一般包括 $10\mu L$、$20\mu L$、$100\mu L$、$200\mu L$、$1\,000\mu L$ 等,不同规格的移液器需配套使用不同大小的吸头(又称吸嘴,俗称枪头)。微量移液器的工作原理是通过按动芯轴排出空气,将前端安装的吸头置于液体中,放松对按钮的按压,靠内置弹簧机械力,按钮复原,形成负压,吸取液体。移液器属精密仪器,使用及存放时均要小心谨慎,以免影响其准确度。

(一)操作方法

根据需要选择适合的移液器,其容量最好等于或稍大于取液量。

1. 正向移液法　吸取稀溶液时,用正向移液法。操作如下:将移液器旋转至所需量程,装上吸头,轻轻转动,以保证密封。然后手握住枪柄,大拇指按住上面的按钮至第一挡位,将吸头插入试剂液面下数毫米处,缓慢放松按钮,使之复位,如果吸取量较大,需等待数秒后才可获得所需体积的溶液。接着,将移液器从液体中取出,移至加样容器中,用拇指把按钮按到第一挡位置,稍停顿,再快速用力按至第二挡位,方可排尽全部液体。如果吸头尖口处仍残留液体,则应将吸头接触加样容器内壁,使液体沿壁流下。最后,将移液器移至容器外,放松拇指。用过的吸头如果不用了,可以用拇指按住枪顶端的另一个按钮,将吸头打至废液缸里(图 2-2)。

2. 反向移液法　吸取黏稠或有泡沫的液体时,为防止产生气泡或泡沫,导致移液量不准确,需使用反向移液法。操作如下:按压按钮至第二挡位,吸取液体,放松复位按钮,释放液体时,仅将按钮按至第一挡位,残留液体可以随吸头一同丢弃(图 2-3)。

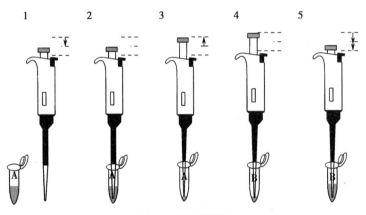

图 2-2　正向移液法

注:1. 将取液按钮压至第一挡;2. 尽可能保持微量加样枪垂直,将吸头尖端浸入溶液(容器 A);3. 缓慢释放按钮,吸取溶液;4. 将微量移液器移至指定容器 B 中;5. 慢慢压下取液按钮至第二挡,把溶液完全释放。

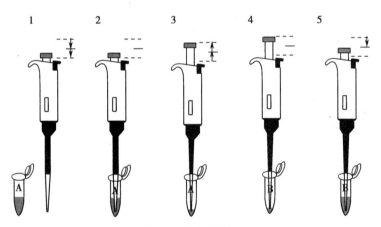

图 2-3　反向移液法

注:1. 将取液按钮压至第二挡;2. 尽可能保持微量加样枪垂直,将吸头尖端浸入溶液(容器 A);3. 缓慢释放按钮,吸取溶液;4. 将微量移液器移至指定容器 B 中;5. 慢慢压下取液按钮至第一挡,释放所需剂量溶液。

ER2-2　微量移液器使用方法

（二）注意事项

1. 移液器属精密仪器，调节轮不可旋出量程之外，以免影响其准确度。

2. 移液器不可与液体直接接触。

3. 采用正向移液法排液时，要将按钮按至第二挡，方能排净液体。

4. 吸头在使用前须湿化，即在所吸溶液中吸放 2~3 次，才能获得较好的准确度，减小误差。湿化前后的实际容量和排出量均存在显著差异。湿化后，可减少吸头相对于所吸液体的表面张力，使吸入量和排出量相等。

5. 按钮移动速度不能过快，否则会导致吸头内形成气泡，影响吸入液体的量，有时还会使液体冲入移液器内，腐蚀内部垫圈或弹簧，造成吸液不准确，严重时导致不能吸入液体。

6. 移液器吸头中有溶剂时，不可平放、倒置。

7. 移液器使用完毕应恢复至其最大容量值，垂直放置在移液器架上。

三、容量瓶的使用

容量瓶是一种细颈梨形的平底玻璃瓶，带有磨口玻璃塞或塑料塞，颈上有标度刻线，表示在所指温度（一般为 20℃）时，液体充满至标线时的准确容积。容量瓶通常有 25mL、50mL、100mL、250mL、500mL、1 000mL 等规格，主要用于配制浓度要求准确度高的溶液或定量稀释溶液，故常和分析天平、吸量管配合使用。

（一）容量瓶的使用步骤

1. 检查瓶塞是否密闭　容量瓶使用前应检查是否漏水，检查方法如下：注入自来水至标线附近，盖好瓶塞，将瓶外水珠拭净，用左手示指按住瓶塞，用右指尖托住瓶底。将瓶倒立 2min，观察瓶塞周围是否有水渗出，如果不漏水，将瓶直立，把瓶塞旋转 180°，再倒立 2min，如不漏水，即可使用。

2. 检查标度刻线距离瓶口是否太近　若标度刻线距离瓶口太近，不便混匀溶液，则不宜使用。

3. 转移溶液　用容量瓶配制标准溶液或分析试液时，最常用的方法是将待溶固体溶质置于小烧杯中，加少量溶剂溶解，然后将溶液定量转入容量瓶中。转移溶液时，使烧杯嘴紧靠玻璃棒，而玻璃棒则悬空伸入容量瓶口中，棒的下端应靠在瓶颈内壁上，使溶液沿玻璃棒和内壁注入容量瓶中。烧杯中的溶液流完后，将玻璃棒和烧杯稍向上提起，并使烧杯直立，再将玻璃棒放回烧杯中。为保证定量转移，需用洗瓶吹洗烧杯壁 3 次以上，并将溶液按同法转入容量瓶中。当转移溶液或加水至容量瓶容积的 3/4 左右时，用右手示指和中指夹住瓶塞的扁头，将容量瓶水平方向摇转几周，使溶液初步混匀。继续加水至距离标度刻线约 1cm 处，静置 1~2min，使附着在瓶颈内壁上的溶液流下后，再用细而长的滴定管加水至弯月面下缘与标度刻线相切。此时，盖上干的瓶塞，用左手示指按住塞子，其余手指拿住瓶颈标度刻线以上部分，用右手的全部手指尖托住瓶底边缘（注意不要用手掌握住瓶身，以免体温使液体膨胀，影响容积的准确），然后将容量瓶倒转，使气泡上升到顶，振荡容量瓶，混匀溶液。再将瓶直立，如此反复 10 次左右，即可将溶液混匀。稀释溶液时用吸量管移取一定体积的溶液于容量瓶中，加水至标度刻线。按前述方法混匀溶液。

（二）注意事项

1. 不要将磨口玻璃塞随便取下放在桌面上，以免沾污或再次盖上时配错容量瓶，可用橡皮筋或细绳将瓶塞系在瓶颈上。若使用平顶的塑料塞，取下时可将塞子倒置在桌面上。

2. 不宜长期保存试剂溶液，尤其是碱性溶液，以免侵蚀瓶塞使其无法打开。配好的溶液若需保存，应转移至清洁、干燥的试剂瓶中。

3. 容量瓶使用完毕应立即用水冲洗干净，如长期不用，磨口处应洗净、擦干，并用纸片将盖子和磨口隔开。

4. 容量瓶不得在烘箱中烧烤，也不能在电炉等加热器上直接加热。如需使用干燥的容量瓶，可用乙醇等有机溶剂荡洗后晾干或用电吹风机的冷风吹干。

（葛振英）

第三章
分光光度技术

分光光度法（spectrophotometry）是利用物质特有的吸收光谱建立起来的一种定性或定量检测技术，也称吸收光谱法（absorption spectrometry）。不同物质因分子结构各异，故对不同波长光线的吸收能力也不同，具有特异的吸收光谱。依据所使用光谱的波长，分光光度技术可分为紫外光分光光度技术、可见光分光光度技术以及红外光分光光度技术。在生物化学实验中，分光光度法主要用于氨基酸含量测定、蛋白质及核酸测定、酶活性测定、生物大分子鉴定和酶催化反应动力学研究等。

第一节 基 本 原 理

当光线通过某种均匀、透明的溶液时，可出现 3 种情况：一部分光被反射，一部分光被吸收，另有一部分光透过溶液（图 3-1）。其中，入射光强度以 I_0 表示，吸收光强度以 I_a 表示，反射光强度以 I_r 表示，透射光强度以 I_t 表示。I_t 和 I_0 之比称为透光度（transmittance，T），以百分数表示，表明透过光的强度占入射光强度的百分比。

$$T=I_t/I_0 \times 100\%$$

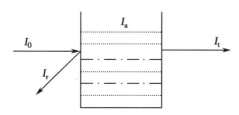

图 3-1　单色光通过介质示意图

透光度的负对数称为吸光度（absorbance，A），也称为消光度（degree of extinction，E）或光密度（optical density，OD）。

$$A=-\lg T=-\lg I_t/I_0=\lg I_0/I_t$$

一束单色光通过均匀溶液，由于溶液吸收了一部分光能，光的强度随之减弱（图 3-2）。若溶液浓度不变，则溶液厚度越大（即光在溶液中所经过的途径越长），入射光强度减低越显著；若溶液厚度不变，则其中的吸光物质浓度越大，入射光强度减低越显著。即均匀、有色溶液对于单色光的吸光度与溶液浓度和光线通过的液层厚度的乘积成正比，称为 Lambert-Beer 定律，用公式表示为：

$$A=\lg I_0/I_t=KLC$$

L 为液层厚度,单位为 cm;C 为溶液浓度,单位为 g/L;K 为比例常数,称为吸光系数(C 单位为 mol/L 时,K 称为摩尔吸光系数)。

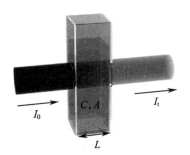

图 3-2 光的吸收示意图

吸光系数是指吸光物质在单位浓度及单位液层厚度时的吸光度,是物质的重要特征。在给定条件(入射光波长、溶液种类、温度和 pH)下,吸光系数为定值。不同物质对同一波长的单色光,可有不同的吸光系数,因此,可以根据吸光系数做定性分析。另外,同一物质在不同波长下测得的吸光系数不同,吸光系数值越大,表示该物质对该波长的光吸收能力越强,测定分析的灵敏度也越高。因此,在定量分析中,应尽量采用吸光系数最大的单色光。

第二节 分光光度技术的应用

分光光度技术以其使用方便、迅速、样品用量少等优点而广泛应用于生物化学分析,成为实验室常规的实验手段之一。应用分光光度技术进行物质分析的方法多种多样,但归根结底可分为两类:一类是在固定波长下测定物质溶液的吸光度,进行定量分析;另一类是在一定波长范围内,绘制样品的吸收光谱曲线,进行定性分析。

一、定量分析

分光光度技术最主要的应用是在定量分析方面。根据 Lambert-Beer 定律,溶液的浓度在一定范围内与吸光度成正比。因此,在特定波长单色光下测出溶液的吸光度,即可计算出溶液的浓度。

应用分光光度技术进行物质的定量分析时,所用波长通常选择被测物质的最大吸收波长。相应物质在浓度上的稍许变化即可引起吸光度的较大差异,由此可提高检测的灵敏度,并在一定程度上避免其他物质干扰。

样品的分光光度定量分析一般采用以下两类方法。

1. 标准管法 又称标准比较法、对比法,即通过与已知浓度的标准液相对比,推算待测同种溶液的相应浓度。

对已知浓度的标准液和待测液进行相同处理,选取同一波长光源同时测定二者吸光度。以 C_x 和 A_x 表示待测液的浓度和吸光度,C_s 和 A_s 分别表示标准液的浓度和吸光度,则

$$\frac{A_x}{A_s} = \frac{C_x}{C_s}$$

$$C_x = \frac{A_x}{A_s} \times C_s$$

需要注意的是:为了减少误差,用标准管法定量时,标准液的浓度应尽量和待测液浓度相近。

2. **标准曲线法** 通过一系列浓度不同的标准品溶液的分光光度检测,明确在某一具体条件下某有色物质溶液浓度与其吸光度之间的线性关系,以标准液浓度为横坐标、吸光度为纵坐标绘制标准曲线。在相应的检测条件下,通过测定待测溶液的吸光度,在相应标准曲线直接读取待测溶液中相应物质浓度。

制作和应用标准曲线时应注意:①标准曲线的绘制应尽量选取吸光度与浓度呈线性关系的浓度范围,一般在测定物浓度的 1/2~2 倍,吸光度在 0.05~1.00 为宜;②用于绘制标准曲线的标准溶液浓度应覆盖高、中、低浓度区域并选择 5 种以上不同浓度溶液;③当待测液吸光度超过线性范围时,应将样品稀释后再测定;④待测样品处理方法以及测定条件应与标准曲线制作时的条件完全一致;⑤标准品应为高纯度,标准液的配制应准确;⑥测定条件发生变化时(如更换标准品、试剂或仪器等),应重新绘制标准曲线。

此外,在标准曲线法的基础上,可利用计算机软件以及相应统计学方法将各标准溶液浓度以及吸光度等数据进行回归分析,求出直线回归方程式。只要测定条件不变,将测出的样品溶液的吸光度值代入该回归方程式,就可更为准确地计算出样品溶液的浓度。

二、定性分析

用各种波长不同的单色光分别通过某一浓度的溶液,测定此溶液对每一种单色光的吸光度,然后以波长为横坐标、吸光度为纵坐标绘制吸光度-波长曲线。此曲线即吸收光谱曲线。由于不同物质具有各自特异性的吸收光谱曲线,采用分光光度法可对物质进行鉴定(主要根据吸收光谱上一些特征吸收参数,包括最大吸收波长、消光系数等)。

三、纯度检测

单纯化合物的吸收光谱特征与杂质的吸收光谱特征有差别时,可用分光光度法进行纯度分析。例如,某化合物纯品在紫外光/可见光区无明显的吸收峰,而杂质有较强的吸收峰,那么通过检测吸光度可判断所含杂质的多寡。又如,化合物纯品与杂质在不同波长所表现出的消光系数不同,可以不同波长下待测物质吸光度比值为参数,分析其纯度。

在生物化学实验中常利用蛋白质与核酸在紫外光吸收光谱上的差异进行生物样本的分析。蛋白质在 280nm 的吸光度(A_{280})大于 A_{260},核酸 A_{260} 大于 A_{280}。A_{260}/A_{280} 比值通常用于鉴定核酸和蛋白质纯度。如果蛋白质内混有核酸类物质,可使 A_{260}/A_{280} 比值升高;反之,若核酸内混杂有较多蛋白质,则导致 A_{260}/A_{280} 比值降低。纯核糖核酸(ribonucleic acid,RNA)的 A_{260}/A_{280} 为 2.0,纯脱氧核糖核酸(deoxyribonucleic acid,DNA)的 A_{260}/A_{280} 在 1.8 左右,纯蛋白质 A_{260}/A_{280} 约为 0.56。

四、误差分析

在分光光度法的实际应用中,测定结果往往会出现一些误差。引起这些误差的原因很多,主要来源于光学和化学两方面。

1. 光学因素　Lambert-Beer 定律要求入射光是单色光,在目前的分光条件下,所分出的单色光是包括一定波长范围宽度的谱带,其他波长的杂色光是引起误差的主要原因。入射光的谱带越宽,其误差越大。此外,散射光也是引起误差的重要因素。这里的散射光是指一切未经过测定溶液吸收,而又落到检测器上引起干扰的光(包括其他非测定波长的光),如室内自然光经过某些缝隙进入仪器可明显增大透射比。

2. 化学因素　溶液浓度、pH、溶剂和温度等因素均可影响化学平衡,使被测物质的浓度因离解、缔合和形成新的化合物而发生变化,从而使吸光度和浓度的线性关系被破坏,引起测定误差。

此外,待测液浓度过高或过低,吸光度读数过高或过低,将影响检测器的灵敏度,读数的精确度下降。

第三节　分光光度计的使用

能从含有各种波长的混合光中将某一单色光分离出来并测量其强度的仪器称为分光光度计。分光光度计因使用的波长范围不同而分为紫外光区、可见光区、红外光区以及万用(全波段)分光光度计等。下面主要介绍 2 种常见分光光度计的使用。

一、可见光分光光度计

V-1100 型可见光分光光度计波长范围为 325~1 000nm。具体操作如下:

1. 开机预热 30min 后调所需波长,按 mode 键切换到 T 挡。
2. 将黑体放入光路,合上盖,按 0% 键调零。
3. 开上盖,将溶液按空白液、标准液、待测液顺序放入比色杯架,合上盖。
4. 拉动拉杆,将空白液放入光路,按 100% 键调 100。按 mode 键切换到 A 挡。
5. 拉动拉杆,将标准液、待测液依次放入光路中,读取其吸光度。
6. 读数后,将黑体推回光路中,开盖取出比色杯并清理。
7. 关机,盖上防尘盖。

二、核酸蛋白测定仪

核酸蛋白测定仪是一款适用于分子生物学、生物化学和细胞生物学领域的紫外 / 可见光分光光度计。下面以 Eppendorf BioPhotometer Plus 为例加以介绍。该仪器有 9 种波长(230nm、260nm、280nm、340nm、405nm、490nm、550nm、595nm、650nm),可快速、可靠地进行核酸、蛋白质、细胞密度和生物分子中荧光染料标记率检测、单波长吸光度检测和终点检测等细胞生物学以及生物化学检测。具体操作如下:

1. 打开仪器电源开关,不需预热。
2. 根据样品类型在仪器控制面板上选择对应的方法组。
3. 选择进入方法组后,再根据特定的样品通过上下键(⬍)选择所需要的方法,如进入 DNA 方法组后,所测的样品是质粒 DNA 就选择 dsDNA,如果是单链 DNA 就选择 ssDNA,如果是 RNA 就选择 RNA 等,以此类推,然后按 enter 键(enter)确认。
4. 按 parameter/dilution 键(parameter dilution)设置样品稀释倍数。在弹出的对话框中通过此键来转换输入样品的体积和稀释样品所用稀释液的体积,按 enter 键(enter)确认。

5. 打开仪器放置比色皿的槽盖。向石英比色皿中加入对应体积的空白稀释液(灭菌水),然后把石英比色皿放入检测槽,按 blank 键(blank)调零。

6. 再按照设置的稀释方法,向石英比色皿中加入对应体积的样品,并用微量加样器轻轻混匀。

7. 按 sample 键(sample),仪器会根据样品的稀释倍数自动计算出样品的最终浓度。

ER3-1　Nanodrop 的使用

三、分光光度计使用注意事项

1. 分光光度计必须放置在稳定的仪器台上,不要随意搬动,切忌振动,严防潮湿和强光直射。

2. V-1100 型可见光分光光度计和 UV-1100 型紫外/可见光分光光度计开机后必须先预热,待仪器自检、稳定后再开始测定。

3. 比色杯不可用手持其光学面,用后要及时洗涤,可选用温水或稀盐酸、乙醇、铬酸洗液(浓酸中浸泡不超过 15min),表面只能用柔软的绒布或镜头纸擦净,禁止用毛刷等物摩擦比色杯的光学面。

4. 比色杯盛液量不能太满,以达到杯容积 2/3~3/4 为宜。若不慎将溶液流到比色杯外表面,必须先用滤纸吸干,再用镜头纸或绸布擦净,才能把比色杯放入比色槽内。

5. 拉动比色杯槽要轻,以防溶液溅出,腐蚀机件。

6. 测定完毕,比色液一般应先倒回原试管中,直至计算无误后方可倒掉。

7. 比色杯用完后应立即用水冲洗,再用蒸馏水洗净。若用上述方法洗不干净,可用 5% 中性皂溶液或洗衣粉稀溶液浸泡,也可用新配制的重铬酸钾-硫酸洗液短时间浸泡,之后立即用水冲洗干净。洗涤后应把比色杯倒置晾干或用滤纸条将水吸去,再用镜头纸轻轻擦干。

8. 一般应把溶液浓度尽量控制在吸光度 0.1~0.7 的范围内进行测定。这样所测得的数值误差较小。如果吸光度不在此范围内,可调节比色液浓度,适当稀释或浓缩,使其在仪器准确度较高的范围内进行测定。

9. 每台分光光度计与其比色杯应配对使用,不得随意挪用。

10. 分光光度计内需放置硅胶干燥袋,并定期更换。

(胡晓鹍)

第四章
电泳技术

电泳（electrophoresis）是指带电粒子在电场中向与其所带电荷相反的电极移动的现象。电泳技术指利用电泳现象来分离、纯化、鉴定带电粒子的技术。

第一节 基 本 原 理

一、带电颗粒的产生

任何物质由于其自身解离作用或吸附其他带电质点而成为带电物质。带电颗粒可以是小的离子（如 Na^+ 等），也可是生物大分子（如蛋白质、核酸等）。下面以蛋白质为例，说明物质解离成带电粒子的过程。

蛋白质是两性电解质，带有可解离的氨基（$-NH_3^+$）和羧基（$-COO^-$），带电的性质和多少取决于蛋白质分子的性质、溶液 pH 和离子强度。在某 pH 条件下，蛋白质上氨基和羧基的解离程度相等，则所带正电荷数恰好与负电荷数相等，即净电荷等于零，溶液的这一 pH 称为该蛋白质的等电点（isoelectric point，pI）。如果溶液的 pH>pI，则羧基解离程度大于氨基解离程度，蛋白质带负电荷；反之，溶液的 pH<pI，则氨基解离程度大于羧基解离程度，蛋白质带正电荷。

二、迁移率

带电粒子在电场运动受到动力（F）和阻力（F'）的作用。F 的大小取决于粒子所带电荷（Q）和电场强度（X），即 $F=Q \cdot X$。按 Stoke 定律，球形粒子运动时所受到的阻力，与粒子的速度（V）、半径（r）以及介质黏度（η）的关系为 $F'=6\pi \cdot r \cdot \eta \cdot V$。当电泳达到平衡，带电粒子在电场做匀速运动时，$F=F'$，即 $Q \cdot X=6\pi \cdot r \cdot \eta \cdot V$，移项得：

$$\frac{V}{X} = \frac{Q}{6\pi r \eta}$$

V/X 表示单位电场强度下带电粒子的移动速度，称为迁移率（mobility），也称为泳动度，以 U 表示。

$$U= \frac{V}{X} = \frac{Q}{6\pi r \eta}$$

由上面公式可见，迁移率取决于粒子本身的性质，即其所带电荷、大小和形状。而电泳速度（V）由迁移率（U）和电场强度（X）决定，即 $V=U \cdot X$。相同电泳条件下，不同物质的迁移率如有差异,则移动距离不同而被分离。

三、影响电泳的因素

1. 带电颗粒的电荷、大小和形状　带电颗粒的电荷数和电泳速度成正比;分子大小与电泳速度成反比;球形分子的介质黏度小,所以通常比纤维状分子移动得快。

2. 电泳缓冲液　缓冲液的 pH、成分及浓度等因素影响粒子的迁移率。

(1)pH:溶液 pH 能影响物质的带电性质和数量。对蛋白质、氨基酸等两性电解质来说,缓冲液的 pH 可决定待分离物质的带电性质以及电荷数量。pH 距 pI 越远,其所带净电荷越多,电泳速度也越快;反之则越慢。

(2)成分:缓冲液的成分要求性能稳定,不易电解。进行电泳时,需要根据待分离样品选择合适的缓冲液,如分离血清蛋白时常用巴比妥-巴比妥钠组成的缓冲液。

(3)浓度:常用离子强度表示。离子强度过高,缓冲液所载的分电流也随之增加,样品所载的电流降低,速度减慢;电泳时总电流和产热也增加。而离子强度过低,带电物质在支持介质上的扩散较为严重,分辨力明显降低。

3. 电场强度　即电场中每厘米的电位降。电场强度越高,带电质点移动速度越快。但电压越高,电流随之增高,产热加剧。温度过高可能引起:蛋白质变性;介质黏度下降,样品自由扩散变快;缓冲液水分蒸发过多,使支持介质中离子强度增加而引起虹吸现象,从而影响分离效果。

4. 支持介质　电泳的支持介质应有较大惰性,不能与被分离样品或缓冲液起反应,具有一定的坚韧度,容易保存。常见的介质往往与被分离物质之间存在吸附和电渗作用。

(1)吸附作用:支持介质表面对被分离物质具有吸附作用,将使其滞留而降低电泳速度,表现为样品的拖尾。

(2)电渗作用:指水分子和支持介质表面之间,由于电荷作用引起的相对移动。例如,以滤纸为电泳介质时,其含有羟基使表面带负电荷,与表面接触的水则往往带正电荷,电泳时向负极移动。

第二节　常用电泳方法

一、醋酸纤维薄膜电泳

醋酸纤维薄膜(cellulose acetate membrane,CAM)是由醋酸纤维制成的微孔膜。薄膜厚度小(10~100μm),样品用量很少,主要应用于各种生物分子(如血清蛋白、脂蛋白等)的分离分析。缺点是分辨率较低,不适于样品的制备。

二、琼脂糖凝胶电泳

琼脂糖(agarose)是从琼脂中提取出来的,由 D-半乳糖和 3,6-脱水-L-半乳糖结合的链状多糖。琼脂糖凝胶电泳常用于分离、鉴定核酸分子。

1. 琼脂糖凝胶电泳的特点

(1)优点:①琼脂糖含液体量大,最高可达 98%~99%,近似自由电泳,但样品的扩散度比自由电泳小,对蛋白质的吸附极微;②操作简便,样品用量少,电泳速度快、分辨率高、重复性好;③透明且不吸收紫外线,可以直接用紫外检测仪做定量测定;④区带可染色,样品可回收,有利于制备。

（2）缺点:琼脂糖中有较多硫酸根,电渗作用大。

2. 核酸的大小和形状影响电泳速度

（1）片段大小:DNA 分子迁移率与其分子量的对数成反比,较小的 DNA 片段迁移快。

（2）分子构象:相同大小的质粒 DNA,闭合环状分子形成超螺旋结构,分子呈短棒状,速度最快;线状分子次之;双链中仅有一条链断裂的分子,则形成开环结构,速度最慢。

三、聚丙烯酰胺凝胶电泳

聚丙烯酰胺凝胶(polyacrylamide gel,PAG)是由丙烯酰胺(acrylamide,Acr)单体和交联剂 N,N-甲叉双丙烯酰胺(methylene-bisacrylamide,Bis)在加速剂和催化剂的作用下聚合交联成三维网状结构的凝胶(图 4-1)。以此凝胶为支持物的电泳称为聚丙烯酰胺凝胶电泳(polyacrylamide gel electrophoresis,PAGE)。

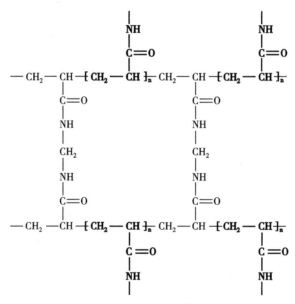

图 4-1　聚丙烯酰胺结构示意图

注:加粗部分为丙烯酰胺(Acr);其他部分为交联剂(Bis)。

1. 聚丙烯酰胺凝胶的优点

（1）凝胶透明,有弹性,机械性能好。

（2）稳定性好:对 pH 和温度变化较稳定;化学性能稳定,与被分离物不发生化学反应。

（3）样品不易扩散,且用量少,灵敏度可达 10^{-6}g。

（4）PAG 在水中无电离基团,不带电荷,几乎没有吸附和电渗作用。

（5）分辨率高,尤其是在不连续凝胶电泳中,分辨率可进一步提高。

PAGE 应用范围广,可用于蛋白质、核酸等生物分子的分离、定性分析、定量分析及少量样品的制备,还可测定分子量、等电点等。

2. 聚丙烯酰胺凝胶的形成　PAG 三维网状结构的形成,除了合适浓度和比例的丙烯酰胺单体和交联剂之外,还需要催化剂和加速剂。常用的催化剂有过硫酸铵(ammonium peroxydisulfate,AP)。过硫酸铵离子 $S_2O_8^{2-}$ 可在水溶液中形成游离基 SO_4^{2-},使丙烯酰胺单体的双键打开,形成游离基丙烯酰胺,后者和 Bis 作用而发生聚合反应。四甲基乙二胺(tetramethylethylenediamine,TEMED)常作为加速剂用于促进聚合。此外,聚合反应需要在碱性条件下进行;为避免空气中氧的影响聚合,可以在反应前将溶液抽气除氧,或者在表面加水或正丁醇等隔绝空气。

3. 凝胶孔径及性质

(1)凝胶性能与总浓度及交联度的关系:凝胶的孔径、机械性能、弹性、透明度、黏度和聚合程度取决于凝胶总浓度和交联度。凝胶总浓度通常用 T% 表示,即 100mL 凝胶溶液中含有 Acr 及 Bis 的总克数。交联度常用 C% 表示,指交联剂 Bis 占单体 Acr 与 Bis 总量的百分数。

(2)凝胶浓度与被分离物分子量的关系:凝胶浓度不同,平均孔径不同,能通过的颗粒大小也不同,需根据被分离物的分子量选择所需的凝胶浓度。

4. 聚丙烯酰胺凝胶电泳原理　PAGE 通过浓缩效应、电荷效应和分子筛效应这三大效应来分离样品。根据有无浓缩效应,PAGE 可分为连续系统与不连续系统两大类,如图 4-2 所示。

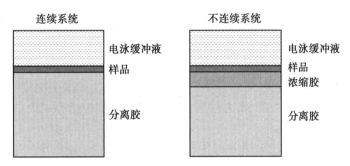

图 4-2　PAGE 连续系统和不连续系统示意图

由图可见:连续系统里,样品仅在分离胶中移动,样品根据其电荷数和分子量的不同而被分离,即电荷效应和分子筛效应。不连续系统中增加了浓缩胶,样品在进入分离胶之前,在浓缩胶中逐渐被压缩成一条窄带,即浓缩效应。所谓不连续性,是指样品在电泳过程中,依次经历电泳缓冲液、浓缩胶和分离胶等几种不同的环境,其凝胶孔径、pH 和离子成分不断变化,从而导致样品被压缩(表 4-1)。进入分离胶后,样品依据分子筛效应和电荷效应而被分离。

表 4-1　不连续系统的组成

样品流经环境	凝胶孔径	缓冲液 pH	缓冲液离子成分
电泳缓冲液		8.3	甘氨酸阴离子
浓缩胶	大	6.7~6.8	氯离子
分离胶	小	8.9	氯离子

（1）浓缩效应：以血清蛋白电泳为例。在电泳体系中，除了蛋白质，甘氨酸和氯离子也解离成负离子，但在不同 pH 条件下，它们的解离程度不同，因而具有不同的有效迁移率（即迁移率 × 解离度）。电泳开始后，样品逐渐进入浓缩胶，和氯离子、甘氨酸一起向正极移动。由于盐酸解离度高，氯离子有效迁移率最大，被称为快离子。在 pH 6.7 的环境中，甘氨酸等电点为 5.97，解离度较小，有效迁移率小，故常被称作慢离子。蛋白质介于二者之间。氯离子快速移动，与后方离子之间的差距增大，其间隔区域形成低电导区。由于电位梯度（E）与电导率成反比，所以低电导区两端出现较高的电位梯度，使蛋白质和甘氨酸在此区域加速前进，追赶快离子。随着与快离子之间的距离减小，低电导区逐渐缩短，电位梯度下降，则蛋白质和甘氨酸加速放缓。间距随之又增大，于是又加速追赶。快、慢离子之间形成一个不断向正极移动的界面，而蛋白质在这个界面里不断被压缩，逐渐聚集成一条狭窄的区带。此外，浓缩胶是大孔径胶，对不同大小的 3 种离子影响较小；而到了浓缩胶和分离胶的分界面，由于分离胶是小孔径胶，蛋白质被阻滞，进一步被压缩成最细的区带。

（2）分子筛效应：分子量或分子大小和形状不同的蛋白质，受阻滞的程度不同而表现出不同的迁移率，这就是分子筛效应。分子量小的蛋白质，速度快；球形蛋白质比纤维状蛋白质移动速度快。

（3）电荷效应：由于蛋白质的等电点不同，各种血清蛋白解离程度差距增大，所带净电荷不同。表面电荷多，则迁移快；反之，则慢。

5. 聚丙烯酰胺凝胶电泳的类型　PAGE 类型很多，最初为圆盘和平板电泳，后来衍生出聚丙烯酰胺梯度凝胶电泳、十二烷基硫酸钠-聚丙烯酰胺凝胶电泳、等电聚焦电泳及双向电泳等技术。这些技术在凝胶聚合方面有共同之处，同时又有各自的特点。

（1）圆盘或垂直板电泳：二者原理一样，只是电泳装置不同。圆盘电泳（disc electrophoresis）是将凝胶在细的玻璃管中聚合，样品分离染色后呈圆盘状。垂直板电泳是凝胶在两块玻璃板之间的缝隙中聚合，染色后形成水平的条带，故也称板状电泳（slab electrophoresis）。相比较而言，垂直板电泳更有优势：在同一块凝胶中，可同时进行 10 个以上样品的电泳，便于在同一条件下比较分析，还可用于印迹转移及放射自显影；凝胶薄（常为 0.5mm、1mm 或 1.5mm），表面积大，便于冷却以降低热效应，条带更清晰；胶板制作方便，易剥离，样品用量少，分辨率高，不仅可用于分析，还可用于制备；胶板薄而透明，电泳染色后可制成干板，便于长期保存与扫描。

（2）SDS-PAGE 原理：在电泳体系中加入十二烷基硫酸钠（sodium dodecyl sulfate，SDS），使电泳迁移率主要依赖于分子量，而与所带的净电荷和形状无关，这种电泳方法称为 SDS-PAGE。SDS 是阴离子去污剂，能与蛋白质结合成复合物，由于 SDS 带有大量负电荷，消除或掩盖了不同种类蛋白质间原有电荷的差异。SDS 与蛋白质结合后，还可使蛋白质的氢键、疏水键断裂，引起构象改变。蛋白质-SDS 复合物在水溶液中均为近似雪茄的长椭圆棒状，短轴相同（约 1.8nm），而长轴则与蛋白质的分子量成正比。因此，蛋白质-SDS 复合物的迁移率不再受蛋白质电荷和形状的影响，只与分子量有关。

（3）聚丙烯酰胺凝胶等电聚焦电泳：等电聚焦（isoelectrofocusing，IEF）是利用有 pH 梯度的介质，分离等电点不同的蛋白质的电泳技术。在具有稳定的 pH 梯度介质的电场中，被分离的各蛋白质组分朝着与其 pI 相等的介质处移动，并停止在该处，形成分离的蛋白质区带。其分辨率可达 0.01pH 单位，特别适合分子量相近而等电点不同的蛋白质组分的分离。

（4）聚丙烯酰胺凝胶双向电泳（two-dimensional electrophoresis，2-DE）：由 IEF 和 SDS-PAGE 组合而成。样品首先经 IEF 以蛋白质等电点（pI）差异而分离，再经 SDS-PAGE 以蛋白质分子量差异而分离，简称 IEF/SDS-PAGE（图 4-3）。由于这一方法具有较高的灵敏度和分辨率，是目前最有效的蛋白质分离方法，成为蛋白质组分离的核心技术。

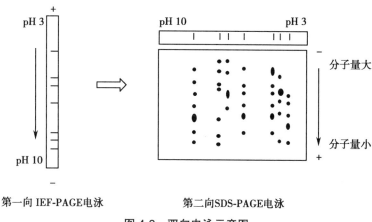

图 4-3　双向电泳示意图

第三节　染 色 方 法

经醋酸纤维膜、琼脂糖凝胶或 PAGE 分离的各种生物分子，需要进一步染色使其在支持物相应位置上显示出条带，从而检测其纯度、含量及生物活性。不同样品的染色方法不同。

一、蛋白质染色

1. 氨基黑 10B（amino black 10B）　是酸性染料，其磺酸基可与蛋白质反应构成复合盐。氨基黑 10B 对 SDS-蛋白质染色效果不好，且染不同蛋白质时，着色度不等、色调不一（有蓝、黑、棕等），做扫描分析时，误差较大。

2. 考马斯亮蓝（coomassie brilliant blue，CBB）　分为 R250 和 G250 两种，后者比前者多 2 个甲基。R250 染色灵敏度比氨基黑高 5 倍，G250 染色灵敏度比氨基黑高 3 倍。CBB 的优点是在三氯乙酸中不溶而成胶体，能选择性地使蛋白质染色而几乎无本底色，所以重复性好、染色稳定，适用于定量分析。

3. 银染色法　其原理是银离子能与蛋白质中各种基团（如巯基、碳基等）结合，并且在碱性环境下被还原成金属银，沉淀在蛋白质的表面而显色。此法灵敏度很高，较 CBB R250 灵敏 100 倍，可染出胶上低于 1ng 的蛋白质点，故广泛应用于 2D 凝胶分析及极低蛋白质含量测定的凝胶中。

二、脂蛋白染色

常用的染料有油红 O（oil red）和苏丹黑 B（sudan black B），与脂质结合而着色。

三、核酸的染色

1. 溴乙锭(ethidium bromide,EB) 能插入核酸分子碱基对之间,在紫外灯(253nm)下呈现橘红色荧光条带。EB 染料具有下列优点:灵敏度高,对 1ng RNA、DNA 均可显色;操作简单;多余的 EB 不干扰在紫外灯下检测荧光;染色后不会使核酸断裂,可将染料直接加到核酸样品中,以便随时用紫外灯追踪检查。但 EB 染料是一种强诱变剂,操作时应注意防护,戴上聚乙烯手套。

2. 甲基绿(methyl green) 甲基绿分子有 2 个正电荷,与 DNA 亲和力高,易与双链 DNA结合,使 DNA 显示绿色。此法适用于检测天然 DNA。

3. 二苯胺(diphenylamine) DNA 分子中的脱氧核糖在酸性环境下生成 ω 羟基-γ-酮基戊醛,再与二苯胺试剂结合显蓝色,颜色的深浅与溶液中的 DNA 含量成正比。此法可区别DNA 和 RNA。

4. 焦宁 Y(pyronine Y) 又称派洛宁或吡咯红。此染料与 RNA 亲和力好,与 RNA 结合后呈现红色,染色效果好,灵敏度高。

（袁　萍）

第五章
层析技术

层析法(chromatography)又称色层分析法或色谱法,是一种利用混合物各组分物理、化学及生物学特性的差异,将混合物各组分进行分离及测定的方法,广泛用于有机化合物、金属离子、氨基酸、生物大分子(如蛋白质和核酸)等的分离分析。

第一节　基本原理及分类

一、层析的基本原理

(一)基本概念

1. 层析体系(chromatography system)　由一个固定相和一个流动相(液体或气体)组成。固定相(stationary phase)是层析体系的一个基质。它可以是固体物质(如吸附剂、凝胶、离子交换剂等),也可以是液体物质(如固定在硅胶或纤维素上的溶液)。这些基质能与待分离的化合物进行可逆的吸附、溶解、交换等作用。流动相(mobile phase)则是指在层析过程中推动固定相待分离物质朝着一个方向运动的液体或气体。流动相在柱层析中一般称为洗脱液,薄层层析时称为展层剂。

2. 分配系数　在一定条件下,物质在互不相溶的两个相(固定相和流动相)中的含量(浓度)比值称为分配系数(distribution coefficient)。分配系数主要与被分离物质本身的性质、固定相和流动相的性质、层析柱的温度等因素有关。在特定条件下,分配系数为一个常数,用 K 表示。不同类型层析的 K 值含义不同,可视为吸附平衡常数、分配常数或离子交换常数等。

$$K=C_s/C_m$$

式中:C_s 为固定相中的溶质浓度;C_m 为流动相中的溶质浓度。如果 K=1,说明该物质在固定相中的浓度与流动相中相同;如果 K=0.5,则该物质在流动相中的浓度是固定相中的 2 倍。

3. 迁移率(retardation factor,R_f)　又称比移值,指在一定条件下、特定的时间内某一组分在固定相移动距离与流动相本身移动距离之比值($R_f \leqslant 1$)。R_f 的大小主要决定于分配系数的大小。一般,分配系数大的组分,移动速度较慢,所以 R_f 也较小;而分配系数较小的组分,移动速度较快,R_f 也较大(图 5-1)。

$$R_f = \frac{物质移动距离(色斑中心至样品原点的距离)}{溶剂移动距离(溶剂前缘至样品原点的距离)}$$

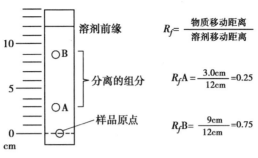

$$R_f = \frac{物质移动距离}{溶剂移动距离}$$

$$R_fA = \frac{3.0cm}{12cm} = 0.25$$

$$R_fB = \frac{9cm}{12cm} = 0.75$$

图 5-1　层析的迁移率（R_f）

4. 相对迁移率（relative R_f value）　指在一定条件和时间,某一组分在固定相中的移动距离与另一物质移动距离之比,即二者 R_f 的比值,以 R_x 表示,可以≤1,也可以≥1。

5. 分辨率（resolution,R_s）　也称分离度,代表相邻两个洗脱峰的分开程度（图 5-2）。R_s 越大,两种组分分离得越好。当 $R_s=1$ 时,两组分分离较好,互相沾染约 2%,即每种组分的纯度约为 98%。当 $R_s=1.5$ 时,两组分基本完全分开,每种组分的纯度可达到 99.8%。

$$R_s = \frac{VR2-VR1}{\frac{W1+W2}{2}} = \frac{2Y}{W1+W2}$$

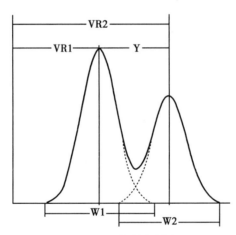

图 5-2　层析的分辨率

注:VR1. 组分 1 从进样点到对应洗脱峰值之间洗脱液的总体积;VR2. 组分 2 从进样点到对应洗脱峰值之间洗脱液的总体积;W1. 组分 1 的洗脱峰宽度;W2. 组分 2 的洗脱峰宽度;Y. 组分 1 和组分 2 洗脱峰值处洗脱液的总体积之差值。

（二）层析的塔板理论

英国生物学家 Martin 等参考分馏中的塔板理论,建立了层析技术的 Martin 理论（塔板理论）:假设一个层析柱由 A、B、C、D 和 E 5 个塔板组成,每个塔板都包含同样的固定相和流动相,液相体积为 1mL。含有 16μg 某物质的 1mL 溶剂被加到层析柱上后,立刻充满最上面的 A 塔板。如果该物质在此层析体系中的分配系数是 1,则各有 8μg 被分配到固相和液相中。在层析柱上继续加入 1mL 溶剂,则 A 塔板液相中的 8μg 物质随溶剂进入 B 塔板,而有

8μg 保留在 A 塔板固相中。由于有 1mL 新的溶剂加入 A 塔板内,所以 8μg 物质重新分配,4μg 在液相中,4μg 继续保留在固相上;进入 B 塔板 8μg 物质也是如此,按 1∶1 分配在固相和液相上。再加 1mL 溶剂到层析柱上,A 塔板液相中的 4μg 物质流动到 B 塔板内,剩余在固相上的 4μg 物质则重新分配。与此同时,B 塔板液相中的 4μg 溶质则随溶剂转移到 C 塔板,但是加上从 A 塔板转移来的 4μg,B 塔板内仍然有 8μg 物质。如果溶剂不断加在层析柱上,各塔板内的物质按前述规律继续分配,进行重新平衡(图 5-3)。

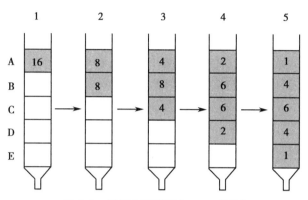

图 5-3　层析分离原理(Martin 理论)

经过 5 次平衡后,可以观察到物质浓度最高的位于层析柱的中部。在层析柱长限定的条件下,如果柱上发生的平衡次数越多,即柱的理论塔板数越多,在柱的某一位置上的物质浓度就越高(图 5-4)。

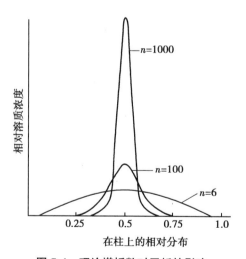

图 5-4　理论塔板数对层析的影响

二、层析技术的分类

根据固定相和流动相的形态和分离原理,可以将层析进行分类。

（一）根据固定相和流动相的形态分类

1. 根据固定相基质的形式分类　根据固定相基质的形式可将层析分为纸层析、薄层层析和柱层析。纸层析是以滤纸作为基质的层析。薄层层析是在玻璃或塑料等光滑表面铺一层很薄的基质进行层析。柱层析则是将基质填装在管状容器中,在柱中进行层析。纸层析和薄层层析主要适用于小分子物质的快速检测分析和少量分离制备,通常为一次性使用。柱层析是常用的层析形式,适用于样品分析、分离和制备。生物化学实验中常用的凝胶层析、离子交换层析、亲和层析、高效液相色谱等通常采用柱层析形式。

2. 根据流动相的形态分类　根据流动相的形态可将层析分为液相层析和气相层析。气相层析测定样品时需要气化,限制了其应用,主要用于氨基酸、核酸、糖类、脂肪酸等小分子的分析鉴定。液相层析适于生物样品的分析、分离,是生命科学领域最常用的层析技术。

3. 其他分类　如果同时区分流动相和固定相,层析则可分为气固层析、气液层析、液固层析和液液层析等。

（二）根据分离原理分类

根据分离的原理不同,层析主要分为 5 种类型（表 5-1）。

表 5-1　层析技术分类

层析类型	分离原理
吸附层析法	各组分在吸附剂表面（固定相是固体吸附剂）的吸附能力不同
分配层析法	各组分在流动相和静止相（固定相）中的分配系数不同
离子交换层析法	固定相是离子交换剂,各组分与离子交换剂亲和力不同
凝胶过滤层析法	固定相是多孔凝胶,各组分的分子大小不同,因而在凝胶上受阻滞的程度不同
亲和层析法	固定相只能与一种待分离组分专一结合,使无亲和力的其他组分分离

第二节　吸　附　层　析

一、吸附层析的原理

吸附层析（adsorption chromatography）是利用吸附剂表面对不同物质吸附性能的差异进行分离的一种层析方法。具体地说,由于混合物中各组分物理性质存在差异（如溶解度、吸附能力、分子形状、大小和极性等）,随流动相通过由吸附剂构成的固定相时,吸附剂对不同组分有不同的吸附力,因而不同组分随流动相移动的速度不同,利用此特点将混合物中不同组分分离。

吸附层析的效果取决于待分离物质被吸附剂（固定相）所吸附的能力,以及它们在分离时所用溶剂（流动相）中的溶解度两方面的差异。

吸附层析的固定相（即吸附剂）种类有很多。无机吸附剂有氧化铝、活性炭、硅胶等;有机类吸附剂有纤维素、淀粉、蔗糖等。其中,比较常用的是氧化铝和硅胶。上述物质都具有吸附某些物质的性质,而且对不同物质的吸附能力不同。吸附力的强弱取决于吸附剂本身的性质,也与被吸附物质的性质相关。物质之所以能吸附在固体表面,是因为固体表面的分子(离子或原子)和固体内部分子所受的吸引力不相等。吸附过程是可逆的,被吸附的物质在一定条件下可以被解吸附出来。层析过程就是吸附与解吸附的矛盾统一过程。

二、吸附层析的分类

根据操作方式不同,吸附层析可以分成柱层析与薄层吸附层析两种。

(一) 柱层析

柱层析(column chromatography)是利用玻璃柱装载吸附剂(固定相)进行混合物的分离。柱层析所用的玻璃柱,是一根适当尺寸的细长玻璃管,下端铺垫细孔尼龙网、玻璃棉或适当的细孔滤器,使装入柱内的固定相不流失。

在进行吸附柱层析时,柱中以用溶剂湿润的吸附剂充填,然后在柱顶部加入样品溶液(假设含 A、B 两种成分),使样品缓慢向下流过层析柱时被吸附剂吸附。待样品液全部流入柱内吸附剂后,再加入适当的洗脱液,使被吸附的物质逐步解吸附下来。A 与 B 随着洗脱液向下流动而移动,最后被分离。在洗脱过程中,管内连续发生溶解—吸附—再溶解—再吸附的现象。

一般来说,非极性与极性不强的有机物,如 β-胡萝卜素、甘油酯、磷脂和胆固醇等,最适合采用这种方法分离。

(二) 薄层吸附层析

薄层吸附层析简称薄层层析(thin layer chromatography,TLC),是将吸附剂均匀地在玻璃板上铺成薄层,再把样品点在薄层板上,点样的位置靠近板的一端。然后把板的点样端浸入适当的溶剂,使样品在薄层板上扩散,并在此过程中通过反复进行吸附—解吸附—再吸附—再解吸附,将样品各组分分离出来。

薄层层析的优点是设备简单,操作简便,层析展开时间短,灵敏度高,分离效果好,显色方便,还可采用腐蚀性显色剂,且可在高温下显色,有时还可在支持物中加荧光染料以帮助样品点的鉴别。

薄层层析的制板方法有多种。最简单的方法是直接将固定相吸附剂干粉倒在玻璃板上,然后用两端缠胶布的玻璃管从一端推向另一端,使干粉均匀、平整地铺在板上;也可以先将吸附剂加适量水或其他液体调成糊状,倒在玻璃板上,然后用边缘光滑的玻璃刮片(两侧用比制板玻璃稍厚的玻璃板垫起)从一端推向另一端,便可以得到均匀的薄层,经干燥后即可应用。应用硅胶制板时,为了使制成的薄层板不易松散,在硅胶中加入 10% 左右的煅石膏作黏合剂(市售的硅胶 G 是已掺入石膏的薄层层析用硅胶)。这样的硅胶必须加水调成糊状铺板,而不能直接用干粉铺板。除煅石膏外,羧甲基纤维素钠及淀粉也是常用的薄层黏合剂。

薄层层析的展层要在密闭的层析缸中进行,所需时间因展层的方式(上行、下行)及板的长度不同而异,可以从数分钟到数小时。一般从展开剂的前沿走到距薄层板边缘 2~3cm 时停止展层,然后取出,标记前沿位置,再行干燥和显色(图 5-5)。

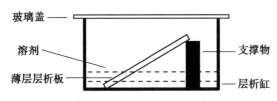

图 5-5　薄层层析（倾斜上行展层法）示意图

三、吸附剂和洗脱剂的选择

吸附剂和洗脱剂的选择是吸附层析成败的关键,但对吸附剂的选择尚无固定的法则,需要通过小样实验来确定。一般说来,所选吸附剂应有最大的表面积和足够的吸附能力,对分离的不同物质应有不同的吸附能力,与溶剂和样品组分不会发生化学反应,还要求吸附剂颗粒均匀,在操作中不会碎裂。

用亲水性吸附剂(如硅胶、氧化铝)做色谱分离时,如果被测成分极性较大,应用吸附性较弱(活性较低)的吸附剂和极性较大的洗脱剂;如果被测成分的亲脂性较强,则应选用吸附性强(活性高)的吸附剂和极性较小的洗脱剂。

常用洗脱剂极性递增次序是:石油醚＜环己烷＜四氯化碳＜苯＜甲苯＜乙醚＜氯仿＜醋酸乙酯＜正丁醇＜丙酮＜乙醇＜甲醇＜水。

常用吸附剂活性(度)递增次序是:蔗糖＜淀粉＜滑石＜碳酸钠＜碳酸钾＜碳酸钙＜碳酸钙＜碳酸镁＜氧化镁＜硅胶＜硅酸镁＜氧化铝＜活性炭＜漂白土。

层析常用的极性吸附剂为氧化铝和硅胶,其活性可分为 5 级。活性级数越大,吸附性能越小。活性大小与含水量有很大关系(表 5-2)。在一定温度下,加热除去水分可以使硅胶和氧化铝的活性提高,吸附能力加强,称为活化(activation);反之,加入一定量的水可使活性降低,称为脱活性(deactivation)。但活化过程并不是温度越高越好,而是有一定温度范围的。如果温度过高,会引起吸附剂内部结构改变,反而使吸附力不可逆地下降。

表 5-2　硅胶、氧化铝的含水量与活性关系

活性级	硅胶含水量 /%	氧化铝含水量 /%
I	0	0
II	5	3
III	15	6
IV	25	10
V	38	15

硅胶的活化方法一般是在 105~110℃ 加热 30min(不能超过 200℃)。

氧化铝的活化方法是将其铺在铝质盘内,厚度在 3cm 以下,置高温炉内(约 400℃)加热 6h 即得 I~II 级氧化铝(置于密闭干燥的容器内,冷却,备用)。

第三节 分配层析

一、分配层析的原理

分配层析法（partition chromatography）是根据物质在两种不相混溶（或部分混溶）的溶剂中溶解度及分配系数不同来实现物质分离的方法。目前应用的分配层析技术，大多数是以一种多孔物质吸着一种极性溶剂。此极性溶剂在层析过程中始终固定在此多孔支持物（载体）上，称为固定相。另一种与固定相互不相溶的非极性溶剂流过固定相，称为流动相。

硅胶可以吸收相当于其本身重量 70% 的水分。吸满水后，它的吸附性能消失，成为水的载体。载体上的水为固定相（载体在层析中只起负担固定相的作用，它们是一些吸附力小、反应性弱的惰性物质，如淀粉、纤维素、滤纸等）。固定相除水外，还可选择稀硫酸、甲醇、仲酰胺等强极性溶液。载体必须能和极性溶剂紧密结合，使其呈不流动状态。

流动相的选择：一般可先选用对各组分溶解度稍大的溶剂为流动相，然后再根据分离情况改变流动相的组成（即可在流动相中加入一些其他溶剂组成混合溶剂，以改变各组分被分离的情况与洗脱速率）。常用的流动相有石油醚、醇类、酮类、酯类、卤代烷及苯等或它们的混合物。

分配层析法克服了吸附层析法中遇到的困难。比如，脂肪酸和多元醇等极性物质能被一般吸附剂强烈吸附，即使用洗脱能力极强的液体也难以进行洗脱，不能用吸附层析法将其分离；而分配层析法则很容易将这些脂肪酸类的极性物质分离出来。因此，该法在分离极性有机混合物方面迅速得到广泛应用。目前，分配层析主要用于分离极性大的亲水性物质，如有机酸、氨基酸、糖类、肽类、核苷和核苷酸等。

二、纸层析

根据固定相支持物的使用方式不同，分配层析可分为纸层析（纸上分配层析）、柱层析及薄层层析等。下面着重介绍分配层析中应用最广泛的纸层析，它已成为生物化学研究中一项重要的分离、分析工具，对氨基酸、肽类、核苷及核苷酸、糖、维生素等小分子物质的分离鉴定十分有效。纸层析实际上与薄层层析很类似，只不过不铺板，而直接用滤纸进行层析，操作方法（包括点样、展层及显色等）基本相同。

（一）纸层析的原理

纸层析是以滤纸为惰性支持物。滤纸纤维和水有较强的亲和力，能吸附22%左右的水，但与有机溶剂的亲和力很弱。所以，滤纸可看作是含水的惰性支持物，水是固定相。某些有机溶剂（如醇、酚等）是常用的流动相。

把欲分离的物质加在纸的一端，并使流动相经过样品点，样品上的溶质必然在水相（固定相）与有机相（流动相）之间进行分配，一部分溶质离开原点随有机相移动，而进入无溶质的区域，重新进行分配，一部分溶质从有机相进入水相。当有机相不断流动时，溶质也沿着有机相流动方向移动，不断进行分配。某溶质在固定相中溶解度越大，在层析纸上随流动相移动的速度就越慢，反之则越快。溶质中不同组分的移动速度不同，因此能彼此分开。溶质在纸上的移动速度可用迁移率来表示。

(二)纸层析的类型

按操作方法不同,纸层析法可分成垂直型和水平型。垂直型纸层析是将滤纸条悬起,使流动相向上或向下扩散。水平型纸层析是将圆形滤纸置于水平位,溶剂由中心向四周扩散。

垂直型纸层析使用较广,具体操作为:按分离物质的多寡,将滤纸截成长条,在某一端离边缘 2~4cm 处点样,待干后,将点样端边缘与溶液接触,在密闭的玻璃缸内进行展开(图 5-6)。

上述方法只用一种溶剂系统进行一次展开,称为单向层析。如果样品成分较多,而且彼此的 R_f 相近,单向层析分离效果不佳,可采用双向层析法,即在长方形或方形滤纸的一角点样,卷成圆筒形,先用第一种溶剂系统展开,完毕后吹干,转 90°,再放于另一种溶剂系统中,向另一方向进行第二次展开,如此各成分分离较为清晰(图 5-7)。

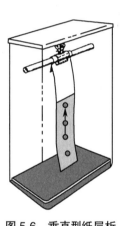

图 5-6　垂直型纸层析

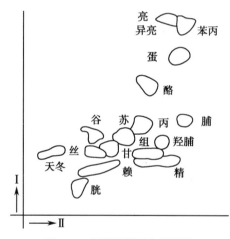

图 5-7　氨基酸的双向纸层析

第四节　离子交换层析

一、离子交换层析的原理

离子交换层析(ion exchange chromatography,IEC)是以离子交换剂作为固定相,根据流动相中的离子与交换剂上的离子进行可逆交换时结合力大小的差别进行分离的一种层析方法。

离子交换层析的固定相即离子交换剂,通常是一种不溶于水、具有立体网状结构的高分子聚合物,如树脂、纤维素、葡聚糖、琼脂糖等。它们在水、酸和碱溶液中均难溶,对热、有机溶剂、氧化剂、还原剂和其他化学试剂均有一定的稳定性。通过一定化学反应共价结合在离子交换剂网状结构骨架上的活性基团(如某些酸性或碱性基团),在一定条件下发生解离,产生可与样品溶液中其他离子基团发生交换的离子。

在不同 pH 和离子强度的溶液中,样品离子与离子交换剂离子进行可逆的吸附与解离作用。各种蛋白质因等电点、所带电荷、分子大小等不同,与离子交换剂形成的盐键数量也不同,因此它们与交换剂结合的强度就会不同。盐键数量多的物质,解离的概率小,随溶液移动的距离小,在层析时停留在层析柱顶部;盐键数量较少、有一定解离概率的物质,随着溶剂的缓慢移动,也会移动一定距离。这样就达到了使各种样品分离的目的。

如果欲使结合的物质洗脱,则可改变缓冲液的离子强度,使它与生物高分子的吸附部位竞争力加大,降低高分子的亲和力;或改变缓冲液的 pH,使高分子的解离度降低,电荷减少,从而降低亲和力。有时两种方法可同时并用,对分离复杂的混合物有效。

二、离子交换剂的类型

常用的离子交换剂为人工合成的有机物,包括离子交换树脂、离子交换纤维素、离子交换葡聚糖、离子交换琼脂糖等。下面以离子交换树脂为例,介绍其分类。

根据交换基团解离时产生的可交换离子电荷性质,离子交换树脂可分为阳离子交换树脂和阴离子交换树脂两大类。根据交换基团酸碱性的强弱,阳离子交换树脂可再分成强酸型和弱酸型;阴离子交换树脂可再分成强碱型和弱碱型。

网状结构骨架上引入酸性基团(如 $-SO_3H$),解离时产生可与介质中阳离子(如 Na^+)发生交换的阳离子(如 H^+),这种树脂称为阳离子交换树脂;网状结构骨架上引入碱性基团(如季胺碱 $-N^+$),解离时产生可与介质中阴离子(如 Cl^-)发生交换的阴离子(如 OH^-),这种树脂称为阴离子交换树脂。

离子交换树脂的表示方法如下:

$$]-SO_3^- \cdots\cdots\cdots H^+ \qquad\qquad]-COO^- \cdots\cdots\cdots H^+$$

强酸性阳离子交换树脂 　　　　弱酸性阳离子交换树脂

$$]-N^+R_3 \cdots\cdots\cdots OH^- \qquad\qquad]-NH_3^+ \cdots\cdots\cdots OH^-$$

强碱性阴离子交换树脂 　　　　弱碱性阴离子交换树脂

离子交换的反式应如下:

$$R-SO_3^-H^+ + M^+X \leftrightharpoons RSO_3^-M^+ + H^+X^-$$

$$R-N^+R_3OH^- + H^+X^- \leftrightharpoons R-N^+R_3X + H^+OH^-$$

交换反应都是平衡反应。在层析柱上进行时,连续添加新的交换溶液,平衡不断按正反应方向进行直至完全,可以把离子交换剂上的原有离子全部洗脱下来(图 5-8)。同理,当一定量的溶液通过交换柱时,溶液中的离子不断被交换而浓度逐渐降低,也可以全部被交换而吸附在树脂上。

三、离子交换层析的应用

离子交换层析广泛应用于分离纯化小分子物质(如氨基酸、核苷酸、抗生素、有机酸、无机离子等)。制备“去离子水”就是一个典型例子。天然水中含有 K^+、Na^+、Ca^{2+}、Mg^{2+} 等阳离子及 Cl^-、Br^-、SO_4^{2-}、HCO_3^- 等阴离子,为了除去这些离子,应使水先通过 H^+ 型阳离子交换树脂柱,再通过 OH^- 型阴离子交换树脂柱,流出液即为“去离子水”。

实践中,应根据待分离物质的理化特性,选择合适的离子交换剂。聚苯乙烯离子交换剂常用于分离小分子物质,如无机离子、氨基酸、核苷酸等。聚苯乙烯离子交换剂机械强度大,流速快,但与水的亲和力较小,具有较强的疏水性,容易引起蛋白质变性,所以分离蛋白质等大分子物质应使用与水有较强亲和力的纤维素、球状纤维素、葡聚糖和琼脂糖。

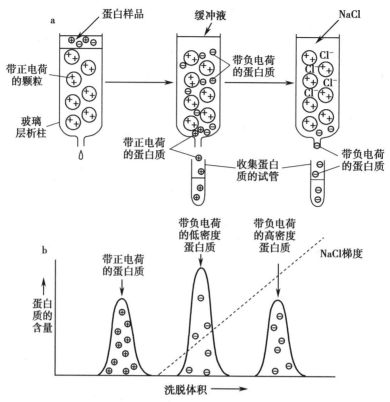

图 5-8 离子交换层析原理示意图

四、离子交换树脂的处理

1. 新树脂的处理 新出厂的树脂是干树脂,要用水浸透使之充分吸水膨胀。其含有一些杂质,因此要用水、酸、碱洗涤。一般程序如下:将新出厂干树脂用水浸泡 2h 后减压,抽去气泡,倒去水和浮在溶液中的小颗粒树脂,再用大量去离子水洗至澄清,去水后加 4 倍量 2mol/L HCl 搅拌 4h,除去酸液,再加 4 倍量 2mol/L NaOH 搅拌 4h,除去碱液,水洗到中性备用。使用前用所需酸碱度和离子强度的缓冲液平衡。

2. 装柱 一般层析柱选择的原则是柱的高度与直径之比以(10~20):1 为宜。装柱一般采用重力沉降法。操作关键是交换剂在柱内必须分布均匀,严防脱节和产生气泡,柱中交换剂表面必须平整。

3. 再生 使用过的树脂恢复原状的方法称为再生。并非每次再生都要用酸、碱液洗涤,往往只要转型处理即可。转型是将树脂带上所希望的某种离子的一种操作。如果希望阳离子交换型树脂带 Na^+ 则用 4 倍量 NaOH 搅拌浸泡 2h 以上;如果希望树脂带 H^+,可用 HCl 处理。阴离子交换型树脂转型也同样,若希望带 Cl^- 则用 HCl,希望带 OH^- 则用 NaOH。

4. 洗脱与收集 在洗脱与收集时,不同样品选用的洗脱液不同,其原则是用一种比被吸附离子更活泼的离子,将其交换出来。由于被吸附的物质往往不是我们所要求的单一物质,除了正确选择洗脱液外,还需采用控制流速和分步收集的方法以获得所需的单一物质。

第五节　凝胶过滤层析

凝胶过滤层析（gel chromatography）又称凝胶过滤、分子筛过滤，指混合物随流动相流经装有凝胶作为固定相的层析柱时，其中各物质因分子大小不同而被分离的技术。其设备简单、操作方便、分离效果好，主要用于蛋白质、核酸及其他大分子或高分子物质的分离。

一、凝胶过滤层析的原理

干燥的凝胶颗粒物质只有在适当的溶剂中浸泡，吸收大量液体，充分膨胀后，才能称为真正的凝胶。由于凝胶是一类经过交联而具有立体网状结构的多聚体，故有分子筛效应。

把适当的凝胶颗粒装填到玻璃管中制成层析柱，将欲分离的混合物加入柱中，然后用大量蒸馏水或其他稀溶液洗柱。由于混合物中各物质的分子大小和形状不同，在洗柱过程中，相对分子量大的物质因不能进入凝胶网孔内部而只是沿着凝胶颗粒间的空隙随溶剂流动，其流程短，遇到的阻力小，移动速度快，先流出层析柱。而相对分子量小的物质因能进入凝胶网孔内部而受阻滞，移动速度慢，流程长，后流出层析柱。经过分段收集流出液，相对分子质量不同的物质便可互相分离（图 5-9）。

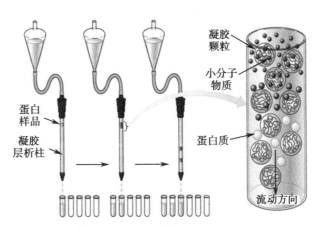

图 5-9　凝胶过滤层析原理示意图

凝胶过滤层析分离物质时可分为两种情况。一种情况是相对分子质量差异较大的物质间的分离，相对分子质量高的物质完全被凝胶排阻，随洗脱液流出，相对分子质量低的物质完全渗入凝胶，这称为组别分离（又叫分族分离），常用于制备性分离，如脱盐。另一情况是相对分子质量比较接近的物质间的分离，分辨率比组别分离高，称为分级分离，常用于分析。

二、凝胶层析的实验技术

（一）凝胶的选择

凝胶层析常用的凝胶有交联葡聚糖凝胶、聚丙烯酰胺凝胶（polyacrylamide gel）和琼脂糖凝胶。目前最常用的凝胶是交联葡聚糖凝胶。它有 8 种型号（表 5-3）。交联度（G）越高，网状结构越密，"网眼"越小，吸水量越少，适用于分离相对分子质量越小的物质。商品凝胶的型号,多用吸水量的 10 倍数字表示,如每克干凝胶吸水量为 2.5g 时,其型号为 G-25。每克干胶吸水量 >7.5g 的凝胶称软凝胶,每克干胶吸水量 <7.5g 的凝胶称硬凝胶。

根据所需凝胶体积,估计所需干胶的量。一般葡聚糖凝胶吸水后的凝胶体积约为其吸水量的 2 倍。例如,1g Sephadex G-200 的吸水量为 20mL,吸水后形成的凝胶体积约为 40mL。

表 5-3　葡聚糖凝胶的型号与性质

型号	分离范围（分子量 /Da）	吸水量 /（mL·g⁻¹）	浸泡时间 /h		膨胀体积 /（mL·mg⁻¹）
			20~25℃	100℃	
G-10	<700	1.0 ± 0.1	3	1	2.0~3.0
G-15	<1 500	1.5 ± 0.2	3	1	2.5~3.5
G-25	<5 000	2.5 ± 0.2	3	1	4.0~6.0
G-50	1 500~20 000	8.0 ± 0.3	3	1	9.0~11.0
G-75	3 000~70 000	7.5 ± 0.5	24	1	12.0~15.0
G-100	4 000~150 000	10.0 ± 1.0	72	1	15.0~20.0
G-150	5 000~300 000	15.0 ± 1.5	72	1	20.0~30.0
G-200	5 000~600 000	20.0 ± 2.0	72	1	30.0~40.0

凝胶的粒度也可影响层析分离效果,粒度细分离效果好,但阻力大,流速慢。一般实验室分离蛋白质采用 100~200 号筛目的 Sephadex G-200 效果较好;脱盐用粗粒、短柱的 Sephadex G-25、G-50 则流速快。

（二）凝胶的预处理

商品凝胶是干燥的颗粒,使用前需直接在欲使用的洗脱液中膨胀。在沸水浴中将湿凝胶逐渐升温至近沸腾,可大大加速膨胀,通常在 1~2h 或数小时内即可完成。该方法节约时间,还可消毒、除去凝胶中污染的细菌和排出凝胶内的空气。

（三）装柱与平衡

1. 层析柱的选择　层析柱是凝胶层析技术中的主体,一般用玻璃管或有机玻璃管,其直径大小不影响分离度。样品量大的可选直径大的凝胶柱(一般柱直径 >2cm),但在加样时应使样品均匀分布于凝胶柱床面上。另外,直径加大,洗脱液体积增大,样品稀释度大。分离度与柱高的平方根相关,为分离不同组分,凝胶柱必须有适宜的高度,但由于软凝胶柱过高会导致挤压变形阻塞,一般不超过 1m。组别分离时用短柱,一般凝胶柱长 20~30cm,柱高与直径的比为(5~10):1,凝胶床体积为样品溶液体积的 4~10 倍。分级分离时柱高与直径之比为(20~100):1,常用凝胶柱有 5cm × 50cm,5cm × 100cm。

层析柱滤板下的无效腔体积应尽可能小,如果支撑滤板下无效腔体积大,被分离组分重新混合的可能性就大,会影响洗脱峰形,出现拖尾现象,降低分辨率。在精确分离时,无效腔体积不能超过总床体积的 1/1 000。

选好柱后,可以用柱的体积从公式 $V_i=\pi d^2 h/4$ 求得所用凝胶的膨胀体积,推算出需要多少克干凝胶。

2. 装柱　是凝胶过滤层析中一个关键的操作步骤。在此介绍一种实验室常用的简便装柱方法:向柱中先加入约 1/3 高度的洗脱液,边搅拌、边将烧杯中的凝胶悬浮液均匀、连续地倒入柱中,待底面上沉积起 1~2cm 的凝胶柱床后,打开柱的出口,随着下面液体流出,上面不断加凝胶悬浮液,使凝胶颗粒连续、缓慢沉降,待凝胶柱到达离层析管顶端 3~5cm 处停止装柱。

3. 平衡　新柱凝胶装成后,继续用洗脱缓冲液平衡。一般用 3~5 倍柱床体积的缓冲液在恒定的压力下流过柱即可。检查柱是否均匀,如果新装成的柱凝胶不均匀或出现气泡,需要将凝胶倒出重新装填。

(四) 样品上柱及洗脱

1. 样品溶液的处理　样品溶液如有沉淀,应过滤或离心除去,如含脂类可高速离心或通过 sephadex G-15 短柱除去。样品的黏度不可大,含蛋白质不超过 40g/L(4%),黏度大影响分离效果。上柱样品液的体积根据凝胶床体积的分离要求确定。分离蛋白质样品的体积为凝胶床体积的 1%~4%(一般为 0.5~2mL),进行组别分离时样品液可为凝胶床的 10%。在蛋白质溶液除盐时,样品液可达凝胶床的 20%~30%。分级分离样品体积要小,使样品层尽可能窄,这样洗脱出的峰形较好。

2. 样品上柱　上柱也是凝胶层析的一项重要操作。上柱前仔细检查柱床表面是否平整,如果发现凹凸不平的情况,可用细玻璃棒轻轻搅动表面,使凝胶重新自然沉降至表面平整。将柱的出口打开,使层析柱上的缓冲液面刚好下降到凝胶床表面时关闭出口。用滴管小心地将样品溶液缓慢地加到凝胶床面上,柱下端用 10mL 刻度离心管接液(以便了解加样后液体的流出量),将柱的出口打开,调节适当流速,使样品进入凝胶床,至液面降到凝胶床表面为止。用洗脱液小心地洗涤层析柱内壁,以洗净粘在柱壁上的样品液。

3. 洗脱　待样品进入凝胶床内,继续用洗脱液冲洗。洗脱液应与浸泡凝胶的溶液一致。洗脱不溶于水的样品常采用有机溶剂(如苯和丙酮等);洗脱水溶性样品一般采用水或具有不同离子强度和 pH 的缓冲液。碱性物质用酸性洗脱液;酸性物质用碱性洗脱液。

(五) 凝胶的保存

交联葡聚糖和琼脂糖都是多糖类物质,适宜微生物生长,微生物分泌的酶能水解多糖的糖苷键。染菌的凝胶层析特性会发生改变,影响层析的效果。因此,抑制微生物的生长在凝胶层析中十分重要。

凝胶的保存可采用 2 种方法:第一种方法为湿态保存,只加入适当的抑菌剂,适用于经常使用的凝胶;第二种方法为干燥保存法,适用于较长时间不使用的凝胶。

常用的抑菌剂有以下 3 种。

1. 叠氮钠(NaN_3)　在凝胶过滤层析中用 3mmol/L(0.02%)的叠氮钠可防止微生物的生长。叠氮钠易溶于水,不与蛋白质或糖类相互作用,因而不影响抗体活性,不会改变蛋白质和糖类的层析特性。但叠氮钠可干扰荧光标记蛋白质。

2. 可乐酮$[Cl_3-C(OH)(CH_3)_2]$ 在凝胶层析中常用 0.6~1.1mmol/L（0.01%~0.02%）的可乐酮，在微酸性溶液中它的杀菌效果最佳，但在强碱性溶液中或温度高于 60℃时易引起分解而失效。

3. 乙基汞硫代水杨酸钠 在凝胶层析中作为抑菌剂使用的浓度为 0.12~0.5mmol/L（0.005%~0.01%），在微酸性溶液中最为有效。重金属离子可使其沉淀，没有乙二胺四乙酸（ethylene diamine tetraacetic acid, EDTA）钠盐存在的情况下，溶液中微量铜离子就可以引起其分解。另外，它还可与带巯基的物质结合，因而具有巯基的蛋白质可在不同程度上降低其抑菌效果。

三、凝胶层析的应用

1. 分离提纯 用于蛋白质、核酸等生物大分子的分离提纯。

2. 脱盐 在分离生化样品时，常需要加入不同 pH 的缓冲溶液或采用盐析法，使样品带入各种电解质。当需要脱盐时，可采用凝胶过滤法，将盐留在凝胶上，既快速又不会导致蛋白质和酶的活性改变，更扩大了层析法的使用范围和价值。

3. 浓缩 利用干燥凝胶吸水膨胀的性质，在高分子溶液中加入干凝胶，水及低分子物质在凝胶吸水膨胀的过程中进入其颗粒孔穴内部，高分子物质被排阻于外部溶液中，然后用离心或减压过滤的方法，使溶液与膨胀的颗粒分开，使高分子物质达到浓缩，如从海水中浓缩少量维生素 B_{12}。

4. 分离精制 许多物质都可以用分子排阻色谱法精制，如抗生素、激素、蛋白质、多肽、氨基酸、维生素、生物碱等。使用分子排阻色谱法，测定大分子物质时可除去少量低分子的干扰物质，还可除去药品中的热原，同时也是脱色的好方法。

5. 相对分子质量测定 球状蛋白质（相对分子质量在 3 500~820 000）的洗脱体积主要由其相对分子质量决定。相对分子质量在 3 500~820 000 范围，洗脱体积大约是相对分子质量对数的线性函数。因此，用相同形状、已知相对分子质量的蛋白质做出一条校正曲线，就能估计其他蛋白质的相对分子质量。

第六节 亲 和 层 析

一、亲和层析的原理

许多生物大分子具有和某些化合物发生可逆的非共价结合的特性（即具有一定亲和力），而且这种结合具有不同程度的专一性。例如，酶的活性中心能与专一的底物、抑制剂、辅助因子通过某些次级键相互结合，并可以在一定条件下解离。抗原与抗体、激素与受体、核糖核酸与其互补的脱氧核糖核酸也具有类似的特性。这种高分子与配体（ligands，即能与生物高分子进行专一性可逆性结合的物质）之间形成专一的、可解离的络合物的能力称为亲和力。根据这种具有亲和力的生物分子间可逆地结合和解离的原理发展起来的层析方法就称为亲和层析（affinity chromatography）。

亲和层析目前主要用于蛋白质的分离纯化，且极为有效。通常只需一步处理即可把某种待提纯的蛋白质从复杂的蛋白质混合物中分离出来，且纯度很高。

二、亲和层析的基本过程

1. 将待分离的生物高分子的配体,在不影响其生物学功能的情况下与载体结合(又称固相化或固定化)。

2. 将结合有配体的载体装柱,称为亲和层析柱。

3. 含有生物高分子的混合液,在有利于配体和生物高分子之间形成络合物的条件下进入亲和层析柱。混合液中生物高分子被吸附,不被吸附的杂质直接流出,然后用缓冲液充分洗涤,除去全部不吸附的杂质。

4. 变换溶液,使被吸附的生物高分子与配体解离,获得纯化的生物高分子。

5. 将固相配体的层析柱经充分洗涤后用于下一轮的纯化工作。

三、亲和层析载体、配体的选择与偶联

1. 载体与配体的选择　亲和层析的载体必须符合以下基本条件:①高度亲水性,使固相的配体可以与水溶液中生物高分子接近;②属于惰性载体,也就是非专一吸附应尽可能小;③具备大量能被活化的化学基团,在温和条件下可与大量配体连接;④具有较好的物理、化学稳定性,有稀松的网状结构及良好的机械性能。

常用的亲和层析固相载体,按化学属性主要可分为两类:多糖类载体(如琼脂糖凝胶及葡聚糖凝胶)和聚丙烯酰胺类载体。其中,琼脂糖凝胶微球应用最普遍,一般多用 4B 型(即含 4% 琼脂糖的凝胶),有时也可用 6B 和 2B 型。

理想的配体首先必须对欲纯化的高分子具有很高的亲和力;其次必须具有一种适当的化学基团(如氨基),不参与配体与大分子的特异结合,但可以用来联接配体和载体。

2. 载体与配体的偶联　配体与载体偶联的方法很多,主要包括以下 4 种。①吸附法:配体吸附于固相载体或离子交换剂上;②共价偶联法:通过化学共价键联结于固相载体上;③交联法:依靠双功能试剂造成分子之间交联,聚集成网状结构;④包埋法:配体被包裹于凝胶格子或聚合物的半透膜微胶囊中。

为了使载体能与配体结合,通常要先将载体用适当的化学方法进行处理(称为活化),以便和配体结合成为稳定的共价化合物,而又不致过多破坏配体与大分子物质可逆性结合的性质。下面主要介绍两类载体的共价偶联法联接。

多糖类载体最常用的是溴化氰(cyanogen bromide,CNBr)活化法(图 5-10),其次是过碘酸盐氧化法。这两种方法都可使多糖的部分氰基变成活泼基团,进一步可与蛋白质或其他具有氨基的化合物以及一些具有其他基团的化合物迅速结合,形成稳定的共价化合物(图 5-10)。

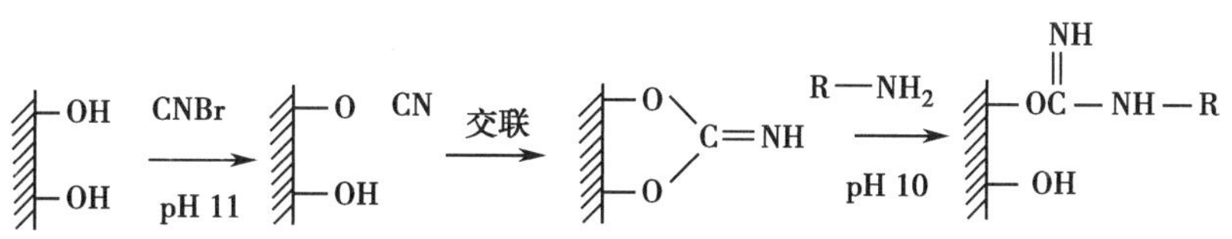

图 5-10　溴化氰活化法

聚丙烯酰胺载体具有酰胺基,和氨基化合物一样,可与醛基化合物形成稳定的结合物。例如,应用戊二醛(双功能基团化合物)可以很方便地通过它的两个醛基,将聚丙烯酰胺和蛋白质或其他氨基化合物联接起来。

载体活化的试剂还有很多,如碳二亚胺类化合物、琥珀酸酐等都很常用,可根据实验需要自行选用。

需要注意的是,载体与配体的结合,往往会因为占去配体分子表面的部分位置,妨碍配体与大分子物质进行可逆性结合,产生无效吸附(所谓空间障碍)。在这种情况下,载体与配体间可接上一个有适当长度的"手臂",可以大大减轻空间障碍的效应,从而有效地提高特异性结合的能力(图5-11)。乙二胺、ω-氨基己酸都可以作为这些"手臂"的良好试剂。它们通过分子两端的活性基团(氨基、羧基等),经适当化学处理分别与载体及配体结合,从而发挥"手臂"的作用。

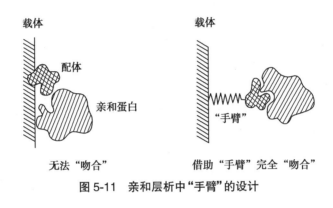

图 5-11　亲和层析中"手臂"的设计

(李冬民)

第六章
离心技术

离心技术（centrifugal technique）是利用旋转运动的离心力以及物质的沉降系数或浮力密度的差异实现物质分离、浓缩和提纯的一类技术。它可用于连续分离悬浮液中的细胞或粒子，如各种细胞、病毒颗粒、核酸和蛋白质等生物分子，并能确定这些颗粒在离心场中的构象、沉降系数等物理特性参数；也可用于分离亚细胞器，如细胞核、线粒体、叶绿体、高尔基体、内质网、核糖体等。

第一节　离心分离的基本原理

在悬浮液中，重力场的作用使得悬浮的颗粒逐渐下沉。颗粒越重，下沉越快。微粒在重力场下移动的速度与微粒的大小、形态、密度以及重力场的强度、液体的黏度有关。此外，物质在介质中沉降时还伴随扩散现象（扩散是由于微粒的热运动而产生的质量迁移现象，主要由密度差引起）。直径小于数微米的微粒（如病毒或蛋白质等）在溶液中成胶体或半胶体状态，仅利用重力不可能产生沉降过程，因为颗粒越小沉降越慢，而扩散现象则越严重。扩散现象不利于样品分离，加大重力可能克服扩散的不利影响，实现生物大分子的分离。

离心机利用离心机转子高速旋转产生的强大离心力，迫使液体中的微粒克服扩散，加快沉降速度，从而把样品中具有不同沉降系数和浮力密度的物质分离开。在高速旋转下，离心力使悬浮的微小颗粒（细胞器、生物大分子沉淀等）以一定的速度沉降，从而使溶液得以分离。颗粒的沉降速度取决于离心机的转速以及颗粒的质量、大小和密度。

一、离心力

离心力（centrifugal force，F_c）是指粒子做圆周运动时形成的一种迫使粒子脱离圆周运动中心的力。根据牛顿力学，F_c 的计算公式为：

$$F_c = ma = m\omega^2 r$$

式中，m 为沉降粒子的质量，a 为粒子旋转加速度，ω 为粒子旋转的角速度，r 为粒子的旋转半径（cm）。

二、相对离心力

在离心过程中微粒的质量往往并不明确，因此实际应用时往往用相对离心力（relative centrifugal force，RCF）表明离心力的大小。RCF 代表离心力与该微粒所受重力的比值，单位是重力加速度 g（980cm/s^2），有时也可用数字乘"g"来表示。例如，25 000×g 表示相对离心力为 25 000,即作用在被离心物质上的离心力是日常地心引力的 2.5 万倍。

$$RCF=m\omega^2r/mg=\omega^2r/g$$

式中,$g=980cm/s^2$,$\omega=2\pi N/60$。N 为每分钟的转数(revolutions per minute,rpm 或 r/min)。将其代入上式,得:

$$RCF=1.118\times10^{-5}\times(r/min)^2\times r$$

由上式可见,只要给出旋转半径 r,则可以实现 RCF 和 r/min 之间的换算。一般情况下,低速离心时常以转速"r/min"来表示,高速离心时则以"g"表示。在报告超离心条件时,通常用地心引力的倍数"×g"代替每分钟转数(r/min),以真实反映颗粒在离心管内不同位置的离心力及其动态变化。

为便于进行转速和相对离心力之间的换算,Dole 和 Cotzias 利用 RCF 的计算公式,制作了转速(r/min)、相对离心力(RCF)和旋转半径(r)三者关系的列线图(图 6-1)。

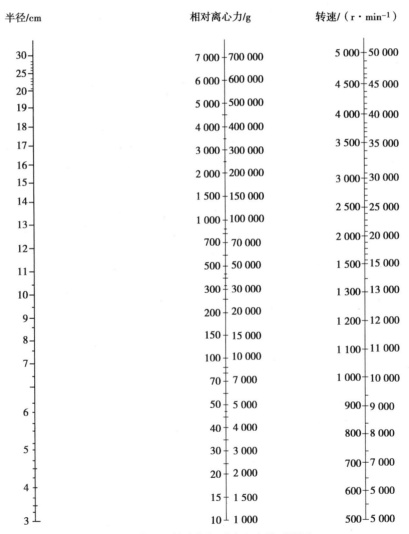

图 6-1　离心机转速与相对离心力的列线图

三、沉降系数

沉降系数(sedimentation coefficient,S)是指颗粒在单位离心力场中移动的速度。蛋白质、核酸等生物大分子的沉降系数通常在$(1\sim200)\times10^{-13}$s范围。故将10^{-13}称为一个Svedberg单位,简写为S。

沉降系数由分子量、分子形状和溶剂等情况决定,是生物大分子的一个重要特征。当然,沉降系数也往往随溶剂的种类和温度而变化,所以通常换算成20℃纯水中的数值。例如,血红蛋白的沉降系数约为4×10^{-13}s,可记为4S。核糖体及其亚基往往沉降系数在30~80S,而多核糖体在100S以上。

第二节　离心分离的常用方法

一、差速离心法

采用不同的离心速度和离心时间,使沉降系数不同的颗粒得到分步分离的方法,称为差速离心(又称分步离心法)。此法一般用于分离沉降系数相差较大的颗粒。

差速离心需依据待分离的颗粒选择适当的离心力和离心时间。在一定离心力的作用下,在离心管底部往往最先得到混合液中沉降系数最大的颗粒。通过逐步将上清液转移至新的离心管,并进一步加大离心力或离心时间,将分批次实现沉降系数不同颗粒的分离(图6-2)。需要注意的是,此法所得的沉淀是不均一的,需经过2~3次再悬浮和再离心,才能得到较纯的颗粒。

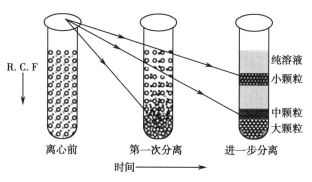

图 6-2　差速离心法示意图

差速离心法主要用于组织匀浆液中细胞器和病毒的分离。此法优点在于:操作简单,离心后用倾倒法即可将上清液与沉淀分开,并可使用容量较大的角式转子;分离时间短、重复性高;样品处理量大。缺点在于:分辨率有限,分离效果差,沉淀系数在同一个数量级内的各种粒子不容易分开,不能一次得到纯颗粒;壁效应严重,特别是当颗粒很大或液体浓度很高时,在离心管一侧会出现沉淀;颗粒被挤压,离心力过大、离心时间过长会使颗粒变形、聚集而失活。

二、密度梯度离心法

密度梯度离心法(又称区带离心法)是将样品加在惰性密度梯度介质中进行离心沉降或沉降平衡,在一定的离心力下把颗粒分配到梯度中某些特定位置,形成不同区带的分离方法。此法的优点是:①分离效果好,可一次获得较纯颗粒;②适应范围广,能分离具有沉降系数差的颗粒,也能分离有一定浮力密度差的颗粒;③颗粒不会挤压变形,能保持颗粒活性,并防止已形成的区带由于对流而引起混合。此法的缺点是:①所需离心时间较长;②需要制备惰性密度梯度介质溶液;③操作严格,不易掌握。

密度梯度离心法可细分为以下两种。

(一)差速区带离心法

具有不同沉降系数的粒子在离心后处于不同的密度梯度层,在密度梯度介质的不同区域形成几条分开的样品区带,称为差速区带离心法。此法仅用于分离有一定沉降系数差的颗粒(20% 的沉降系数差或更少)或分子质量相差 3 倍的蛋白质,与颗粒的密度无关。大小相同、密度不同的颗粒(如线粒体、溶酶体等)不能用此法分离。

将样品加在密度梯度介质的表面。离心时,由于离心力的作用,各颗粒将离开原样品层,按不同沉降速度向管底沉降。离心一定时间后,沉降的颗粒逐渐分开,最后形成一系列界面清楚的不连续区带。沉降系数越大,沉降速度越快,所呈现的区带位置也越低(图 6-3)。

注意:此离心法的关键是选择合适的离心转速和时间。离心必须在所有颗粒到达管底前结束,且样品颗粒的密度要大于梯度介质的密度。梯度介质通常用蔗糖溶液,其最大密度和质量分数可达 $1.28kg/cm^3$ 和 60%。

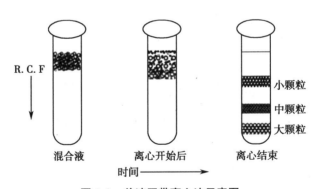

图 6-3　差速区带离心法示意图

(二)等密度区带离心法

当不同颗粒存在浮力密度差时,在离心力场作用下,颗粒或向下沉降,或向上浮起,一直沿梯度移动到与之密度恰好相等的位置(即等密度点),最终待分离样本形成不同的密度区带,称为等密度区带离心法(图 6-4)。提高转速可以缩短达到平衡的时间,离心所需时间以最小颗粒到达等密度点(即平衡点)的时间为基准,可长达数天。体系到达平衡状态后,处于等密度点的样品颗粒的区带形状和位置均不再受离心时间影响,故再延长离心时间和提高转速已无意义。

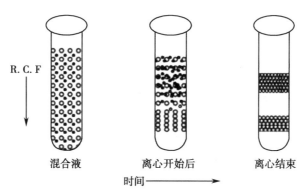

R.C.F

混合液　　　　　离心开始后　　　　　离心结束

时间 ⟶

图 6-4　等密度区带离心法示意图

等密度离心法的分离效率取决于样品颗粒的浮力密度差,密度差越大,分离效果越好,而与颗粒大小和形状无关。然而,颗粒的大小和形状决定达到平衡的速度、时间和区带宽度。等密度区带离心法所用的梯度介质通常为 CsCl,其密度可达 $1.7g/cm^3$。此法可分离核酸、亚细胞器等,也可分离复合蛋白质,但对于简单蛋白质不适用。

第三节　离心机的分类及使用

一、离心机的分类

离心机是借离心力分离液相非均一体系的设备,可用于对不同密度、不同形状的物质进行分离提纯,按离心转速大小可分为低速离心机(又称普通离心机)、高速离心机和超速离心机三类。一般划分标准:转速少于 6 000r/min 的为低速离心机,高于 10 000r/min 且低于 30 000r/min 的为高速离心机,超过 30 000r/min 的是超速离心机。

1. 普通离心机　又可分小型台式和落地式。普通离心机结构较简单,分离形式是固液沉降分离,可根据离心物质所需,更换不同容量和不同型号转速的转头。最大转速 6 000r/min 左右,最大相对离心力近 6 000×g。普通离心机通常不配有冷却系统,在室温下操作,主要用于收集易沉降的大颗粒物质,如红细胞、酵母细胞等。

2. 高速冷冻离心机　转速可达 20 000r/min 以上,最大相对离心力为 89 000×g。分离形式也是固液沉降分离。高速冷冻离心机一般都配备制冷系统,以消除高速旋转时转头与空气之间摩擦而产生的热量,离心室的温度可以调节和维持在 0~4℃。这类离心机的转速、温度和时间都可以严格准确控制,并有指针或数字显示,通常用于微生物菌体、细胞碎片、大细胞器、硫铵沉淀和免疫沉淀物等的分离纯化,但不能有效沉降病毒、小细胞器(如核蛋白体)或单个分子。

3. 超速离心机　机转速可达 50 000~80 000r/min 或以上,能使亚细胞器分级分离,并可用于蛋白质、核酸分子量的测定等。离心容量由数十毫升至 2L,分离的形式是差速沉降分离和密度梯度区带分离,离心管平衡允许的误差小于 0.1g。超速离心机主要由驱动和速度控制、温度控制、真空系统和转头五部分组成。其驱动装置是由水冷或风冷电动机通过精密齿轮箱或皮带变速,或直接用变频感应电机驱动,并由计算机控制。

二、离心机操作注意事项

高速与超速离心机是生物化学、细胞生物学和分子生物学实验中的重要精密仪器。使用离心机应注意安全,如使用不当或离心机缺乏定期检修和保养,则可能发生严重事故。使用离心机时必须严格遵守以下操作规程。

1. 使用前细心检查设备并做好准备工作 使用前必须检查离心管是否有裂纹、老化等现象,如有应及时更换。明确离心机的最大转速,在允许的范围内进行离心。此外,如果需要 4℃离心,应提前制冷,待温度达到后再开始离心。

2. 样品严格配平、对称放置 离心前应确保样品对称放置,各方向转子重量均衡。必须事先将离心管及其内容物严格配平,两端重量之差不超过离心机说明书上所规定的范围。尤其在使用高速以及超速离心机时,由于离心力较大,很小的质量差异也往往可造成很大的不平衡力,引起中心轴扭曲而带来危险。

3. 离心管加样量适宜 装载溶液时,要根据待离心液体的性质及体积选用合适的离心管。对于无盖的离心管,液体不得装得过满,以防离心时甩出,造成转头不平衡或腐蚀离心机。

4. 离心过程中应留意观察,不能随意打开盖门 离心过程中,实验人员不得随意离开,应随时观察离心机仪表是否正常工作,如有异常声音应立即停机检查,及时排除故障后再进行离心。仪器在工作状态或停机未稳定的状态下,不要随意打开盖门,以免发生危险。

5. 离心完毕后仔细清理 每次离心后,必须将转头和仪器擦拭干净,以防沾污、腐蚀仪器。低温离心后需将离心机盖打开以保持干燥,避免水滴凝结。

6. 使用完毕后认真登记 使用完毕后,应在相应记录本中登记使用情况,尤其是离心过程中的异常情况更应该如实详细填写。

7. 注意转头保养 转头是离心机的重点保护部件,平常使用时应注意清洗、擦干以免腐蚀,搬动时避免碰撞造成伤痕,长期不用时应涂一层上光蜡保护。不同的转头有不同的使用寿命,超过使用寿命应立即停止使用。

（胡晓鹃）

第二篇

蛋白质实验

第七章
蛋白质的定量分析（分光光度法）

蛋白质的浓度测定（即蛋白质的定量分析）是进行各种蛋白质相关研究都会用到的实验方法。测定蛋白质浓度的方法有多种，检测的灵敏度、所需时间、相容性、标准曲线的线性以及不同种蛋白质的检测存在差异。每种方法都有其各自的优点和不足，在实际操作中，可根据待测蛋白样品的氨基酸组成、结构、处理方式和实验条件等特点选择合适的方法进行检测。

常用蛋白质定量分析方法的选择标准包括：①检测试剂与蛋白质样品成分的相容性；②所需要的样品体积和检测的蛋白质浓度范围；③不同种蛋白质检测结果的一致性；④可操作性和所需时间；⑤分光光度计的性能和检测范围。

科学研究中常用的蛋白质定量分析方法有双缩脲法、Lowry（Follin-酚）法、BCA法和Bradford（考马斯亮蓝）法。其中，双缩脲法操作简便、快速，不需要复杂、昂贵的设备，是一般实验室中常用的方法。Follin-酚法是在双缩脲法基础上发展而来的，其灵敏度提高了约100倍。BCA法同样基于双缩脲法，灵敏度大大提高的同时还可进行微量检测，是目前科学研究中常用的蛋白质定量方法之一。表7-1对4种蛋白质定量方法的优点和不足进行了比较。

表 7-1　蛋白质浓度测定方法比较

方法	灵敏度	优点	不足
双缩脲法	1~10mg/mL	较快，干扰物质较少	灵敏度低
Lowry 法	5~100μg/mL	灵敏度高	干扰物质较多，耗时长
BCA 法	0.5~20μg/mL	灵敏度高，干扰物质少	易受尿素和 β-巯基乙醇干扰
Bradford 法	1~5μg/mL	操作简单，快速，灵敏度高	不同蛋白质测定偏差较大

实验 1　双缩脲法测定蛋白质含量

双缩脲法（biuret test）是测定样品中蛋白质含量的经典方法，通过显色反应检测肽键而定量蛋白质，试剂中并不含有双缩脲，因能使双缩脲呈阳性反应而得名，主要用来检测高浓度蛋白质样品。

一、实验原理

2分子尿素在高温下可缩合形成含有酰胺键的双缩脲($NH_2OC–NH–CONH_2$),并释放出1分子的NH_3。在碱性溶液中,铜离子(Cu^{2+})与双缩脲中的酰胺氮络合,进而生成紫红色的络合物,这种呈色反应被称为双缩脲反应。

蛋白质分子及其水解产物肽类均含有许多肽键,肽键的化学本质就是酰胺键,因此也能发生双缩脲反应生成肽-铜络合物(图7-1)。反应产物颜色的深浅与肽键的数目正相关,而与氨基酸的种类无关。在一定蛋白质浓度范围内,反应产物颜色的深浅与浓度呈线性关系,故可用分光光度法测定蛋白质的含量。此方法操作简便、快速,受蛋白质种类和性质的影响较小,但灵敏度较低,特异性不高,可检测1~20mg/mL蛋白质。除 –CONH 有此反应外,$–CONH_2$、$–CH_2NH_2$、$–CS–NH_2$ 等基团也有此反应。

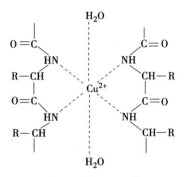

图 7-1　双缩脲反应生成 Cu^{2+}-肽复合物

二、实验材料

(一) 样品

未知浓度的蛋白质溶液。

(二) 试剂

1. 双缩脲试剂(1L)　组成见表7-2;须用棕色瓶避光保存。长期放置后,如果试剂出现暗红色沉淀,则不能使用。

表 7-2　双缩脲试剂(1L)组成成分

组成成分	含量
$CuSO_4 \cdot 5H_2O$	1.5g
酒石酸钾钠	6.0g
10% NaOH 溶液	300mL
KI	1.0g
蒸馏水	700mL

2. 牛血清清蛋白(bovine serum albumin,BSA)溶液(2mg/mL)　100mL。

(三) 仪器及器材

刻度吸管、试管、分光光度计、恒温水浴箱、微量加样器。

三、实验步骤

(一)操作步骤

1. 标准曲线的制作　将 7 支干燥试管编号,按表 7-3 加入试剂。各管试剂混匀后,分别加入双缩脲试剂 3.0mL,充分混匀,于 37℃恒温箱中水浴 30min 后,在 540nm 波长处比色,以 0 号管溶液调零测定各管溶液的吸光度(A_{540})。以 A_{540} 为纵坐标,蛋白质含量为横坐标,绘制标准曲线。为保证测得数据的可靠性,每个浓度应配制 2~3 个平行管取其吸光度的平均值。

表 7-3　双缩脲法测定蛋白质含量的溶液配制

试剂	试管						
	0	1	2	3	4	5	6
BSA 量 /mL	0	0.5	1.0	1.5	2.0	2.5	3.0
蒸馏水量 /mL	3.0	2.5	2.0	1.5	1.0	0.5	0
蛋白质终浓度 /(mg·mL^{-1})	0	0.33	0.67	1.00	1.33	1.67	2.00

2. 样品测定　取未知浓度的蛋白质溶液 3.0mL,置于干净试管内,加入双缩脲试剂 3.0mL,充分混匀,同样于 37℃恒温箱中水浴 30min,之后在 540nm 波长处测定吸光度,对照标准曲线,求得未知溶液的蛋白质浓度。

操作步骤 1 和 2 可同时进行。

(二)注意事项

双缩脲法检测蛋白质的灵敏度较低,当样品蛋白质含量不高时,应使用灵敏度更高的方法进行测定。

四、结果与讨论

(一)结果

1. 绘制标准曲线　根据表 7-3 的测定结果制作表 7-4。以 A_{540} 为纵坐标,已知的标准 BSA 蛋白质浓度为横坐标,绘制标准曲线(可使用 EXCEL 软件绘制),同时得到标准曲线的方程式。标准曲线应该是通过原点(0,0)的一条直线(图 7-2)。不同批次试剂和不同实验室操作所得数值不同,以实际测得的数据为准。

表 7-4　不同蛋白质标准液浓度测得的吸光度

蛋白质标准液浓度 /(mg·mL^{-1})	A_{540}
0	0
0.33	0.040
0.67	0.099

续表

蛋白质标准液浓度/(mg·mL^{-1})	A$_{540}$
1.00	0.144
1.33	0.182
1.67	0.251
2.00	0.318

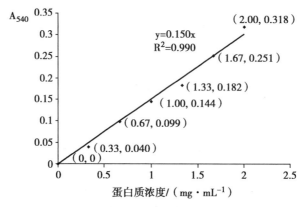

图 7-2 双缩脲法测定蛋白质标准曲线

2. 待测样品蛋白质浓度的测定和计算 根据图 7-2 绘制的标准曲线,将测得的待测样品吸光度值 A$_{540}$ 代入图 7-2 中的方程式(y=0.150x),求得待测样品的蛋白质浓度。

ER7-1 蛋白质含量测定结果分析

3. 常见问题及处理

(1)标准曲线应该是通过原点的一条直线,也就是当蛋白质含量为 0 时,吸光度也为 0,因此在绘图时要选定截距(0,0)。

(2)标准曲线中的线性回归指数 R^2 值表明了 2 个变量(x,y)之间的相关性,R^2 越接近 1 说明二者的相关性越高。本实验中较好的数值可以使 R^2>0.99。如果绘制标准曲线的 R^2 偏低,可能和试剂加样的准确性相关,应保证加样的准确性和配制标准浓度的正确性。

(3)待测样品的吸光度应在标准曲线的检测范围内,如果超出范围,应将样品做不同比例的稀释后再进行测定,同时在计算待测样品浓度时要乘以稀释倍数。

(二)讨论

1. 双缩脲法测定蛋白质含量的原理是什么?

2. 如何绘制可靠的标准曲线？

实验 2　Lowry 法测定蛋白质含量

1921 年，Folin 首创 Folin-酚试剂法，利用蛋白质分子中酪氨酸和色氨酸残基（酚基）还原酚试剂起蓝色反应测定蛋白质的含量。1951 年 Oliver H.Lowry 对此法进行了改进，提高了灵敏度。

一、实验原理

Lowry 法（Folin-酚法）是在双缩脲法的基础上加入 Folin-酚试剂，使显色增强从而提高检测蛋白质的灵敏度。在碱性溶液中，首先铜离子（Cu^{2+}）被肽键还原成亚铜离子（Cu^+）并与蛋白质形成紫红色络合物，接下来加入 Folin-酚试剂（主要含有磷钨酸和磷钼酸）。磷钨酸和磷钼酸在碱性条件下易被 Cu^+-蛋白质复合物中酪氨酸的酚羟基还原，从而产生蓝色化合物（钼蓝和钨蓝的混合物）。在一定条件下，颜色的深浅与蛋白质含量正相关。此方法灵敏度高，但耗时相对较长，干扰物质较多，酚类、柠檬酸等均有干扰作用。Lowry 法最低可检测 $5\mu g/mL$ 的蛋白质样品，通常测定范围是 $20\sim250\mu g/mL$。

二、实验材料

（一）样品
未知浓度的蛋白质溶液。

（二）试剂
1. 溶液 A　Na_2CO_3 10g、NaOH 2g、酒石酸钾钠（$KNaC_4H_4O_6\cdot4H_2O$）0.25g 溶解于 500mL 蒸馏水中。
2. 溶液 B　硫酸铜（$CuSO_4\cdot5H_2O$）0.5g 溶解于 100mL 蒸馏水中。
3. Follin-酚试剂　钨酸钠（$Na_2WO_4\cdot2H_2O$）100g、钼酸钠（$Na_2MoO_4\cdot2H_2O$）25g，再加 50mL 85% 磷酸、100mL 浓盐酸，溶于 700mL 蒸馏水中，充分混合后，回流 10h，加入硫酸锂（Li_2SO_4）150g，50mL 蒸馏水及数滴液体溴，开口煮沸 15min，以驱除过量的溴。冷却后，溶液呈黄色（如仍呈绿色，须重复滴加液体溴的步骤），再稀释至 1L。过滤后，将滤液置于棕色试剂瓶中保存。也可购买商品化 Follin-酚试剂。
4. 牛血清清蛋白（BSA）溶液（2mg/mL）　100mL。

（三）仪器及器材
刻度吸管、试管、分光光度计、恒温水浴箱、微量加样器。

三、实验步骤

（一）操作步骤
1. 配制反应工作液　依据样品数量，将溶液 A 和溶液 B 按体积比 50∶1 混合，配制适量反应工作液，并充分混匀。例如，配制 10mL 反应工作液，为方便计算，可以取 10mL A 液，

0.2mL（10/50）B 液，充分混合后备用。

2. 制作标准曲线、测定样品　将 7 支干燥试管编号（1~5 号为标准管），按表 7-5 加入试剂。各管溶液混匀后，分别加入反应工作液 1.0mL 充分混匀，室温下静置 10min，再分别加入 Folin-酚试剂 100μL，迅速混匀，室温下静置 30min。在波长 750nm 处比色，以 0 号管溶液调零测定各管溶液的吸光度（A_{750}）。以吸光度为纵坐标，蛋白质含量为横坐标，绘制标准曲线。为保证测得数据的可靠性，每个浓度应配制 2~3 个平行管取其吸光度的平均值。待测样品如果量少可以稀释后检测，如 20μL 待测样品加 180μL 双蒸水（ddH$_2$O），混匀后加入微孔板中。

表 7-5　Lowry 法测定蛋白质含量的溶液配制

试剂	空白管	标准管					样品管
	0	1	2	3	4	5	6
BSA 量 /μL	0	2	4	6	8	10	–
蒸馏水量 /μL	200	198	196	194	192	190	100
样品液量 /μL	–	–	–	–	–	–	100
蛋白质终浓度 /（μg·mL^{-1}）	0	20	40	60	80	100	–

（二）注意事项

1. 溶液 A 和溶液 B 混合后需当天使用，不能长期保存。

2. 加 Folin 酚试剂后必须立即混匀（加一管，混匀一管），以便在磷钼酸-磷钨酸被破坏之前即能发生还原反应，否则会使显色程度减弱。

3. 如果 Folin 酚试剂中加入二硫苏糖醇（dithiothreitol，DTT），采用最大吸收波长 650nm 进行检测。如果使用购买的商品化试剂，可用说明书要求的最大波长检测。

四、结果与讨论

（一）结果

1. 绘制标准曲线　根据表 7-5 的测定结果，以 A_{750} 为纵坐标，已知的 BSA 标准溶液浓度为横坐标，绘制标准曲线（可用 EXCEL 软件绘制），同时得到标准曲线的方程式。标准曲线应该是通过原点（0,0）的一条直线（图 7-2）。不同批次试剂和不同实验室操作所得数值不同，应以实际测得的数据为准。

2. 待测样品蛋白质浓度的测定和计算　根据绘制的标准曲线，将测得的待测样品吸光度值 A_{750} 代入方程式中，求得待测样品的蛋白质浓度。

3. 常见问题及处理　见实验 1。

（二）讨论

1. Lowry 法测定蛋白质含量的影响因素有哪些？

2. Lowry 法测定蛋白质含量的优点和缺点有哪些？

实验 3　BCA 法测定蛋白质含量

BCA（bicinchonininc acid）法即二喹啉甲酸法，是 1985 年由 Paul K.Smith 建立的。BCA 法也是在双缩脲法基础上进行改良的蛋白质含量测定方法，灵敏度高，是目前实验室中常用的蛋白质定量方法。

一、实验原理

在碱性条件下，蛋白质的肽键结构将 Cu^{2+} 还原为 Cu^+，2 分子 BCA 与 Cu^+ 离子螯合形成稳定的紫色络合物（图 7-3）。此 BCA-Cu^+ 复合物在 562nm 处有最大的光吸收度，同时该复合物颜色的深浅与蛋白质的浓度成正比，故可通过测定吸光度的大小对蛋白质进行定量分析。该方法快速、灵敏度高，试剂稳定性好，对不同种类蛋白质检测的变异系数小，而且测定蛋白质浓度不受绝大部分样品中化学物质的影响，低浓度去污剂 SDS、Triton X-100、Tween-20 不影响检测结果。该实验也可在微孔板中进行，可大大节约样品和试剂用量。测定范围为 0.5~2 000μg/mL。

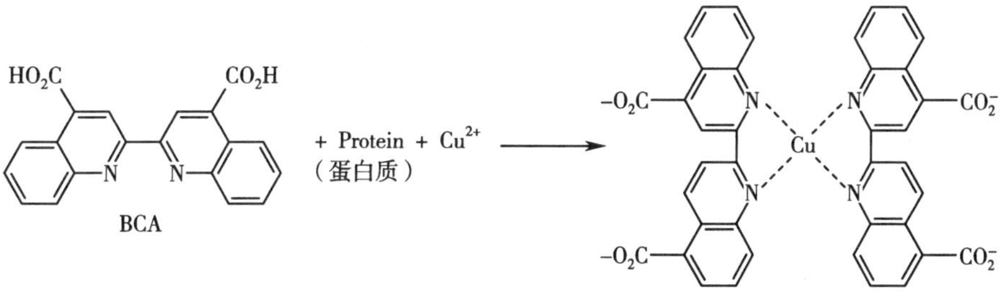

图 7-3　BCA·Cu^+ 复合物

二、实验材料

（一）样品
未知浓度的蛋白质溶液。

（二）试剂
1. BCA 试剂 A　1%BCA 二钠盐、2% 无水碳酸钠、0.16% 酒石酸钠、0.4% 氢氧化钠、0.95% 碳酸氢钠，混合，调 pH 至 11.25（可选用商品化试剂）。
2. BCA 试剂 B　4% 硫酸铜（可选用商品化试剂）。
3. 磷酸盐缓冲液（phosphate-buffered solution，PBS）　pH 7.2~7.4。
4. 牛血清清蛋白（BSA）溶液（2mg/mL）　100mL。

（三）仪器及器材
刻度吸管、试管、微孔板、酶标仪、恒温水浴箱、微量加样器。

三、实验步骤

(一)操作步骤

1. 标准曲线的制作

(1)标准品的稀释:将 9 支干燥 1.5mL 离心管编号,按表 7-6 加入试剂。

(2)配制 BCA 工作液:依据样品数量,将 BCA 试剂 A 和 BCA 试剂 B 按体积比 50∶1 混合,配制适量 BCA 工作液,并充分混匀。配制 BCA 工作液前,应将试剂 A 摇匀。例如,配制 10mL BCA 工作液,为方便计算,可以取 10mL A 液,0.2mL(10/50)B 液,充分混合后备用。

表 7-6 BCA 法标准品制备

离心管	ddH$_2$O/μL	2mg/mL BSA/μL	蛋白质终浓度 /(μg·mL^{-1})
A	0	30(标准品)	2 000
B	125	375(标准品)	1 500
C	325	325(标准品)	1 000
D	175	175(B 管混合液)	750
E	325	325(C 管混合液)	500
F	325	325(E 管混合液)	250
G	325	325(F 管混合液)	125
H	400	100(G 管混合液)	25
I	400	0	0

2. 标准品及待测样品的测定

(1)分别取 25μL 按表 7-6 新配制的 BSA 标准液和待测样品,加入微孔板中。待测样品如果量少可以稀释后检测,如 5μL 待测样品加 20μL ddH$_2$O 混匀后加入微孔板中。

(2)每孔中加入 200μL BCA 工作液,并充分混匀。

(3)加盖,37℃孵育 30min 后冷却至室温,或 65℃孵育 15min 后冷却到室温,或室温放置 2h。

(4)应用酶标仪,设定波长 562nm,读取微孔板各孔的吸光度值 A_{562}。

(5)以 A~I 管的吸光度为纵坐标,蛋白质浓度为横坐标,绘制标准曲线。根据标准曲线的方程计算待测样品的蛋白质浓度。为保证测得数据的可靠性,每个浓度应配制 2~3 个平行孔取其吸光度的平均值。

(二)注意事项

1. 测值范围为 540~590nm,分别测定 A_{540}、A_{562} 以及 A_{590},标准曲线均为线性,其中 A_{562} 测值最高。

2. BCA 工作液配制之后 24h 内使用对标准曲线无影响。

四、结果与讨论

（一）结果

1. 绘制标准曲线 根据表 7-6 的测定结果,以 A_{562} 为纵坐标,已知的 BSA 标准溶液浓度为横坐标,绘制标准曲线(可用 EXCEL 软件绘制),同时得到标准曲线的方程式。标准曲线应该是通过原点(0,0)的一条直线(图 7-2)。在绘制标准曲线前,应将各个标准管溶液的吸光度值减去 I 管溶液的吸光度值以进行调零校正,应用校正后的吸光度值为纵坐标绘制标准曲线。

2. 待测样品蛋白质浓度的测定和计算 根据绘制的标准曲线,将测得的待测样品吸光度值 A_{562} 代入标准曲线的方程式,求得待测样品的蛋白质浓度。

3. 常见问题及处理 见实验 1。

（二）讨论

1. BCA 法测定蛋白质含量的原理是什么?
2. 与双缩脲法相比,BCA 法测定蛋白质含量的优点有哪些?

实验 4 Bradford 法测定蛋白质含量

Bradford 法也叫考马斯亮蓝(coomassie brilliant blue)法,1976 年由美国科学家 Marion M. Bradford 建立并逐渐发展而来,因其测定蛋白质含量的过程简单、快速而得到广泛应用。

一、实验原理

考马斯亮蓝 G-250(coomassie brilliant blue G-250,CBBG)在酸性条件下和蛋白质通过疏水作用和离子键相结合,使得染料的最大吸收峰从 465nm 变为 595nm,在一定范围内,反应液在 595nm 处的吸光度与蛋白质浓度成正比,测定 595nm 处吸光度的增加即可进行蛋白质定量。该方法简单、快速、灵敏度高,干扰物质少。考马斯亮蓝染料与蛋白质的结合依赖于其碱性氨基酸(特别是精氨酸)和芳香族氨基酸残基的含量,由于各种蛋白质中精氨酸和芳香族氨基酸的含量和组成不同,该方法用于不同种类蛋白质测定时偏差较大,使用待检蛋白质做标准曲线,可以得到更准确的结果。此外,蛋白质样品中若含有变性剂十二烷基硫酸钠(SDS),在一定浓度下能够结合染料,可能干扰蛋白质测定的准确性。微孔板操作可检测低至 1μg/mL 的蛋白质样品,测定范围为 1~2 000μg/mL。

二、实验材料

（一）样品
未知浓度的蛋白质溶液。

（二）试剂

1. 考马斯亮蓝 G-250 染料试剂 100mg 考马斯亮蓝 G-250 溶于 50mL 95% 的乙醇后,再加入 120mL 85% 的磷酸,用蒸馏水定容至 1L。

2. 牛血清清蛋白（BSA）溶液（2mg/mL）　100mL。

（三）仪器及器材

刻度吸管、试管、分光光度计、微量加样器。

三、实验步骤

（一）操作步骤

1. 标准曲线的制作　将 6 支干燥试管编号，按表 7-7 加入试剂。以吸光度为纵坐标，蛋白质浓度为横坐标，绘制标准曲线。

表 7-7　考马斯亮蓝法标准曲线制作标准品的制备

试剂	试管					
	0	1	2	3	4	5
BSA 液（2mg/mL）量 /μL	0	5	10	20	30	60
PBS 量 /μL	150	145	140	130	120	90
蛋白质终浓度 /(mg·mL^{-1})	0	0.067	0.130	0.270	0.400	0.800

2. 标准品及待测样品的测定

（1）将 150μL 待测样品加入试管中。可根据样品量和浓度的多少进行不同比例的稀释，如可以将 20μL 待测样品加 130μL PBS 混匀后加入试管中。

（2）向各试管中加入 2.85mL 考马斯亮蓝染液，混匀，室温放置 5~10min。

（3）以 0 号管溶液调零，于 595nm 处测定各管溶液的吸光度。

（4）根据标准曲线的方程计算待测样品的蛋白质浓度。为保证测得数据的可靠性，每个浓度应配制 2~3 个平行管取其吸光度的平均值。

（二）注意事项

1. 考马斯亮蓝染液在使用前应平衡温度至室温并温和颠倒混匀。

2. 考马斯亮蓝与石英比色皿可以发生强烈反应，因此建议使用玻璃或一次性塑料比色皿。

3. 不同种类蛋白质与考马斯亮蓝的结合程度不同，因此使用待检蛋白质做标准曲线，可以得到更准确的结果。

4. 应按蛋白质浓度由低到高的顺序进行测定，测定过程需连续，不要清洗比色皿，因为水质会影响测定结果。

四、结果与讨论

（一）结果

1. 绘制标准曲线　根据表 7-7 的测定结果，以 A_{595} 为纵坐标，已知的 BSA 标准溶液蛋白质浓度为横坐标，绘制标准曲线（可用 EXCEL 软件绘制），同时得到标准曲线的方程式。

标准曲线应该是通过原点（0,0）的一条直线（图 7-2）。因不同批次试剂和不同实验室操作所得数值不同，应以实际测得的数据为准。

2. 待测样品蛋白质浓度的测定和计算　根据绘制的标准曲线，将测得的待测样品吸光度值 A_{595} 代入方程式，求得待测样品的蛋白质浓度。

3. 常见问题及处理　见实验 1。

（二）讨论

根据下列所给条件和要求，选择一种或几种常用蛋白质定量方法测定蛋白质的浓度：

1. 样品不易溶解，但要求结果较准确。

2. 要求在半天内测定 60 个样品。

3. 要求迅速测定一系列试管（30 支）中溶液的蛋白质浓度。

（李　姣　吕立夏）

第八章
蛋白质的分离与定性定量分析（电泳法）

蛋白质的分离纯化是进行生物大分子结构和功能研究的前提。由于构成蛋白质的氨基酸残基的种类、数目和序列不同，不同蛋白质的理化性质各有不同。这些特性是分离纯化蛋白质的基础。目前常用的分离纯化蛋白质方法见表8-1。

表8-1 蛋白质分离纯化的常用方法与依据

性质	分离方法
分子大小和形状	超滤、透析、密度梯度离心、凝胶过滤层析、凝胶电泳
在不同溶剂中的溶解度	沉淀法、相分配法、分配层析法、结晶、溶剂抽提、逆流分配
电荷分布性质	电泳、等电点沉淀、离子交换层析、聚焦层析、等电聚焦电泳
生物功能专一性	亲和层析
疏水性	疏水作用层析、反相高压液相色谱

蛋白质电泳是指在电场力作用下，在介质中各种蛋白质因形状、大小和带电荷量等差异产生不同的迁移距离而得以分离的一种分析方法，是蛋白质等生物大分子常用的分离方法。经电泳分离后再利用染色、免疫印迹等手段，可实现各组分蛋白质的定性或定量分析。本章重点介绍经典的蛋白质电泳分离方法，包括醋酸纤维薄膜电泳、SDS-PAGE、免疫印迹（western blot）。

实验5 血清蛋白质的醋酸纤维薄膜电泳及其定量

一、实验原理

醋酸纤维薄膜电泳（cellulose acetate membrane electrophoresis，CAME）是以醋酸纤维薄膜（CAM）作支持物的一种区带电泳技术。CAM是将纤维素的羟基乙酰化为醋酸酯，溶于丙酮后制成的均一细密微孔的薄膜，厚度为0.10~0.15mm，其渗透性强，对分子移动无阻力。

人血清中含有清蛋白、α_1-球蛋白、α_2-球蛋白、β-球蛋白、γ-球蛋白等，由于氨基酸组分、立体构象、相对分子量、等电点及形状不同（表8-2），在电场中电泳速度和方向不同，从而得以分离。

表 8-2 人血清中蛋白质的等电点及分子量

蛋白质名称	等电点	分子量 /kDa	含量 /%
清蛋白	4.88	69	57.0~72.0
α_1-球蛋白	5.06	200	2.0~5.0
α_2-球蛋白	5.06	300	4.0~9.0
β-球蛋白	5.12	90~150	6.2~12.0
γ-球蛋白	6.85~7.50	156~300	12.0~20.0

　　将血清样品点样于 CAM 上,在 pH 8.6 的缓冲液中电泳时,血清蛋白质均带负电荷移向正极。由于血清中各蛋白组分等电点不同而致表面净电荷量不等,加之分子大小和形状各异,因而电泳迁移率不同,各组分得以分离。电泳后,CAM 经染色和漂洗,可清晰呈现清蛋白、α_1-球蛋白、α_2-球蛋白、β-球蛋白、γ-球蛋白 5 条区带。

　　醋酸纤维薄膜电泳具有以下优点:①灵敏度高,用样量少(2~3μL)。②分离效果好:对各种蛋白质基本无吸附作用,无拖尾现象;不吸附染料,洗脱后背景干净;电泳区带界限清晰,提高了定量测定的精确性。③快速简便:一般电泳 45~60min 即可,加上染色、脱色,整个电泳完成时间仅需 90min 左右。④易保存、易定量:染色后的薄膜可用乙醇和冰醋酸溶液浸泡透明,透明后的薄膜便于保存和定量分析。⑤应用广泛:可应用于血清蛋白、血红蛋白、糖蛋白、脂蛋白、同工酶的分离和测定。其不足之处是分辨率比聚丙烯酰胺凝胶电泳低。

二、实验材料

(一)样品

健康人血清(新鲜、无溶血)。

(二)试剂

1. 0.07mol/L 巴比妥-巴比妥钠缓冲液(pH 8.6) 1.66g 巴比妥、12.76g 巴比妥钠溶于 200mL 蒸馏水,用盐酸调 pH 至 8.6,定容至 100mL。

2. 染色液 0.5g 氨基黑 10B 溶于 50mL 甲醇中,随后再加入 10mL 冰乙酸,加水至 100mL。

3. 漂洗液 95% 乙醇或甲醇 45mL,再加入 5mL 冰乙酸,加蒸馏水至 100mL。

4. 浸出液(0.4mol/L NaOH) 16g NaOH 溶于蒸馏水,定容至 1 000mL。

(三)仪器及器材

电泳仪、电泳槽、血清加样器、醋酸纤维素薄膜(2.5cm × 8.0cm)、分光光度计、恒温水浴锅、pH 计、镊子、培养皿、滤纸、乳胶手套及 PE 手套、玻璃板。

三、实验步骤

(一)实验流程

准备工作 → 点样 → 电泳 → 染色 → 漂洗 → 定量

（二）操作步骤

1. 准备工作　准备 2.5cm × 8.0cm CAM，在毛面的一端 1.5cm 处，用铅笔轻画一横线，表示加样位置，并编号；然后将薄膜浸于 pH 8.6 的巴比妥缓冲液中，并使之完全浸透（浸透需约 30min）。

2. 点样　用镊子从缓冲液中取出 CAM，置于洁净的滤纸上，吸去多余水分。用血清点样器加血清（3~5μL），然后轻轻地按在薄膜的点样线上，待血清全部渗入薄膜内，移开点样器。

3. 电泳　将点样好的薄膜用镊子迅速平贴在电泳槽的滤纸上，点样面朝下，点样端置于负极。为了使薄膜与电场平行，还应把薄膜与电极之间压严，使薄膜绷直，中间不下垂。按照 10V/cm 设置电压，0.5mA/cm 设置电流。接通电源，电泳时间约 1h。电泳过程中要盖好电泳槽盖。

4. 染色与漂洗

（1）染色：关闭电源，取出薄膜，直接浸入染色液中染色 10min。

（2）漂洗：染色完毕，用镊子取出薄膜并立即浸泡于漂洗液的平皿中，反复漂洗 3~4 次，直至背景无色，用滤纸吸干薄膜。

5. 定量

（1）样品准备：取 6 支试管，各加入 4mL 浸出液。从所得薄膜中挑选蛋白质区带分离最清晰的薄膜，用剪刀小心地剪开 5 条蛋白质带，另于点样端空白处剪一大小与色带相仿的薄膜作为空白对照组。

（2）脱色：将所得薄膜分别放入 6 支试管中，在 37℃ 恒温水浴中保温约 30min，并不时振荡，直至薄膜上的蓝色全部脱下。

（3）比色：选择波长 650nm 进行比色。以空白薄膜的浸出液作为空白管进行调零，分别读出各蛋白质组分管溶液的吸光度值。

（三）注意事项

1. 实验前收集健康、新鲜且无溶血和污染的血清样品，置入 4℃ 冰箱中保存备用。

2. 将 CAM 条（2.5cm × 8.0cm）浸于盛有巴比妥缓冲液的培养皿内，使它漂浮在液面。注意，应选用质地均匀的薄膜条。若迅速润湿，整条薄膜色泽深浅一致，则表明薄膜质地均匀；若润湿时，薄膜上出现深浅不一的条纹或斑点等，则薄膜厚薄不匀。

3. 点样是本实验成功与否的关键。要求操作者蘸取血清在滤纸上练习点样，掌握蘸取样品的最佳量和点样力度后再开始实验。点样时要注意以下几点：

（1）操作中必须戴乳胶手套或使用镊子，不要用手直接接触薄膜条，以免造成污染。

（2）要控制好点样的量：点样量太少，区带模糊不清；点样量过多，不易分离 5 条区带。

（3）要掌握好点样的力度：点样用力过重，会破坏薄膜的网状结构，导致区带拖尾。

（4）CAM 以不干、不湿为宜：薄膜过湿，易引起样品扩散；薄膜太干（CAM 出现白斑），则无法使用。

（5）血清离膜条两侧要空 1~2mm，防止边流现象。

（6）应将薄膜放在干净的玻璃板上进行点样，不宜放在滤纸上，否则会因滤纸吸附血清而导致拖尾现象。

（7）辨别光面和粗面：样品应轻轻、垂直点在醋酸纤维薄膜粗面一端的 2~2.5cm 处，确保点样位置离桥垫 3mm 左右，待血清渗入薄膜后才能移开点样器。

（8）点样器蘸取的血清不能一边多一边少，否则区带容易变斜。

4. 点样完毕，将薄膜放入电泳槽平衡 3~5min 后再通电。

5. 电泳过程中，电泳槽要全程加盖，保持薄膜湿度适当，否则因薄膜干燥而导致电流下降，影响分离效果。

6. 电泳时电流不能过大，每条带以 0.4~0.6mA/cm 为宜。

四、结果与讨论

（一）结果

1. 各组分蛋白质的百分数计算

吸光度总和：$A_总 = A_白 + A_{\alpha1} + A_{\alpha2} + A_\beta + A_\gamma$

各组分蛋白质的比例为：

清蛋白比例 $= A_白 / A_总 \times 100\%$

α_1-球蛋白比例 $= A_{\alpha1} / A_总 \times 100\%$

α_2-球蛋白比例 $= A_{\alpha2} / A_总 \times 100\%$

β-球蛋白比例 $= A_\beta / A_总 \times 100\%$

γ-球蛋白比例 $= A_\gamma / A_总 \times 100\%$

2. 电泳图　见图 8-1 及图 8-2。

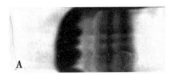 

图 8-1　CAME 正常电泳图

注：1. 清蛋白；2. α_1-球蛋白；3. α_2-球蛋白；4. β-球蛋白；5. γ-球蛋白。

图 8-2　CAME 失败电泳图

3. 常见问题及处理　见表 8-3。

（二）讨论

1. 为什么用 pH 8.6 的巴比妥缓冲液来浸泡醋酸纤维薄膜？

2. 影响醋酸纤维薄膜电泳的因素有哪些？其是如何起作用的？

表 8-3　CAME 常见问题及处理

问题	解析	处理方法
区带呈锯齿状	薄膜用滤纸吸水过度(出现白斑)或点样过慢,又未及时搭桥,导致薄膜过于干燥,使区带呈锯齿状	薄膜以不干不湿为宜
区带显色很淡	点样太少,区带显色不明显	用血清点样器加血清(3~5μL)
区带模糊不清	薄膜过湿,样品扩散迅速,导致样品分离不成区带	薄膜以不干不湿为宜
区带分离不清,拖尾	点样量过多,被分离的血清蛋白不能分离成 5 条区带或产生拖尾	用血清点样器加血清(3~5μL)
区带重叠	在染色固定前,薄膜与薄膜之间重叠,造成薄膜上还未固定的血清蛋白彼此粘连	染色时,CAM 应一张一张放入染色液中
区带过密	电泳时电压、电流或电泳时间不够,造成区带未分离	电泳时还应注意电流不能过大,每条带以 0.4~0.6mA/cm 为宜
区带一边多一边少	点样板蘸取血清一边多一边少,导致区带分离不清,出现边流现象	点样器蘸取的血清不能一边多一边少,样品应轻轻、垂直点在 CAM 粗面一端的 2~2.5cm 处,确保点有血清的部位离桥垫 3mm 左右,待血清渗入薄膜后才能移开点样器

实验 6　蛋白质的 SDS-PAGE

SDS-聚丙烯酰胺凝胶电泳(SDS-PAGE)是最常用的定性分析蛋白质的电泳方法,特别适用于蛋白质纯度检测和蛋白质分子量测定。

一、实验原理

聚丙烯酰胺是单体丙烯酰胺(Acr)和交联剂 N,N'-甲叉双丙烯酰胺(Bis)的高分子聚合物。聚合过程由自由基催化完成。催化聚合的常用方法有化学聚合法和光聚合法两种。化学聚合以过硫酸铵(AP)为催化剂,以四甲基乙二胺(TEMED)为加速剂。在聚合过程中,TEMED 催化 AP 产生自由基,后者引发 Acr 聚合,同时 Bis 与 Acr 链间产生甲叉键交联,形成三维网状结构。

SDS-PAGE 的基本原理是根据蛋白质分子量的差异来分离蛋白质。SDS-PAGE 时样品中加入了 SDS 和 2-巯基乙醇(2-mercapto ethanol,2-ME)或二硫苏糖醇(DTT)。2-ME 和 DTT 可以断开半胱氨酸残基之间的二硫键,破坏蛋白质的四级结构。SDS 是一种阴离子表面活性剂(即去污剂),可以断开分子内和分子间的氢键,破坏蛋白质分子的二级及三级结构,并与蛋白质的疏水部分相结合,破坏其折叠结构,使蛋白质带负电荷量远远超过其本身原有电荷量,掩盖了蛋白分子间天然的电荷差异。因此,蛋白质-SDS 复合物在电泳时的迁移率不再受原有电荷和分子形状的影响。同时,不同蛋白质的 SDS-复合物形状也相似,都呈长椭圆形。这样,与 SDS 结合形成复合物后,不同蛋白质分子间的电荷差异和结构差异即消除了。蛋白质-SDS 复合物在 PAGE 中电泳主要靠分子筛效应进行分离。

当蛋白质分子量在 15~200kDa 时，蛋白质的迁移率和分子量的对数呈线性关系，符合下式：$logMW=K-bX$。式中，MW 为分子量，X 为迁移率，k、b 均为常数。若将已知分子量标准蛋白质的迁移率对分子量对数作图，可获得一条标准曲线，未知蛋白质在相同条件下进行电泳，根据其电泳迁移率，即可在标准曲线上求得分子量。

二、实验材料

（一）样品
细菌（重组表达菌 BL21）。

（二）试剂
1. 2× 蛋白质样品缓冲液（10mL）　组成见表 8-4。

表 8-4　2× 蛋白质样品缓冲液（10mL）组成成分

组成成分	含量
Tris	0.15g
β-巯基乙醇	1.0mL
溴酚蓝	0.01g
甘油	2.0mL
SDS	0.4g
蒸馏水	7.0mL

2. 预染蛋白质分子量标准　市售或自配（选择 5~7 种合适分子质量范围的蛋白质），见表 8-5。

表 8-5　常见蛋白质分子量标准（低）组成

蛋白质	分子量 /Da
兔磷酸化酶 B	97 200
牛血清清蛋白	66 400
鸡卵清蛋白	44 300
牛碳酸苷酶	29 000
胰蛋白酶抑制剂	20 100
鸡蛋清溶菌酶	14 300

3. 1× TE 缓冲液的配制　见附录 A。

4. LB 培养液的配制　见附录 A。

5. 30% 丙烯酰胺　29g 丙烯酰胺、1g 甲叉双丙烯酰胺溶于 75mL 双蒸水，加热到 37℃

溶解(可不加热),定容至 100mL,过滤后(避光,滤纸亦可)置于棕色瓶中,在 4℃保存。

6. 10%AP　0.1g AP 加双蒸水至 1mL,在 4℃保存(2 周内使用)。

7. TEMED　N,N,N',N'-四甲基乙二胺,棕色瓶保存。

8. 1× 甘氨酸电泳缓冲液　1.516g Tris 碱、7.2g 甘氨酸、0.5g SDS 溶于 450mL 双蒸水,定容至 500mL,现配现用。

9. 染色液　0.1g 考马斯亮蓝 R250 溶于 30mL 甲醇中,随后加入 10mL 冰乙酸,加水至 100mL。

10. 脱色液　从染色液组成成分中除去考马斯亮蓝 R250 即为脱色液。

(三)仪器及器材

超净工作台、恒温摇床、台式高速离心机、电磁炉或恒温金属浴锅、垂直电泳槽和电泳仪、pH 计、脱色摇床、加样枪和加样枪架、小烧杯。

三、实验步骤

(一)实验流程

准备样品、标准品、电泳槽 → 制胶 → 电泳 → 染色 → 脱色 → 分析

(二)操作步骤

ER8-1　蛋白质 SDS 聚丙烯酰胺凝胶电泳

1. 电泳样品的准备

(1)细菌培养:在含有氨苄西林(Amp)的 10mL LB 培养液中,以 37℃培养重组菌至 $A_{600}<0.8$。

(2)诱导表达:加异丙基-β-D-硫代半乳糖苷(isopropyl-β-D-thiogalactopyranoside,IPTG)至终浓度为 1mmol/L,继续以 37℃培养 4~6h。

(3)收集菌体:分装 0.5mL 菌液 / 管,以 12 000r/min 离心 1min,弃上清液。

(4)重新溶解:加 50μL TE 缓冲液,使菌体悬浮,再加 50μL 2× 蛋白质样品缓冲液,混匀。样品缓冲液含有 3~4 倍于蛋白质的 SDS 和足以断裂二硫键的还原试剂(DTT 或 β-ME)。

(5)加热处理:100℃水浴煮沸 10min,冷却后保存(在 4℃可短期保存,−20℃可长期保存)或直接上样。

2. 蛋白质标准的准备

(1)选择标准:选择合适分子量范围的市售蛋白质标准或自己配制一套蛋白质标准(5~7 种蛋白质)。

(2)溶解蛋白质:溶解于样品缓冲液中。

(3)加热处理:100℃水浴煮沸 3~5min,分装,在 −20℃保存(可保存 6 个月)。

3. 安装电泳槽凝胶装置

（1）清洁玻璃板：先将2块玻璃板洗干净，干燥。

（2）安装玻璃板，装好制胶器：按厂商的使用指南将2块干净的玻璃板放入制胶架固定，留待灌胶。

4. 凝胶的制备

（1）配分离胶（下胶）：由冰箱中取出储液，平衡到室温后在50mL烧杯内按表8-6配方（一块胶）配制10%分离胶。

表8-6　分离胶（10mL）组成成分

溶液	体积
30%丙烯酰胺（Acr）	3.3mL
下胶缓冲液	2.6mL
H$_2$O	4mL
10%过硫酸铵	100μL
TEMED	4μL

此配方可更改为与使用仪器装置配套的数据。配胶时先混匀前三种溶液，最后加入10%过硫酸铵和TEMED混匀，立即灌胶。按所需分离的蛋白质分子大小，选择合适的Acr浓度。一般，5%的凝胶可用于60~200kDa变性蛋白质分子的分离，10%的凝胶可用于16~70kDa变性蛋白质分子的分离，15%用于12~45kDa变性蛋白质分子的分离。未聚合的Acr具有神经毒性，故操作时应该戴手套防护，切勿接触皮肤或溅入眼内，且操作后注意洗手。

（2）灌注下胶：将配好的分离胶迅速灌入两片玻璃板间隙，至约5cm高为止，在分离胶液面顶部缓缓加入一层ddH$_2$O（厚约1cm）。待分离胶聚合完全（约30min），可见顶层ddH$_2$O与凝胶界面间有一清晰的折光线，然后倾出覆盖水层。应注意防止因氧气扩散进入凝胶而抑制聚合反应。

（3）配浓缩胶（上胶）：按表8-7配方配制5%浓缩胶（上胶）后立即混合。

表8-7　浓缩胶（5mL）组成成分

溶液	体积
30%丙烯酰胺	0.83mL
上胶缓冲液	0.68mL
H$_2$O	3.4mL
10%过硫酸铵	50μL
TEMED	5μL

（4）灌注上胶：在已聚合的分离胶上直接灌注后，立即在上胶溶液中插入干净的梳子，

注意两边平直,小心避免气泡混入,将凝胶垂直放置于室温下 10~15min,待浓缩胶凝固后,将梳子小心地拔出。

制胶过程中,梳子插入浓缩胶时应确保没有气泡。可将梳子稍微倾斜插入以减少气泡的产生,梳子拔出来时应该小心,不要破坏加样孔。如果有加样孔上的凝胶歪斜,可用针头插入加样孔中纠正,但要避免针头刺入胶内。

(5)移入电泳槽,将凝胶板固定到电泳装置中。在电泳槽的上槽及下槽内均加入 1×甘氨酸电泳缓冲液。

电泳槽内加入电泳缓冲液冲洗,清除黏附在凝胶底部的气泡和未聚合的丙烯酰胺,同时应做低电压、短时间预电泳,清除凝胶内的杂质,疏通凝胶孔径,以保证电泳过程畅通。

5. 电泳

(1)加样:待加热处理的样品冷却后,用微量进样器(或加样枪接上小吸管)吸取 10~30μL 样品,按编号依次加入样品槽,对照孔加入预染蛋白质分子量标准样品,如有空置加样孔,须加等体积的空白样品缓冲液,以防相邻泳道样品扩散。

因样品液内有甘油,可使样品沉降在凝胶面上,小心不要使样品溢出而污染相邻加样孔。加样前样品应先做离心,以减少蛋白质条带的拖尾现象;上样后应尽快进行电泳,以减少蛋白质条带扩散。为避免边缘效应,可在未加样的孔中加入等量样品缓冲液。

(2)电泳:加样完毕,将上槽(黑色电极)接负极,下槽(红色电极)接正极,打开直流电源,先把电压调至 55V,待染料前沿进入分离胶时,将电压提高到 120V,直到溴酚蓝指示剂迁移到接近凝胶底部时立即停止电泳。

(3)剥胶:从电泳槽上卸下凝胶板,放置在纸巾上,用取胶器撬开玻璃板。

6. 染色与脱色

(1)染色:将电泳后的凝胶板轻轻取下,放入染色液中染色 20min。样品的浓度取决于样品的组成、分析目的和检测方法。对待测样品可做 0.1~20mg/mL 蛋白质稀释系列,以寻找最佳加样浓度。如果用考马斯亮蓝染色,可用浓度为 1~2mg/mL 的样品;对高纯度样品,0.5~2mg/mL 蛋白质为最佳;银染色所用的样品浓度可比考马斯亮蓝染色低 20~100 倍。电泳后进行转移,应有足够的样品量。

(2)脱色:把染色液倒回瓶中,加入脱色液,脱色 4~8h,其间更换脱色液 3~4 次,洗脱至条带清晰。

(3)保存:可将凝胶浸于水中或固定在 20% 甘油中或抽干,干燥后成胶片状保存或拍照。

四、结果与讨论

(一)结果

1. 蛋白质分子量计算　相对迁移率 R_f 可用每个带的迁移距离除以溴酚蓝前沿的迁移距离得到。测量位置应在蛋白质条带的中央。

$$相对迁移率(R_f)=\frac{样品迁移距离(cm)}{溴酚蓝迁移距离(cm)}=\frac{蛋白质样品迁移距离(cm)}{干燥后分离胶长度(cm)}=\frac{固定前分离胶长度(cm)}{溴酚蓝迁移距离(cm)}$$

2. 电泳图　对蛋白质进行电泳染色分析的方法很多,常用的有考马斯亮蓝染色和银染等。图 8-3 是考马斯亮蓝染色的正常电泳图。

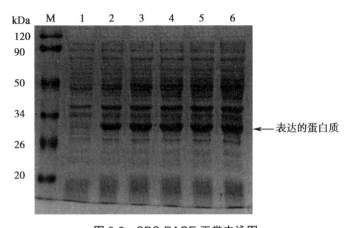

图 8-3　SDS-PAGE 正常电泳图

注:M. 蛋白质分子量标准;1. 未诱导的克隆;2~6. 诱导的克隆。

SDS-PAGE 应用比较广泛,常用于测定蛋白质分子量(亚基),结合凝胶过滤层析可测定蛋白质的分子量和聚合状态,分析蛋白质的纯度,分离纯化蛋白质;结合蛋白印迹等鉴别蛋白质相互作用等。

3. 常见问题及处理

(1) SDS-PAGE 常见问题及处理:见表 8-8。

表 8-8　SDS-PAGE 常见问题及处理

问题	解析	处理方法
出现"微笑"(两边翘起中间凹下)形带	由于凝胶的中间部分凝固不均匀所致,多出现于较厚的凝胶中	待其充分凝固再做后续实验
出现"皱眉"(两边向下中间鼓起)形带	主要出现在蛋白质垂直电泳槽中,一般是两板之间的底部间隙气泡未排除干净所致	可在两板间加入适量缓冲液,以排除气泡
带出现拖尾	样品溶解效果不佳或分离胶浓度过大引起	加样前离心;选择适当的样品缓冲液,加适量样品促溶剂;电泳缓冲液若存放时间过长,重新配制;降低凝胶浓度
带出现纹理现象	主要是样品不溶性颗粒引起的	加样前离心;加适量样品促溶剂
溴酚蓝不能起指示作用,即溴酚蓝已跑出板底,蛋白质却还未跑下来的现象	主要与缓冲液和分离胶的浓度有关	更换正确 pH 的缓冲液;降低分离胶的浓度
电泳的条带很粗	蛋白质样品未浓缩好或加样过多或泄漏	适当减少上样量或增加浓缩胶的长度;保证浓缩胶贮液的 pH 正确;适当降低电压

(2) 考马斯亮蓝染色的问题及处理:见表 8-9。

表 8-9 考马斯亮蓝染色的问题及处理

问题	解析	处理方法
没有条带或条带不清晰		
背景完全空白	蛋白质的上样量低于检测范围	检查最初的蛋白质样品浓度;用银染法染色
背景太暗	脱色不够	继续脱色至背景干净
	染色液太旧(即甲醇蒸发)	配制新的考马斯亮蓝染色液
蛋白质条带不清晰	染色时间不够	延长染色时间重新染色
	脱色过度	重新进行凝胶染色,监控脱色过程中蛋白质条带和背景颜色
高背景区域		
受蛋白泳道限制的高前景区域	样品中的干扰物	在染色前将蛋白质样品与三氯乙酸混合
凝胶表面的蓝色斑点	在处理凝胶过程中沉淀到凝胶表面的粉末或污垢	佩戴干净、没有滑粉的手套,小心地清除凝胶表面的粉末或污垢

(二)讨论

1. SDS-PAGE 凝胶中各主要成分的作用是什么?
2. 样品液在加样前为何需在沸水中加热几分钟?
3. 在不连续体系 SDS-PAGE 中,当加完分离胶后,为什么需在其上加一层水?

实验 7 蛋白质印迹

蛋白质印迹法(western blot)又称为免疫印迹法,是一种可以检测固定在固相载体上蛋白质的免疫化学方法,具有灵敏度高、操作方便、特异性高、可进行定性和半定量分析等优点,已成功应用于鉴定蛋白质性质、结构域分析、蛋白质复性、抗体纯化、氨基酸组成分析和序列分析及蛋白质表达水平分析等。

一、实验原理

蛋白免疫印迹主要过程包括:采用 SDS-PAGE 将分子量不同的蛋白质分离开;通过电泳转移到固相支持物上;用特异性抗体检测出固相支持物上的相应抗原。具体原理如下:

1. SDS-聚丙烯酰胺凝胶电泳原理参照实验 6。

2. 在 PAGE 凝胶上的蛋白质需要经过转膜才能被进一步检测,其原理是带负电荷的蛋白质在电流作用下,从凝胶上解聚,随电流转移到固相载体膜上。蛋白质转移体系采用能够覆盖整个凝胶面积的电极和膜,转移方向与蛋白质在分离胶中迁移的方向垂直。用于免疫印迹的滤膜有硝酸纤维(nitrocellulose,NC)膜、聚偏乙烯二氟(polyvinylidene difluoride,PVDF)膜、阳离子尼龙膜等。常用的转印方法是电转印,主要优点是快速、可靠、转印彻底。电转印又分湿转印和半干转印两种。湿转印是将整个夹心式转印体系(支持垫-滤纸-转印膜-凝胶-滤纸-支持垫)垂直地直接浸入缓冲液内进行转印。其装置多采用 Towbin 设计的垂直式不锈钢/铂电极转印槽。半干转印是事先将转印体系中的凝胶、膜、滤纸及支持垫浸泡在转移缓冲液中,浸湿片刻后直接进行转印,而无须将其浸入缓冲液内。

3. 转印在膜上的蛋白质虽然可直接用有机染料染色,但主要还是采用基于抗原-抗体反应原理的免疫学检测。与待研究表位相互作用的抗体可以为多克隆,也可为单克隆,可用适当缓冲液稀释以便形成抗体-抗原复合物,洗涤之后,用放射性标记或酶缀合的二级试剂检测结合的抗体。二级试剂能够识别第一抗体,并携带一种报告酶或基因。常用的二级试剂有:①与酶缀合的抗体:这些酶包括辣根过氧化物酶和碱性磷酸酶等,有各种生色底物、荧光底物和化学发光底物可供选择;②与生物素偶联的抗体:偶联后可用标记或缀合的链霉抗生物素检测;③放射性碘化的抗体或葡萄球菌 A 蛋白:放射性标记的次级试剂现已被非放射性检测系统所取代。这些方法危险性较小而灵敏度更高,是半定量免疫印迹法中最准确的一种方法。最后,再进行放射自显影、增强化学发光或酶促颜色沉淀产物。Western 印迹可检测到平均分子量为 1~5ng 的蛋白质。

二、实验材料

(一)样品

蛋白质样品。

(二)试剂

1. 膜转移缓冲液　1.516gTris 碱、7.2g 甘氨酸溶于 375mL 双蒸水,加入 100mL 甲醇,定容至 500mL,置于冰上预冷。

2. 磷酸盐吐温缓冲液(phosphate-buffered solution tween,PBST)　7.9g NaCl、0.2g KCl、1.44g Na_2HPO_4、1.8g K_2HPO_4 溶于 800mL 双蒸水中,用 HCl 调节溶液的 pH 至 7.4,加入 0.5mL Tween20,定容至 1L。

3. 封闭液　5%(W/V)脱脂奶(5g 脱脂奶粉加入 100mL PBST 中,混匀)。

4. ECL 化学发光检测试剂。

(三)仪器及器材

恒温摇床、眼科镊、玻璃棒、PVDF 膜、滤纸、微量移液器、转膜槽和电泳仪、化学发光成像仪。

三、实验步骤

(一)实验流程

样品处理 → 蛋白质 SDS-PAGE → 转膜 → 封闭 → 一抗孵育 → 漂洗 → 二抗孵育 →
漂洗 → 显色/发光

(二)操作步骤

1. 蛋白质从 SDS-PAGE 凝胶转移至 PVDF 膜

(1)电泳:按实验 6 步骤进行 SDS-PAGE。

(2)滤纸和 PVDF 膜的预处理:切 6 张滤纸和 1 张 PVDF 膜,其大小都应与凝胶大小完全吻合,并把PVDF膜置于甲醇溶液浸泡1min,然后放入盛有转移缓冲液的托盘中备用。在另一托盘中加入少量转移缓冲液,把6张滤纸浸泡于其中。

甲醇是有毒试剂,操作时务必小心,切勿接触皮肤或溅入眼内,操作后注意洗手。PVDF尼龙膜较NC膜柔软、结实、灵敏度高,易于操作且蛋白质结合能力强(PVDF膜可结合蛋白质480μg/cm²,而NC膜只能结合蛋白质80μg/cm²);缺点是背景高,需要加强封闭。此外,PVDF尼龙膜若在使用前先行甲醇处理5~10s,以活化膜表面的正电基团,使它更容易与带负电的蛋白质结合,可提高蛋白质在膜上的保留指数。

2. 转膜装置的安装

(1)平放底部电极(阴极),放一张海绵垫片。在海绵垫片上放置3张用转移缓冲液浸泡过的滤纸,逐张叠放,精确对齐,然后用玻璃棒滚动以挤出所有气泡。凝胶经去离子水漂洗后,准确平放于滤纸上。把PVDF膜放在凝胶上,要保证精确对齐,而且在膜与凝胶之间不要留有气泡。

注意:滤纸/凝胶/转印膜/滤纸夹层组合中不能存在气泡,可用玻璃棒在夹层组合上滚动将气泡赶出,以提高转膜效率;上下两层滤纸不能过大,避免导致直接接触而引起短路。

(2)把剩余3张滤纸和海绵垫放在PVDF膜上方,同样须确保精确对齐,不留气泡。将转膜装置放入转膜槽。

3. 转膜

(1)转膜槽内加入事先预冷的膜转移缓冲液。连接电源,根据凝胶面积按300mA接通电流,电转移1~2h。

(2)断开电源并拔下槽上插头,从上到下拆卸转移装置,逐一掀去各层,将PVDF膜取出,备用。

4. 封闭PVDF膜的免疫球蛋白结合位点 把转移了蛋白质样品的PVDF膜放入小托盘中,加入封闭液,平放在平缓摇动的摇床平台上,于室温孵育1h左右。

5. 抗体和靶蛋白结合

(1)将封闭后的PVDF膜置于杂交袋中,按每平方厘米0.1mL的量加入封闭液稀释的一抗(稀释比例通常为1:200~1:5 000)。尽可能排除藏匿的气泡后密封袋口,将膜平放在平缓摇动的摇床平台上,于37℃孵育1~4h或4℃过夜孵育。剪开杂交袋,回收含有一抗的封闭液,用PBST漂洗PVDF膜3次,每次5~10min。

一抗的选择是影响免疫印迹成败的主要因素。多克隆抗体结合抗原能力较强、灵敏度高,但易产生非特异性的背景;单克隆抗体识别抗原特异性较好,但可能不识别在样品制备时因变性而失去了空间构型的抗原表位,且易发生交叉反应。因此,兼有多克隆抗体和单克隆抗体优点的混合单克隆抗体近年特别被推荐。它是由一组能与抗原分子中不同且不易变性的抗原表位结合,并且不易出现交叉反应的单克隆抗体混合构成的。

(2)PVDF膜置于杂交袋中,加入封闭液稀释的二抗(稀释比例通常为1:2 000~1:10 000),于37℃孵育1~2h。回收含有二抗的封闭液,用PBST漂洗PVDF膜3次,每次5~10min。如果出现非特异性高背景,可观察仅用二抗单独处理转印膜所产生的背景强度;若高背景确由二抗产生,可适当降低二抗浓度或缩短二抗孵育时间,并考虑延长每一步的清洗时间。

6. 蛋白质检测

(1)配制ECL工作液:试剂A和试剂B按1:1混合后即为ECL工作液(配制好应立

即使用）。

（2）PVDF膜蛋白面朝上，将ECL工作液均匀滴加至膜上，室温孵育1~2min。用平头镊夹住PVDF膜，垂直置于吸水纸，以吸去多余工作液。快速将PVDF膜置于蛋白印迹成像和定量系统暗箱内，按照步骤操作电脑获得数据。

四、结果与讨论

（一）结果

Western blot结果如图8-4所示。

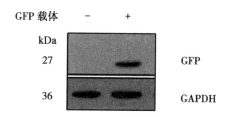

图8-4　Western blot结果图

GFP：绿色荧光蛋白（green fluorescent protein）；
GAPDH：3-磷酸甘油醛脱氢酶（glyceraldehyde-3-phosphate dehydrogenase）。

ER8-2　Western blot结果说明

1. 实验对照设计　为了让实验更加严谨、有说服力，一般要设计对照实验。对照分为阳性对照（最好有标准品β-actin、GAPDH或阳性血清）、阴性对照（测血时用相应未免疫动物血清，即正常血清）、空白对照（不加一抗，用PBS代替）和无关对照（用无关抗体）。

2. 误差校正　目的蛋白质的灰度值除以内参的灰度值以校正误差，所得结果代表某样品目的蛋白质相对含量（图8-4）。

3. 常见问题及处理　见表8-10。

表8-10　Western Blot结果条带常见问题及处理

问题	解析	处理方法
空白	原因比较多，如果单纯一张没有任何显色，最可能是错将一抗加成其他抗体，或者加错二抗种属（比如兔的加成鼠的）	检查抗体是否加错，确认转膜没有问题；如果中间出现细微条带，可能的原因是蛋白质上样量太少，一抗浓度过低，显色液失效
高背景	封闭不够好，一抗浓度高，洗膜时间和次数不够	降低一抗浓度，增加洗膜时间和次数
非特异性条带	一抗非特异性与蛋白质结合	降低一抗浓度，必要时更换一抗

续表

问题	解析	处理方法
条带中出现边缘规则的白圈	电转中膜和胶之间存在气泡	转膜前去掉膜和胶之间的气泡
条带拖尾	蛋白质量太大,一抗浓度和时间太长	根据具体情况调整蛋白质量,也可以缩短一抗浓度和时间
出现非均一性背景	膜可能曾经干过	在每一步操作过程中,都需要注意避免膜干
某个条带变形	SDS-PAGE 胶中存在气泡或某不溶性颗粒	配胶要小心,使用无杂质液体,并注意配胶用的水、SDS、Tris 缓冲液不要有杂质
所有条带连成一片,没有间隔	上样量过多或电泳长时间停止而样品弥散	减少上样量;电泳时不要长时间停止
条带呈哑铃状	配制胶有问题,胶凝固后不均一	把胶配好,坚决不用不合格胶
在比原来位置低处出现主带,所有条带都比正常情况低,并且模糊不清晰	蛋白质可能降解	选用新鲜蛋白质重复实验

(二) 讨论

1. Western blot 的优点有哪些?

2. Western blot 结果背景太高有哪些解决方法?

（刘孝龙　安　然）

第九章
蛋白质和氨基酸的分离鉴定（层析法）

氨基酸的分离鉴定有很多方法,本章重点介绍采用层析法分离氨基酸与蛋白质的基本原理与实验方法(包括氨基酸的薄层层析、纸层析、离子交换层析)以及采用凝胶过滤层析分离血红蛋白与鱼精蛋白。

实验8　氨基酸的薄层层析

一、实验原理

1. 薄层层析(TLC)　将吸附剂(硅胶)均匀地在玻璃板上铺成薄层作为固定相,当展开剂(液相)在固定相上流动时,由于吸附剂对不同氨基酸的吸附力不一样,不同氨基酸在展开剂中的溶解度不一样,点在薄层板上的混合氨基酸样品随展开剂移动的速率也不同,可以彼此分开。

2. 氨基酸的显色反应　α-氨基酸与茚三酮在弱酸性溶液中共热,反应后经失水脱羧生成氨基茚三酮,再与水合茚三酮反应生成紫红色,最终为蓝紫色化合物,使氨基酸斑点显色。

3. 迁移率(R_f)　在 TLC 过程中,物质沿溶剂运动方向迁移的距离与溶液前沿的距离之比为 R_f 值,如图 9-1 所示。

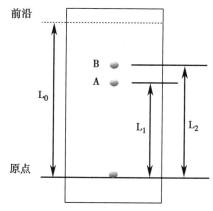

图 9-1　薄层层析板的展开

$$R_f = \frac{\text{原点到层析斑点中心的距离}}{\text{原点到斑点对应前沿的距离}} = \frac{L_1}{L_0}$$

物质在一定溶剂中的分配系数是一定的,故 R_f 是恒定的,因此可以根据各组分 R_f 值来鉴定混合氨基酸组分。

二、实验材料

（一）样品

1. 氨基酸标准溶液　0.01mol/L 丙氨酸,0.01mol/L 精氨酸,0.01mol/L 甘氨酸。
2. 混合氨基酸溶液　将 0.01mol/L 丙氨酸、精氨酸、甘氨酸按等体积制成混合溶液。

（二）试剂

1. 吸附剂 硅胶 G。

2. 黏合剂 0.5%羧甲基纤维素钠（CMC-Na），取 CMC-Na 5g 溶于 1 000mL 蒸馏水中，煮沸，静置冷却，弃沉淀，取上清液备用。

3. 展开剂 将正丁醇、冰醋酸及蒸馏水按 80∶10∶10（V/V/V）混合（临用前配制）。

4. 0.1% 茚三酮溶液 取茚三酮 0.1g 溶于无水丙酮至 100mL。

5. 展层-显色剂 按照 10∶1 比例（V/V）混合展开剂和 0.1% 茚三酮溶液。

（三）仪器及器材

层析板（6cm×15cm）、小烧杯、量筒（10mL）、小尺子、毛细玻璃管、层析缸、烤箱、天平、药匙。

三、实验步骤

（一）实验流程

制板 → 点样 → 层析 → 显色 → 结果分析

（二）操作步骤

1. 制板

（1）调浆：称取硅胶 3g，加 0.5% 的 CMC-Na 8mL，调成均匀的糊状。

（2）涂布：取洁净的干燥玻璃板均匀涂层。

（3）干燥：将玻璃板水平放置，于室温下自然晾干。

（4）活化：70℃烘干 30min，然后切断电源，待玻璃板面温度下降至不烫手时取出。

2. 点样

（1）位置：用铅笔距底边 2cm 水平线上均匀确定 4 个点，点间相距约 1cm。

（2）取样：用毛细管分别吸取氨基酸溶液，取样量为毛细管柱高 2~3cm。

（3）点样：用点样毛细管轻轻接触薄层表面点样。加样后原点扩散直径不超过 2mm。

3. 层析和显色 在层析缸中，加入展开剂约 1.5cm 深，加盖平衡 30min。将薄层板点样端浸入层析缸的展层-显色剂中（展层-显色剂液面应低于点样线）盖好层析缸盖，上行展层。当展开剂前沿离薄板顶端 2cm 时，停止展层，取出薄板，用铅笔描出溶剂前沿界线，用热风吹干或在 85℃下烘干，即可显出各层斑点。

4. 处理和结果分析 测量斑点中心至原点中心的距离，再量出原点中心至溶剂前沿的距离，计算出 R_f 值。根据 R_f 值，鉴定出混合样品中氨基酸的种类，并绘出层析图谱。

（三）注意事项

1. 制备的薄层板应厚薄均匀，表面光滑、无气泡。

2. 点样的次数依照样品溶液浓度而定。点样后的斑点直径一般为 0.2cm。若样品量太少，有的成分不易显示；样品量太多，易造成斑点过大，互相交叉或拖尾。

3. 薄层板置于层析缸时，各样品原点切勿浸入展开剂中。

4. 避免污染，必要时戴上手套，切勿用手直接接触薄层板面。

四、结果与讨论

（一）结果

1. 各层析斑点的 R_f 值计算　用直尺分别量取原点到各层析斑点中心的距离及原点到对应前沿的距离。根据公式计算各层析斑点的 R_f 值（表 9-1）。通过比较 R_f 值，可以测定并推断出混合氨基酸溶液中含有的氨基酸种类。

表 9-1　各薄层层析斑点的迁移率

各斑点	原点到层析斑点中心距离	原点到溶剂前沿的距离	迁移率（R_f）
丙氨酸			
精氨酸			
甘氨酸			
混合点 1			
混合点 2			

2. 绘制层析图谱。
3. 常见问题及处理　见表 9-2。

表 9-2　薄层层析常见问题及处理

问题	解析	处理方法
拖尾	点样过量：任何一类吸附剂负载化合物的能力是有限的，化合物在薄层板上进行吸附-解吸附的过程中，若点样过量而超载，过剩的化合物被抛在后面，会形成拖尾现象 重复点样：样品点虽在同一垂直线而圆心未重合，致使样点呈近椭圆形，也会形成拖尾	①选择合适的点样量，勿过多；②重复点样过程中，每次点样圆心应重合
出现"微笑"（两边翘起、中间凹下）形带	样品在展开时，薄层板两边的斑点比中间斑点移动快，并向两边偏斜，即边缘效应。其原因是用混合溶剂展开过程中，极性较弱和沸点较低的溶剂在薄层板两边沿处较易挥发，使薄层板上展开剂的比例不一致，极性发生变化	增加薄层板在层析缸中的平衡时间
S 形及波形斑点	S 形斑点是指含多种成分的样品层析时，斑点不是顺次分布于原点至展开前沿的垂直线上，而是呈 S 形分布于垂直线两侧；波形斑点是指某些含多种成分的样品液，依次点于同一起始线上，展开后，这些成分相同的斑点不呈直线状平行于起始线，而是呈波浪形。产生原因为薄层板厚薄不匀	应选用厚薄均匀的薄层板

（二）讨论

1. 硅胶的吸附力与含水量有什么关系？
2. 薄层色谱中吸附剂的选择根据是什么？

实验 9　氨基酸的纸层析

一、实验原理

纸层析又称纸色谱法,是以滤纸作为惰性支持物,一般以纸纤维上吸附的水分作为固定相,也可使纸吸留其他物质作为固定相,如缓冲液、甲酰胺等,与固定相不相混溶的有机溶剂作为流动相。将样品点在纸条的一端,然后在密闭的槽中用适宜溶剂进行展开。当组分移动一定距离后,各组分移动距离不同,最后形成互相分离的斑点。将纸取出,待溶剂挥发后,用显色剂或其他适宜方法确定斑点位置。本实验中,不同氨基酸由于其极性大小上的差异,在固定相和流动相中分配系数不同,因此,层析使不同氨基酸在滤纸上移动速度不同,从而彼此分离。

丙氨酸转氨酶(alanine aminotransferase,ALT)俗称谷丙转氨酶(glutamic-pyruvic transaminase,GPT),可催化丙氨酸和 α-酮戊二酸发生可逆的转氨基反应,生成谷氨酸与丙酮酸。本实验采用纸层析法检查反应体系中谷氨酸的生成。为便于观察转氨基作用,在反应中须加碘醋酸(或溴醋酸),以抑制丙氨酸和 α-酮戊二酸的其他代谢过程。

二、实验材料

(一)样品

猪肝或牛蛙肝。

(二)试剂

1. 0.01mol/L 磷酸缓冲液(pH 7.4)。

2. 0.1mol/L α-丙氨酸。

3. 0.1mol/L α-酮戊二酸。

4. 0.1mol/L 谷氨酸(pH 7.4)。

5. 展开剂　水饱和酚和冰乙酸(300∶1)。

6. 10% 三氯乙酸。

7. 0.25% 碘乙酸。

8. 显色剂　0.1% 茚三酮-乙醇溶液。

(三)仪器及器材

研钵,试管及试管架,恒温水浴箱(37℃、100℃),毛细管(直径 0.5mm),铅笔、尺和圆规,定性滤纸(直径 11cm),剪刀和镊子,电吹风机,滴管,康氏皿,喷雾器,烘箱(80℃)。

三、实验步骤

(一)实验流程

$\boxed{转氨酶液的制备}$ → $\boxed{氨基转移反应}$ → $\boxed{点样}$ → $\boxed{层析}$ → $\boxed{显色}$

（二）操作步骤

1. 转氨酶液的制备　取新鲜牛蛙或猪肝约 3g，剪碎，并用研钵碾碎，加 3mL 磷酸缓冲液迅速碾磨，加 9mL 磷酸缓冲液，用两层纱布过滤，收集浆液或滤液。

2. 氨基转移反应　取 4 支洁净、干燥的试管，按表 9-3 配制试剂。然后混匀，置 37℃ 恒温水浴保温 40min（经常摇动）；然后滴加 10% 三氯乙酸溶液 2 滴，置 100℃ 恒温水浴保温 5min，终止酶反应。

表 9-3　氨基酸转氨基作用反应试剂配制方案

试剂	试管			
	1	2	3	4
转氨酶提取液 /mL	1	1	1	1
0.25% 碘乙酸 /mL	0.5	0.5	0.5	0.5
（预温）	（滴加 10% 三氯乙酸溶液 2 滴,100℃ ×5min）		（置 37℃恒温水浴保温 5min）	
0.1mol/L α-丙氨酸 /mL	1	1	–	1
0.1mol/L α-酮戊二酸 /mL	1	–	1	1
0.01mol/L 磷酸缓冲液 /mL	1	2	2	1

3. 点样　取一张长 13cm、宽 11.5cm 质地均匀的层析滤纸，在滤纸的一端距边缘 2~3cm 处，每间隔 1.5cm，用毛细管依次点 α-丙氨酸、谷氨酸、1~4 号管样品液。每种溶液在同一位置点样干燥后再点 2~3 次，每点在滤纸上的扩散直径在 2mm 内为最佳。将滤纸纵向卷成圆筒状，两端用订书钉固定。

4. 层析　将圆筒形滤纸挂在层析缸盖内的钩上，盖好盖子饱和 20~30min。然后，将滤纸垂直立于层析缸中（点样的一端在下，展开剂的液面需低于点样线），盖严缸盖，待溶剂上升至距离滤纸顶端 1cm 左右时取出滤纸，用铅笔在溶剂前沿画一边界线，自然干燥或用电热吹风机吹干滤纸。

5. 显色　用喷雾器将显色液均匀喷在滤纸上，然后用电热吹风机吹干滤纸，直至显出各层析斑点。计算各种氨基酸的 R_f 值。根据斑点的颜色和位置判断混合氨基酸成分。

6. 处理和结果分析　用尺测量显色斑点的中心与原点（点样中心）之间的距离和原点到溶剂前沿的距离，计算出它们的 R_f 值，鉴定出反应液中是否发生了转氨基作用，并绘出层析图谱。

（三）注意事项

1. 滤纸要保持清洁，操作时勿用手接触，可戴手套或只拿边角。

2. 点样时，每个点用一个毛细管，避免混用污染。纸的两边不能接触，留一定缝隙。点样斑点尽量小，应控制直径小于 2mm。每次点样后用冷风吹干再点第二次。

3. 展开时，点样点不要浸入有机溶剂中，至少要平衡 0.5h。层析过程中，层析缸要密闭。

4. 显色时，喷雾要均匀。使用茚三酮显色法时，在整个层析操作中必须避免手直接接触层析纸，应戴橡皮手套或指套，因为手上常有少量含氮物质，显色时也呈现紫色斑点，会污染层析结果,同时也要防止空气中氨的污染。

四、结果与讨论

(一)结果

1. 各层析斑点的 R_f 值计算　用直尺分别量取原点到各层析斑点中心的距离及原点到对应前沿的距离。根据公式计算各层析斑点的 R_f 值(表9-4)。比较 R_f 值,可以推断反应液中是否发生了转氨基作用。

$$R_f = \frac{\text{原点到层析斑点中心的距离}}{\text{原点到斑点对应前沿的距离}}$$

表 9-4　各纸层析斑点的迁移率

各斑点	原点到层析斑点中心距离	原点到溶剂前沿的距离	迁移率(R_f)
α-丙氨酸			
谷氨酸			
试管 1			
试管 2			
试管 3			
试管 4			

2. 绘制层析图谱。

(二)讨论

本转氨基反应实验为什么要设计 4 支反应管? 每管所要说明的问题是什么?

实验 10　离子交换层析分离混合氨基酸

一、实验原理

氨基酸在特定 pH 溶液中所带电荷数量不同,与离子交换剂的亲和力不同,通过改变洗脱液的离子强度和 pH 值,可使氨基酸组分按亲和力大小顺序依次从层析柱上洗脱下来。

本实验采用磺酸型阳离子交换树脂(732 型)分离酸性氨基酸[天冬氨酸(aspartic acid, Asp),pI 2.97, 分子量为 133.1Da]和碱性氨基酸[赖氨酸(lysine,Lys),pI 9.74,分子量为 146.2Da]的混合液。用 pH 5.3 的洗脱液进行洗脱时,由于洗脱液的 pH 低于 Lys 的 pI,Lys 可解离成阳离子结合在树脂上;而此时的 pH 高于 Asp 的 pI,Asp 解离成阴离子,不能被树脂吸附而直接流出层析柱。用 pH 12 的洗脱液进行洗脱时,由于洗脱液的 pH 高于 Lys 的 pI, Lys 解离成阴离子从树脂上被交换下来。如此,通过改变洗脱液的 pH 使 Asp 和 Lys 被分别洗脱而达到分离的目的。

二、实验材料

(一)样品

用 0.02mol/L HCl 配制含 0.01mol/L Asp 和 0.04mol/L Lys 的混合溶液。

(二)试剂

1. 磺酸型阳离子交换树脂(732 型)。

2. 树脂处理液　2mol/L NaOH,2mol/L HCl,1mol/L HCl,1mol/L NaOH。

3. 洗脱液　0.45mol/L 柠檬酸-氢氧化钠-盐酸缓冲液(pH 5.3):柠檬酸 28.5g,NaOH 18.6g,浓 HCl 约 10.5mL 调 pH 至 5.3,溶于蒸馏水中,稀释定容至 1L。

4. 0.01mol/L NaOH 缓冲液(pH 12)。

5. 显色剂　0.2% 中性茚三酮溶液:0.2g 茚三酮加 100mL 丙酮;或 2g 水合茚三酮溶于 95% 乙醇中,加水至 100mL。

6. 醋酸缓冲液(pH 5.5)　醋酸钠 82g,溶于 150mL 蒸馏水,加无水醋酸 25mL,用水定容至 250mL。

(三)仪器及器材

离子交换层析柱(1.6cm×20cm)、量筒、吸管、收集器、试管、恒流泵、紫外-可见光分光光度计、水浴箱。

三、实验步骤

(一)实验流程

树脂预处理 → 装柱 → 平衡 → 加样与洗脱 → 收集与更换洗脱液 → 测定 → 柱再生

(二)操作步骤

1. 树脂预处理　将干树脂用蒸馏水充分浸泡膨胀后,倾去细小颗粒,然后用 4 倍体积的 2mol/L HCl 和 2mol/L NaOH 依次浸洗、搅拌 30min,并分别用蒸馏水洗至中性。再用 1mol/L NaOH 浸泡 5~10min,使树脂转为钠型。以蒸馏水洗去 NaOH 至树脂 pH 呈中性(洗 2~3 次)。

2. 装柱　将层析柱垂直装好,关闭柱底出口,向柱内加入 pH 5.3 的柠檬酸缓冲液 2~3cm。将浮选好的已转为钠型的树脂置于烧杯内,加入 1~2 倍体积的柠檬酸缓冲液,经抽气处理后,搅成悬浮状,沿柱内壁细心地将柱灌满。装柱时不要太快,以免产生气泡。待树脂在柱底部逐渐沉积 2~3cm 时,慢慢打开柱底出口,继续加注树脂悬液,直至柱体装到 8cm 高为止。在装柱时要避免使柱内液体流干导致装柱失败。

3. 平衡　柱装好后接上恒流泵,用柠檬酸缓冲液以 24mL/h 的流速平衡,直到流出液的 pH 与洗脱液的相同为止(用 pH 试纸检查)。此过程需要 2~4 倍柱体积的缓冲液。

4. 加样与洗脱　移去柱上的液器塞,打开柱底出口,小心地使柱内液体流至柱表面时即关闭。吸取 0.5mL 氨基酸混合样品溶液,沿柱壁小心地加入柱中(加样时不要过快,以免冲坏树脂表面),加样后慢慢打开柱底阀,使液面再与树脂面相齐时关闭。用洗脱液反复清洗柱内壁四周 2~3 次。洗涤后,在柱内加缓冲液到液层 2~3cm 高,然后接上恒流泵,测流速至 0.5mL/min,开始洗脱。

5. 收集与更换洗脱液　柱流出液可用自动分离收集器收集或用刻度试管人工收集。按每管 3mL 先收集 5 管。关闭恒流泵,将洗脱液更换为 NaOH 缓冲液(pH 12),然后按同样方法继续收集第 6 管到第 12 管。洗脱完毕后,换用柠檬酸缓冲液(pH 5.3)重新平衡,以便层析柱下次使用。

6. 测定　将收集的各管编号后,分别取 0.5mL 收集液于一洁净的干试管中,加入 1mL pH 5.3 柠檬酸缓冲液、0.5mL 茚三酮试剂,混合后在 100℃水浴加热 25min。然后用流水冷却 5~10min,加 3mL 60% 乙醇稀释,摇匀后在 570nm 处比色测定,以 A_{570} 为纵坐标,收集的管数或毫升数为横坐标绘制洗脱曲线。

7. 柱再生　装好的层析柱使用几次后,用 0.2mol/L NaOH 溶液洗脱,再用蒸馏水洗至中性,即可重复使用。

(三)注意事项

为使分离色带整齐,装柱要求连续、均匀、无分层、无气泡等,必须防止液面低于树脂平面,否则要重新装柱。分离洗脱过程中,要连续不断地加入洗脱液,并保持液面在一定高度。在整个操作中,不能使树脂表面的液体流干,要控制洗脱速度,保持流速在 10~12 滴 /min,并注意勿使树脂表面干燥。

四、结果与讨论

ER9-1　层析检测结果分析

(一)结果

以吸光度为纵坐标,收集的管数或体积为横坐标,绘制洗脱曲线。以两种已知氨基酸样品溶液,按上述方法和条件分别操作,对照得到的洗脱液曲线与混合氨基酸的洗脱曲线,可确定 2 个峰的大致位置及各峰的氨基酸种类。

(二)讨论

本实验分离的两种氨基酸是否可以采用阴离子交换树脂分离? 请说明理由。

实验 11　凝胶过滤层析分离血红蛋白与鱼精蛋白

一、实验原理

血红蛋白的分子量为 64.5kDa,二硝基氟苯(dinitrofluorobenzene,DNFB)-鱼精蛋白的分子量为 1.5~30kDa,可依据其分子量大小进行凝胶分离。血红蛋白不能进入凝胶内部,随洗脱液直接流出，DNFB-鱼精蛋白分子量较小，可以进入凝胶内部，流经途径较长，在后面流出层析柱。

根据被分离物质的分子量差异，本实验选择的凝胶是 Sephadex G-50，分离范围为 1~30kDa。血红蛋白本身有红色，谷氨酸无色，将黄色的 DNFB 偶联于谷氨酸，使其着色。实验中，血红蛋白与 DDNFB-鱼精蛋白通过 Sephadex G-50 凝胶柱，用 pH 为 7.0 的磷酸盐缓冲液洗脱，从红黄颜色的不同可直接观察到分子量不同物质相互分离。

二、实验材料

（一）样品

1. 血红蛋白（hemoglobin，Hb）制备　取 3mL 抗凝全血离心，弃上层血浆，向红细胞层加入 5 倍体积的冰冷生理盐水，混匀后以 3 000r/min 离心 5min，弃上清液。在红细胞层加 5 倍体积蒸馏水，振摇混匀，即为 Hb 溶液。

2. DNFB-鱼精蛋白的制备　取鱼精蛋白 0.1g 溶于 1.5mL 10%NaHCO$_3$ 中。另取 0.15g DNFB 完全溶于 3mL 微热的 95% 乙醇。混合上述溶液，于沸水浴中煮沸 5min，冷却后加再入 2 倍体积的 95% 乙醇，即可见到黄色的 DNFB-鱼精蛋白沉淀析出。离心，弃上清液，取沉淀，用 95% 乙醇洗涤两次，再溶于 1mL 蒸馏水中备用。

3. 样品液　将 0.2mL Hb 溶液和 0.5mL DNFB-鱼精蛋白混合，备用。

（二）试剂

1. Sephadex G-15 凝胶。

2. 抗凝全血。

3. 0.9%NaCl。

4. 10% 碳酸氢钠。

5. 95% 乙醇。

6. 蓝色葡聚糖 2 000（2mg/mL）。

7. 0.01mol/L 磷酸盐缓冲液（pH 7.0）　① 0.01mol/L 磷酸二氢钠溶液：NaH$_2$PO$_4$·2H$_2$O 1.560 1g，用蒸馏水溶解，定容至 1L；② 0.01mol/L 磷酸氢二钠溶液：Na$_2$HPO$_4$·2H$_2$O 1.780 5g，用蒸馏水溶解，定容至 1L。取 0.01mol/L 磷酸二氢钠溶液 57.7mL 与 0.01mol/L 磷酸氢二钠溶液 42.3mL 混匀，即得 0.01mol/L 磷酸盐缓冲液（pH 7.0）。

（三）仪器及器材

锥形瓶、层析柱（1cm×25cm 玻璃柱）、铁架台、弹簧夹、细橡皮管（长 2cm）、量筒、小烧杯。

三、实验步骤

（一）实验流程

凝胶处理　→　装柱　→　平衡　→　加样与洗脱　→　收集　→　凝胶回收

（二）操作步骤

1. 凝胶处理　将凝胶放入水中浸泡 6h（或沸水浴中 2h）。浸泡后搅动凝胶再静置，待凝胶沉积后,倾去上层细粒悬液。如此反复多次。将浸泡后的凝胶用 10 倍量的洗脱液处理约 1h,搅拌后继续去除上层细粒悬液。

2. 装柱　垂直装好层析柱(高 25cm,内径 1cm),旋紧下盖,向层析柱内加入蒸馏水达柱总长度约 1/4,然后将处理好的凝胶在烧杯内用 2 倍量 0.01mol/L 磷酸盐缓冲液(pH 7.0)调成悬浮液后,自柱顶端沿管内壁缓缓加入柱中至柱顶,然后打开底部出口,随着水的流出,不断注入搅拌的凝胶混悬液,直至床体积沉降至离柱顶 3~4cm 为止(操作中注意防止产生气泡与分层)。柱子装好后,首先肉眼观察层析床是否均匀、有无气泡和分层、床表面是否平整,然后用蓝色葡聚糖进行层析效果检查。在层析柱中加入 1mL(2mg/mL)蓝色葡聚糖 2000,然后用洗脱液进行洗脱(流速同前),如果移动的指示剂色带狭窄、均一,则说明装柱良好,检查后再经洗脱平衡即可使用,否则应重新装柱。

3. 平衡　柱装好后,旋紧上盖,接上恒流泵,打开出口,用 2 倍于柱床体积的洗脱液平衡,流速 0.5mL/min,使层析柱压实并平衡。注意调节流速以防止流速过大及干柱现象。

4. 加样与洗脱　打开层析柱底部出口,使柱内溶液流至床表面时关闭,吸样品液 0.5mL,沿内壁缓慢加样,加完后,再打开底端出口使样品流至柱床表面。用少量洗脱液清洗层析柱管壁 1~2 次,然后将洗脱液加至层析柱上口以下 1cm 处,接上恒流泵,调好流速,开始洗脱。

5. 收集　观察红黄色带的分离,用自动收集器,以 10 滴 /min、2min/ 管分别收集洗脱液,直至黄色色带完全洗脱下来,关闭出口。

6. 凝胶回收　待所有色带流出层析柱后,继续加入蒸馏水并加快流速,清洗层析柱至凝胶洁净(呈白色)为止。将洗干净的 Sephadex G-50 凝胶回收至回收容器中。

(三)注意事项

1. 凝胶膨胀必须彻底,否则会影响层析的均一性,甚至有使柱破裂的危险。市售凝胶如需彻底处理,可在溶胀后再用 0.5mol/L NaOH~0.5mol/L NaCl 溶液在室温下浸泡 30min,但必须避免在酸或碱中加热。用过的凝胶柱再生时,可用 0.1mol/L NaOH~0.5mol/L NaCl 溶液洗涤以去掉堵住凝胶孔的杂质,然后用蒸馏水洗至中性备用。

2. 凝胶装柱要一次完成,并且装柱过程中严防出现气泡和分层,要使液面高于床面,以免气体进入柱床,影响液体在柱内的流动与混合物质的分离效果。

3. 加样一定要小心而缓慢,以免凝胶被冲起,造成层析结果不佳。

四、结果与讨论

(一)结果

以颜色(红色、黄色)为横坐标,收集的管数或体积为纵坐标,绘制洗脱曲线。根据洗脱曲线,判定两种蛋白质是否洗脱完全。

(二)讨论

影响凝胶层析效果的因素有哪些?

(卢小玲)

第十章
血清蛋白质的分离、纯化与鉴定

蛋白质的分离和纯化以蛋白质的理化性质为依据,采取盐析、透析、层析、电泳及超速离心等不损伤蛋白质空间结构的方法,以满足研究蛋白质结构与功能的需要。本章综合运用蛋白质分离和纯化的多种方法,对血清蛋白质(清蛋白、γ-球蛋白)进行分离、纯化与鉴定。

实验 12　血清清蛋白、γ-球蛋白的分离纯化与定量

一、实验原理

血清中含有多种蛋白质,不同蛋白质的分子量、溶解度及等电点等有所不同,利用这些性质的差别,可分离和纯化血清中的蛋白质。本实验遵循蛋白质的分级分离、先粗后细原则,采用盐析法粗分离、凝胶层析法脱盐、离子交换层析法纯化 3 个步骤分离和纯化血清清蛋白和 γ-球蛋白,然后用醋酸纤维素薄膜电泳法分析鉴定蛋白质样品的纯度,同时用双缩脲法定量测定其含量。

(一)盐析

中性盐类(硫酸铵、硫酸钠、氯化钠等)在水溶液中电离所形成的正负离子可吸引水分子,当中性盐达到一定浓度时,即可夺取蛋白质分子表面的水化膜,还可中和部分电荷,致使蛋白质分子聚集而沉淀,此作用称为盐析。

由于血清中各种蛋白质的颗粒大小、所带电荷的多少及亲水程度不同,当使用某种中性盐对其进行盐析时,所需的最低盐浓度各不相同。例如,血清球蛋白不溶于半饱和度硫酸铵溶液,而清蛋白可在饱和度硫酸铵溶液中析出。因此,利用不同浓度的硫酸铵溶液,可将血清中不同的蛋白质分别从溶液中沉淀析出,达到分离纯化蛋白质的目的。

盐析作用只是改变了蛋白质分子表面的水化层和所带电荷,蛋白质内部结构并未改变,仍具有原来蛋白质的一切天然性质。因此,盐析所致的蛋白质沉淀,可通过透析或加入水使盐类浓度降低而复溶。

(二)脱盐

经盐析法分离的蛋白质中含有大量中性盐,需要进行脱盐处理。脱盐常用的方法有透析法和凝胶层析法。前者方法简便,透析效率较高,但往往因沾在透析袋壁上的蛋白质较多,需用较多生理盐水冲洗造成浓缩困难。因此,目前常用葡聚糖凝胶层析法脱盐,不仅效

果好,而且去盐效率比透析法高,是工业化生产蛋白质制剂最常用的方法。

本实验采用凝胶层析法脱盐,其原理是利用蛋白质与无机盐分子量的差异达到分离的目的。当含有大量硫酸铵的清蛋白溶液或球蛋白溶液流经 SephadeG-25 凝胶层析柱时,溶液中分子直径大的蛋白质不能进入凝胶颗粒的网孔,较先洗脱流出,而分子直径小的无机盐能完全渗入凝胶颗粒的网孔中,后洗脱流出,从而达到使球蛋白或清蛋白脱盐的目的。

(三)γ-球蛋白及清蛋白的纯化

脱盐后的蛋白质溶液,尤其是球蛋白溶液,需经进一步分离纯化,才能得到纯度较高的γ-球蛋白溶液和清蛋白溶液。蛋白质为两性电解质,根据血清中各蛋白质的等电点不同,可采用离子交换层析技术进行纯化。

常用于蛋白质类生物大分子的离子交换剂有离子交换纤维素和离子交换葡聚糖凝胶。本实验采用二乙基氨乙基(diethyl aminoethyl, DEAE)纤维素(cellulose, C)阴离子交换剂,其分子带电形式为纤维素-$OC_2H_4N^+H(C_2H_5)$,流动相溶液中带负电荷的离子可与其进行交换结合,从而进一步纯化清蛋白和γ-球蛋白。

在 0.02mol/L NH_4Ac 洗脱缓冲液(pH 6.5)中,DEAE-C 带正电荷;清蛋白及 α-球蛋白、β-球蛋白 pI<6.5,带负电荷;γ-球蛋白 pI>6.5,带正电荷。清蛋白及 α-球蛋白、β-球蛋白被层析柱吸附,而γ-球蛋白被洗脱,与清蛋白及 α-球蛋白、β-球蛋白分离。在 0.06mol/L NH_4Ac 洗脱缓冲液(pH 6.5)中,清蛋白 pI 为 4.9,带负电荷多;α-球蛋白、β-球蛋白 pI 为 5.0~5.2,带负电荷少。这时,α-球蛋白和β-球蛋被洗脱,清蛋白仍被吸附在 DEAE-C 上,在缓冲液离子强度增加时(0.3mol/L NH_4Ac, pH 6.5)被洗脱,这时清蛋白与 α-球蛋白和β-球蛋分离开。血清各种蛋白质的等电点见第八章实验 5。

(四)γ-球蛋白及清蛋白的分析鉴定

本实验采用醋酸纤维素薄膜电泳(实验原理参见第八章实验 5),对纯化的清蛋白和γ-球蛋白进行分析鉴定,以正常人血清样品作为对照,比较电泳图谱,可定性判断其纯度。

正常人血清蛋白经醋酸纤维素薄膜电泳后可获得 5 条区带;经本法纯化后的清蛋白或γ-球蛋白溶液在醋酸纤维素薄膜电泳图谱上,仅在清蛋白或γ-球蛋白位置上出现区带。

(五)γ-球蛋白及清蛋白的定量测定

本实验采用双缩脲法(实验原理参见第七章实验 1)测定纯化的γ-球蛋白和清蛋白含量。

二、实验材料

(一)样品

血清:新鲜健康人血清或动物血清,无溶血、无沉淀物或细菌滋生。

(二)试剂

1. 饱和硫酸铵溶液　称取硫酸铵 80~85g,放入烧杯中,加蒸馏水 100mL,加热至 70~80℃,搅拌 20min 促溶,然后冷却至室温,放置过夜,瓶底析出白色结晶,上清液即为饱和硫酸铵溶液。硫酸铵溶液在使用前用 12mol/L NaOH 和 1.5mol/L H_2SO_4 调 pH 至 7.2 备用。

2. 0.3mol/L pH 6.5 醋酸铵缓冲液　称取醋酸铵 23.12g,溶解于 800mL 蒸馏水中,用稀氨水或稀醋酸调 pH 至 6.5 后,定容至 1 000mL。

3. 0.06mol/L pH 6.5 醋酸铵缓冲液　取 0.3mol/L pH 6.5 醋酸铵缓冲液用蒸馏水 5 倍稀释。

4. 0.02mol/L pH 6.5 醋酸铵缓冲液　取 0.06mol/L pH 6.5 醋酸铵缓冲液用蒸馏水 3 倍稀释。

上述各醋酸铵缓冲液的浓度及 pH 务必准确。用蒸馏水稀释后需调节 pH 至 6.5。由于 NH_4Ac 遇热可分解,故配制醋酸铵缓冲液时不得加热,配好后需密封保存,以防缓冲液浓度及 pH 发生改变并影响分离蛋白质的纯度。

5. 1.5mol/L NaCl–0.3mol/L NH_4Ac 溶液　称取 87.75g NaCl,溶解于 500mL 蒸馏水中,加入 300mL 1mol/L 醋酸铵缓冲液,用蒸馏水定容至 1 000mL。

6. 0.92mol/L 磺基水杨酸(20%)　称取磺基水杨酸 200g,加蒸馏水溶解后,定溶至 1 000mL。

7. 0.05mol/L $BaCl_2$ 溶液(1%)　称取 $BaCl_2$ 10g,加蒸馏水溶解后,定溶至 1 000mL。

8. 双缩脲试剂　参见第七章实验 1。

9. 蛋白质标准溶液(5.0mg/mL BSA)　市售蛋白质标准溶液。

10. 0.9% 氯化钠溶液。

(三)仪器及器材

葡聚糖凝胶 G-25 层析柱(1.0cm × 7cm)、DEAE-纤维素层析柱(1.0cm × 6cm)、台式离心机、黑色反应板、直流稳压电泳仪和电泳槽、醋酸纤维素薄膜(CAM)、刻度离心管、培养皿、载玻片、脱色摇床、微量可调移液器和加样枪架、烧杯、分光光度计、铁固定架和螺旋夹等。

三、实验步骤

(一)实验流程

盐析 → 凝胶层析脱盐 → 离子交换层析 → 电泳鉴定 → 定量测定 → 分析

(二)操作步骤

1. γ-球蛋白 / 清蛋白(与血清其他蛋白质)的分离

(1)盐析:中性盐沉淀法

1)盐析:取离心管 1 支,加入血清 0.8mL,边摇边缓慢滴加饱和硫酸铵溶液 0.8mL(*注意:滴加速度一定要缓慢,并边加边轻轻搅拌*),混匀后于室温静置 10min,以 4 000r/min 离心 10min。用滴管小心地吸出上清液置于试管中(*注意:在不吸出沉淀的前提下,尽可能吸尽上清液*),作为纯化清蛋白之用。

2)溶解沉淀:向离心管内沉淀加入 0.6mL 蒸馏水,振摇使之溶解,以备纯化 γ-球蛋白所用。

(2)脱盐:凝胶层析法

1)准备凝胶:称取葡聚糖凝胶 G-25 25.0g/100mL 凝胶床(粒度 50~100 目)放入烧杯内,按每克干胶加入约 50mL 蒸馏水,置于沸水中浴 1h(*注意:沸水浴过程中,要经常摇动,使气泡逸出*),然后取出冷却,待凝胶下沉后,倾去含有细微悬浮物的上层液。然后,加入 2 倍量

0.02mol/L pH 6.5 NH₄Ac 缓冲液,轻轻搅拌,静置片刻,待胶粒沉降后,倾去上层液(重复处理2次)。

2)装柱:选用 1.0cm×10cm 的层析柱,层析柱内底部应嵌装有砂芯滤板(或尼龙膜、玻璃棉等)。将层析柱固定在支架上,并保持垂直,关闭下端流出口软管上的螺旋夹。向柱内加入少量 0.02mol/L pH 6.5 NH₄Ac 缓冲液。用玻璃棒轻轻搅拌上述处理过的凝胶悬液,使凝胶浮起,连续注入层析柱内。打开螺旋夹,任液体缓慢流出,凝胶自然沉降,直至所需凝胶床高度(约7cm)为止。*注意:凝胶装填要均匀,柱床表面应平整;避免层析柱出现干裂、断层和气泡等现象;若凝胶床内出现界面、气泡或流速明显减慢,应将凝胶粒倒出,重新装柱。*

3)平衡:装柱后,层析柱接上恒压贮液瓶,或利用下端流出口软管上的螺旋夹,调节流速为约 2mL/min,用 0.02mol/L pH 6.5 NH₄Ac 缓冲液洗涤平衡凝胶层析柱 20~30min(此时的层析柱可供脱盐使用),取下恒压储液瓶管塞,小心地控制层析柱下端螺旋夹,使层析柱上的缓冲液面刚好下降到凝胶床表面(*注意:使凝胶柱床表面与缓冲液或样品液凹面刚好水平相切,不要使液面低于凝胶床表面以下,以免空气进入凝胶床*),关闭螺旋夹。

4)加样:用细长滴管吸取上述经盐析所得粗制蛋白质样品溶液(清蛋白液或球蛋白液约 0.8mL),小心而缓慢地加到凝胶柱床表面,用 10mL 刻度离心管在层析柱下端出口处收集洗脱液(以便了解加样后液体的流出量),拧松螺旋夹,调节流速约 2mL/min,使样品进入凝胶柱床,至液面降到凝胶床表面为止(凝胶柱床表面与缓冲液或样品液凹面刚好水平相切)。小心地用 1mL 0.02mol/L pH 6.5 NH₄Ac 缓冲液洗涤层析柱内壁,以洗净粘在柱壁上的蛋白质样品液。*注意:往层析柱内加样品或用缓冲液洗脱时,要小心、缓慢,不要将凝胶粒冲起或破坏凝胶床表面的平整。*

5)洗脱:待样品进入凝胶柱床内,继续用 0.02mol/L pH 6.5 NH₄Ac 缓冲液洗脱,同时注意流出液量。

6)检测并收集蛋白质:在黑色反应板凹孔内加 0.92mol/L 磺基水杨酸,2 滴 / 孔(*注意:检测蛋白质的磺基水杨酸和检测 SO_4^{2-} 的 $BaCl_2$ 与其检测物质生成的沉淀均为白色,切勿将二者混淆*),并随时检查洗脱液中是否含有蛋白质(*切勿使蛋白质峰溶液流失*)。滴加 1 滴洗脱液于黑色反应板凹孔内的磺基水杨酸溶液中,若出现白色混浊或沉淀,表示洗脱液中含有蛋白质(*当凝胶床体积为 5.5mL 时,流出液体量约为 2mL,就可能有蛋白质流出*)。此时,立即开始收集含有蛋白质的洗脱液。收集约 12 滴后,滴加 1 滴洗脱液于预先加有 1 滴 0.05mol/L $BaCl_2$ 的黑色反应板凹孔内,若出现白色沉淀(表示有 SO_4^{2-}),立即停止收集。收集的蛋白质溶液可采用 DEAE 纤维素离子交换层析进行纯化。

7)层析柱再生:收集蛋白质溶液后,用 0.02mol/L pH6.5 NH₄Ac 缓冲液洗脱凝胶层析柱,直至 $BaCl_2$ 检测洗脱液为 SO_4^{2-} 阴性。此时,继续用 2~3mL 0.02mol/L NH₄Ac 缓冲液洗脱。凝胶层析柱即可再次使用。

8)层析柱保存:凝胶层析柱使用后用所需缓冲液洗脱平衡(即再生平衡),可反复使用。如果暂不使用,应以含 3mmol/L(0.02%)NaN₃ 的缓冲液洗涤后放置,防止凝胶霉变;如果长时间不用,宜将凝胶粒由柱内倒出,加 NaN₃ 至 3mmol/L(0.02%),湿态保存于 4℃冰箱(*禁止保存于 0℃以下,以防冻损凝胶粒*)。

2. γ-球蛋白 / 清蛋白的纯化　先后将收集到的脱盐球蛋白溶液和清蛋白溶液进行 DEAE-纤维素离子交换层析。

（1）球蛋白的纯化

1）DEAE-纤维素准备：按 100mL 柱床体积称取 DEAE 纤维素 14g,加 0.5mol/L HCl（15mL/g 纤维素）,搅拌均匀,放置 30min（*时间不可太长,否则 DEAE 纤维素会变质*）,加约 10 倍量的蒸馏水,搅拌均匀,放置片刻,待纤维素下沉后,弃去含细微悬浮物的上层液。如此反复洗涤 2~3 次后,置垫有细尼龙滤布的布氏漏斗中抽滤,用蒸馏水充分滤洗,直至流出液 pH 约为 4。然后将 DEAE 纤维素置于烧杯中,加 0.5mol/L NaOH 处理一次,并以蒸馏水充分滤洗,直至流出液 pH 约为 7。

2）装柱：将经酸碱处理的 DEAE 纤维素置于烧杯中,加 0.02mol/L pH 6.5 NH₄Ac 缓冲液（40mL/g 纤维素）,并用醋酸调 pH 至 6.5,倾去上清液（此时的 DEAE 纤维素可用于装柱）,关闭层析柱下端流出口软管上的螺旋夹。然后,将上述处理好的 DEAE 纤维素悬液倾入层析柱内,拧松螺旋夹,使液体缓慢流出,纤维素自然沉降至所需柱床高度（约 6cm）为止,待液面接近纤维素柱床表面,关闭螺旋夹。

3）平衡：装柱后,将层析柱接上恒压储液瓶,用 0.02mol/L pH 6.5 NH₄Ac 缓冲液洗脱平衡。

4）加样：取下 DEAE 纤维素层析柱的恒压储液瓶管塞,小心地控制柱下端螺旋夹,使柱内缓冲液面下降至刚好与柱床表面在同一水平线上。此时,开始用 10mL 刻度离心管收集洗脱液,以便了解加样后液体流出量。将脱盐后收集的球蛋白溶液缓慢加到柱床表面,调节螺旋夹,使样品进入柱床。当液面降至纤维素柱床表面时,小心地用 1mL 0.02mol/L pH 6.5 NH₄Ac 缓冲液洗净粘在层析柱内壁上的蛋白质样品。

5）洗脱：待样品进入纤维素柱床内,继续用 0.02mol/L pH 6.5 NH₄Ac 缓冲液冲洗。同时注意洗脱液流出量。

6）检测并收集蛋白质：洗脱过程中,随时用 0.92mol/L（20%）磺基水杨酸检测流出液中是否含蛋白质（方法同前）。当有蛋白质出现时,立即连续收集 3 管,每管 10 滴,取其中蛋白质浓度最高的一管留作纯度分析鉴定用（醋酸纤维素薄膜电泳法）。

（2）清蛋白的纯化

1）加样：小心地控制层析柱下端螺旋夹,使柱内缓冲液凹面刚好下降至柱床表面（*此时 DEAE-纤维素层析柱不必再生,可直接用于纯化清蛋白*）,用 10mL 刻度离心管开始收集洗脱液,以便了解加样后液体流出量。将脱盐的清蛋白溶液缓慢加到柱床表面,调节螺旋夹,使样品进入柱床,当样品液凹面降至柱床表面时,小心地用 1mL 0.06mol/L pH 6.5 NH₄Ac 缓冲液洗净粘在层析柱内壁上的蛋白质样品（*注意：清蛋白上样后,改用 0.06mol/L pH 6.5 NH₄AC 缓冲液洗脱;勿将各时段所应用溶液浓度混淆*）。

2）洗脱：待样品进入纤维素柱床内,继续用 0.06mol/L pH 6.5 NH₄Ac 缓冲液洗脱,同时注意洗脱液流出量。流出约 6mL（含 α-球蛋白及 β-球蛋白）后,层析柱内缓冲液面降至与柱床表面平齐,再改用 0.3mol/L pH 6.5 NH₄Ac 缓冲液洗脱。

3）检测并收集蛋白质：用 0.92mol/L 磺基水杨酸检测洗脱液中蛋白质（方法同前）。由于纯化的清蛋白仍然结合有少量胆色素等物质,故肉眼可见一层浅黄色成分被 0.3mol/L NH₄Ac 缓冲液洗脱下来。在改用 0.3mol/L NH₄Ac 缓冲液洗脱约 2.5mL 时,即可在洗脱液中检测出蛋白质。此时,立即连续收集 2 管,每管 10 滴。此即纯化的清蛋白溶液,留作纯度鉴定用。

4）再生与保存：此层析柱使用后，经 1.5mol/L NaCl–0.3mol/L NH₄Ac 缓冲液冲洗，再用 0.02mol/L pH 6.5 NH₄Ac 缓冲液约 10mL 洗涤平衡后可重复使用（*注意：多次使用后，如果杂质较多或流速过慢，可将纤维素倒出，先用 1.5~2.0mol/L NaCl 浸泡，水洗，再如上述用酸碱处理后重新装柱*）。如果暂不使用，DEAE 纤维素应以湿态（在柱中或倒出）保存在含 0.11mol/L（1%）正丁醇的缓冲液中，以防霉变。

3. γ-球蛋白 / 清蛋白的分析鉴定　本实验采用醋酸纤维素薄膜电泳法对上述纯化的 γ-球蛋白 / 清蛋白进行分析鉴定。取 4 条准备好的醋酸纤维素薄膜，分别将正常血清、DEAE 纤维素阴离子交换层析纯化的 γ-球蛋白和两管清蛋白溶液 4 种样品上样。然后进行电泳分离、染色，比较其结果。具体操作步骤参见第八章实验 5。

4. γ-球蛋白 / 清蛋白的定量测定

（1）样品稀释：将血清原液用 0.9% 氯化钠按 1∶10 稀释（取血清 0.1mL，加 0.9% 氯化钠 0.9mL）作为测定管 1，纯化后的 γ-球蛋白为测定管 2，纯化后的清蛋白为测定管 3。

（2）反应：取 5 支试管并编号，按表 10-1 制备，使每管总溶液体积为 3mL。摇匀各管溶液，置 37℃水浴中，保温 20min。

表 10-1　双缩脲法测定蛋白质含量的溶液配制（单位：mL）

试剂	空白管	标准管	测定管 1	测定管 2	测定管 3
稀释的血清	—	—	0.5	—	—
γ-球蛋白液	—	—	—	0.5	—
清蛋白	—	—	—	—	0.5
蛋白质标准液	—	0.5	—	—	—
0.9%NaCl 溶液	1.0	0.5	0.5	0.5	0.5
双缩脲试剂	2.0	2.0	2.0	2.0	2.0

（3）测定：用分光光度计在 540nm 波长下比色，以空白管溶液调零，记录各管溶液的 A_{540} 值。

（三）注意事项

1. 本试验所用血清应新鲜，无沉淀物及细菌滋生。

2. 在整个纯化过程中，操作要规范，条件要温和，防止蛋白质变性。

3. 本法是利用血清中各类蛋白质的等电点不同，用离子交换层析法进行分离纯化。因此，层析过程中用的缓冲液 pH 要求精确。

4. 本实验所用试剂较多，使用时勿将各实验段所应用溶液浓度混淆。尤其切勿将检测蛋白质的磺基水杨酸与检查硫酸根的 BaCl₂ 溶液混淆，因二者与相应待检物质均生成白色沉淀。

5. 使用过的层析柱必须平衡再生。层析柱久用后，若凝胶床表面有沉淀等杂质滞留，可将表面凝胶颗粒吸出，再添补新的凝胶。

四、结果与讨论

（一）结果

1. 定性鉴定结果　比较 3 条染色后的醋酸纤维素薄膜,即醋酸纤维素薄膜并列、点样线位于同一水平,以正常血清蛋白的醋酸纤维素薄膜图谱为对照,观察、分析并描述实验中分离纯化的蛋白质类型及其纯度。血清清蛋白、γ-球蛋白纯度鉴定的电泳图谱和正常血清蛋白质电泳图谱如图 10-1 所示。

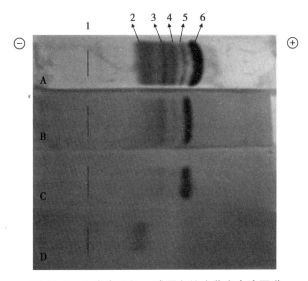

图 10-1　血清清蛋白、γ-球蛋白纯度鉴定电泳图谱

注:A. 正常血清;B. 第 1 管清蛋白;C. 第 2 管清蛋白;D. 纯化的 γ-球蛋白。

1. 点样线;2. γ-球蛋白;3. β-球蛋白;4. α₂-球蛋白;5. α₁-球蛋白;6. 清蛋白。

2. 定量测定结果计算　按下列公式计算测定管溶液的蛋白质浓度。

$$血清蛋白质\,(mg/mL) = \frac{A_{u1}}{A_s} \times 5.0\,(mg/mL) \times \frac{1ml}{0.1ml} = \frac{A_{u1}}{A_s} \times 5.0\,(mg/mL) \times 10$$

$$γ\text{-}球蛋白\,(mg/mL) = \frac{A_{u2}}{A_s} \times 5.0\,(mg/mL)$$

$$清蛋白\,(mg/mL) = \frac{A_{u3}}{A_s} \times 5.0\,(mg/mL)$$

3. 常见问题及处理

（1）凝胶层析法脱盐时,洗脱出的蛋白质溶液中均含有硫酸铵。可采取的处理措施:一是通过重新安装层析柱改善层析柱装填未按照要求、出现断层干裂或柱床体积太小等现象;二是装柱后,用所需缓冲液充分平衡。

（2）凝胶层析法脱盐时,蛋白质的洗脱峰较宽。可采取的处理措施是减小样品的加样量或降低样品的黏度。

（3）在实验中,γ-球蛋白比清蛋白更易损失。可采取的处理措施,一是增加血清用量（人血清 1~2 倍,动物血清 3~4 倍）;二是加样后随时监测,若出现轻微乳白色沉淀,应立刻收集。

（二）讨论

1. 中性盐盐析分离纯化蛋白质的原理是什么？操作时需注意哪些问题？本实验中硫酸铵盐析时，为什么用 0.8mL 血清加 0.8mL 饱和硫酸铵溶液？

2. 葡聚糖凝胶层析法分离纯化蛋白质的原理是什么？为什么葡聚糖凝胶 G-25 可将 γ-球蛋白与硫酸铵分离？

3. 本实验中 DEAE 纤维素柱分离 γ-球蛋白后不需再生，可直接用于纯化清蛋白，为什么？

4. 制备蛋白质类制剂需注意哪些问题？

5. 如何根据用醋酸纤维素薄膜电泳鉴定纯化后的血清清蛋白和 γ-球蛋白的纯度，判断是清蛋白还是 γ-球蛋白？判定它们纯度的依据是什么？

（张维娟）

第三篇

酶 学 实 验

第十一章
酶活性的测定

酶活性测定是酶学研究的重要内容。酶活性常用酶促反应速度来反映。酶促反应速度越快,提示酶活性越高。酶促反应的速度以单位时间内底物的减少或产物的增加来表示,因此酶促反应速度的测定可以转化为底物或产物含量的测定。

测定酶促反应速度常用的策略有 3 种:①在适当条件下,将酶与底物混合后,让其反应一定时间,然后停止反应,测定底物减少量或产物生成量;②把酶和底物混合,测定生成一定量产物、消耗一定量底物所需时间;③将酶和底物混合后,间断或连续测定反应体系的变化,如吸光度的增加或减少。其中,第一种策略最为常用。

在医学研究和临床实践中,酶活性是发病机制研究、药品质检以及临床诊断中经常要检测的内容。因此,掌握酶活性分析的方法对于医学生学习临床课程、参与临床工作具有重要意义。

实验 13　血清丙氨酸转氨酶活性测定

丙氨酸转氨酶是催化丙氨酸与 α-酮酸之间转氨基作用的酶,广泛存在于机体的各种组织,其中肝脏丙氨酸转氨酶的含量十分丰富,正常人的血清中丙氨酸转氨酶活性最低。肝脏发生损伤时,随着肝细胞内容物被释放入血,血清中丙氨酸转氨酶的活性会发生显著升高,因此血清丙氨酸转氨酶活性测定是世界卫生组织推荐的检测肝功能损害最敏感的指标。

正常人的血清中丙氨酸转氨酶活性一般为 2~40U。肝脏出现病变会导致血清中丙氨酸转氨酶活性升高。急性肝炎及中毒性肝炎患者血清中丙氨酸转氨酶活性显著升高;肝癌、肝硬化及胆道疾病患者血清中丙氨酸转氨酶活性也会升高。是需要注意,血清中丙氨酸转氨酶活性升高不具有器官特异性,如心肌梗死、心力衰竭、心肌炎等疾病也可引起血清丙氨酸转氨酶活性升高。

一、实验原理

本实验采用改良赖氏法测定丙氨酸转氨酶活性。丙氨酸转氨酶可催化丙氨酸与 α-酮戊二酸之间的转氨基作用,生成丙酮酸和谷氨酸。丙酮酸可与 2,4-二硝基苯肼发生加成反应,生成丙酮酸 2,4-二硝基苯腙。在 2,4-二硝基苯肼过量时,丙酮酸 2,4-二硝基苯腙的生成量与丙酮酸的量成正比。在碱性环境中,丙酮酸 2,4-二硝基苯腙转变为红棕色的苯腙硝醌(图 11-1)。苯腙硝醌的生成量与丙酮酸 2,4-二硝基苯腙成正比。由于丙酮酸的量与最终苯腙硝醌的生成直接相关,所以可通过分光光度法测定苯腙硝醌生成量,来代表丙酮酸的量,从而计算丙氨酸转氨酶的活性。

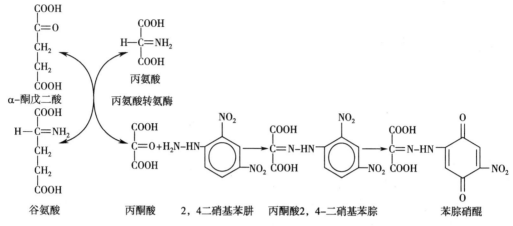

图 11-1 测定丙氨酸转氨酶活性的反应

改良赖氏法没有定义活力单位,一般套用卡门法的活力单位。卡门法单位的定义是:1mL 血清(反应溶液总量为 3mL)在 340nm 波长下,用内径为 1.0cm 的比色皿,在 25℃,1min 内生成的丙酮酸,在乳酸脱氢酶催化下,使还原型的辅酶Ⅰ(NADH+H$^+$)转变成氧化型的辅酶Ⅰ(NAD$^+$)吸光度下降 0.001 就是 1 个转氨酶活力单位。正常人血清的丙氨酸转氨酶卡氏单位为 2~40U。

二、实验材料

(一)样品

人血清。

(二)试剂

1. 0.03mol/L 磷酸缓冲液(pH 7.4) 称取 4.19g K_2HPO_4 和 0.807g KH_2PO_4,用水溶解后,定容到 1 000mL。

2. 2mmol/L 丙酮酸钠标准溶液 称取 11mg 丙酮酸钠,溶解于 0.03mol/L 磷酸缓冲液(pH 7.4),定容至 50mL。

3. 丙氨酸转氨酶底物溶液(pH 7.4) 称取 29.2mg α-酮戊二酸、1.78g L-丙氨酸,溶于 0.03mol/L 磷酸盐缓冲液(pH 7.4),加 1mol/L 氢氧化钠溶液把 pH 调至 7.4 后,定容至 100mL。

4. 2,4-二硝基苯肼溶液 称取 20mg 2,4-硝基苯肼,避光,加热溶解于 1mol/L 盐酸,定容到 100mL,过滤到棕色玻璃瓶,在 4℃保存。

5. 0.4mol/L NaOH 溶液。

(三)仪器及器材

恒温水浴箱和可见分光光度计。

三、实验步骤

（一）实验步骤

1. 标准曲线的绘制　取 5 支试管并编号,按表 11-1 配制试剂,然后混匀,于室温静置 10min,用蒸馏水调零,测 520nm 处吸光度,以各管溶液的吸光度值减去 1 号管溶液的吸光度值的差值为纵坐标,以对应的卡门酶活力单位数为横坐标(各试管卡门酶活力单位数,试管 1~5 分别为 0、28、57、97 和 150,绘制标准曲线。

表 11-1　标准曲线绘制溶液配制(单位:mL)

试剂	试管				
	1	2	3	4	5
标准丙酮酸液	0	0.05	0.10	0.150	0.20
丙氨酸转氨酶底物	0.50	0.45	0.40	0.35	0.30
磷酸盐缓冲液	0.10	0.10	0.10	0.10	0.10
2,4-二硝基苯肼液	0.50	0.50	0.50	0.50	0.50
(混匀,置 37℃水浴 20min)					
0.4mol/L NaOH	5.00	5.00	5.00	5.00	5.00

2. 酶活性的测定　按表 11-2 配制试剂,混匀后于室温静置 10min,用蒸馏水调零,测 520nm 处吸光度,将测定管溶液吸光度值减去对照管溶液的吸光度值的差值代入标准曲线,查出 100mL 血清中转氨酶的活力单位数。

表 11-2　丙氨酸转氨酶活性测定溶液配制(单位:mL)

试剂	测定管	对照管
血清	0.1	–
丙氨酸转氨酶底物液	0.5	0.5
(混匀,置 37℃水浴保温 30min)		
2,4-二硝基苯肼液	0.5	0.5
血清	–	0.1
(混匀,置 37℃水浴准确保温 20min)		
0.4mol/L NaOH	5.0	5.0

（二）注意事项

1. 底物液一般在冰箱中可储存 1 周。如果底物溶液变浑浊,或出现沉淀,应重新配制后再使用。

2. 丙酮酸标准液必须在临用前配制,不能存放。

3. 2,4-二硝基苯肼液应低温、避光保存。

4. α-酮戊二酸能与 2,4-二硝基苯肼作用生成 α-酮戊二酸苯腙。因此,在制作标准曲线时,须加入一定量的底物(内含 α-酮戊二酸)以抵消由 α-酮戊二酸产生的消光影响。

5. 2,4-二硝基苯肼本身也有颜色,因此制作标准曲线时,空白管中也要加入 2,4-二硝基苯肼。

四、结果与讨论

(一)结果

1. 标准曲线的绘制　以丙氨酸转氨酶的活力单位数为 x 轴,以吸光度为 y 轴,绘制标准曲线。

2. 血清样品中丙氨酸转氨酶活性计算　用测定管溶液的吸光度值减去对照管溶液吸光度值,把差值代入 y 轴,画一条与 x 轴平行的直线,与标准曲线相交,再从交点画一条垂直线与 x 轴相交,交点处数值就是样品的丙氨酸转氨酶活力单位数。

3. 改良赖氏法利用丙酮酸标准曲线计算血清丙氨酸转氨酶实例　设置 5 个不同卡门活力单位(0、28、57、97、150)的丙酮酸标准样,采用赖氏法测定吸光度,以卡门活力单位为横坐标,以相应吸光度为纵坐标,拟合标准曲线(图 11-2)。

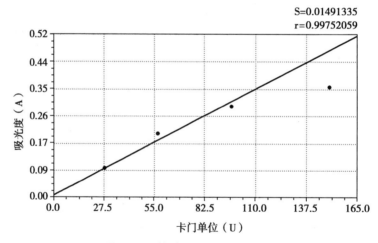

图 11-2　赖氏法丙酮酸标准曲线

假设,测定管溶液吸光度值-对照管溶液吸光度值 =0.17,把 0.17 代入标准曲线,即可确定血清中丙氨酸转氨酶的活力单位是 55 个卡门活力单位。

4. 常见问题及处理

(1)溶血标本会导致血清丙氨酸转氨酶测定结果偏高。

(2)若血清样本活力单位超 97U,应稀释后重新测。

(3)高血脂、黄疸、酮症酸中毒可使测定的吸光度升高,因此应设血清对照管。

(二)讨论

1. 血清丙氨酸转氨酶活性升高是否可认为肝组织发生病变?

2. 为什么改良赖氏法测定的血清丙氨酸转氨酶活性能套用卡门活力单位？试比较两种方法。

实验 14　唾液淀粉酶活性测定

唾液淀粉酶是一类可水解淀粉和糖原等葡聚糖的 α-1,4-糖苷键的酶,主要在唾液腺中合成。唾液淀粉酶分子量为 4~50kDa。由于其分子量小,可进入血液,随后从尿中排出。自然界存在的淀粉酶有 α 和 β 两型,人类和哺乳动物的唾液淀粉酶为 α 型。唾液腺分泌的唾液淀粉酶可参与食物消化过程,在口腔中分解食物中的淀粉。

唾液蛋白的分泌是交感神经系统和副交感神经系统协调作用的结果。心理压力可引起唾液淀粉酶活性升高。因此,口腔唾液淀粉酶的活性测定可用于心理疾病研究,并可作为心理疏导和精神病治疗效果的评价指标。此外,发生腮腺炎时,血清中唾液淀粉酶的活性也会升高。

一、实验原理

唾液淀粉酶可催化淀粉分子中 α-1,4-糖苷键的水解反应,生成的产物包括含有 α-1,6-糖苷键支链的糊精、麦芽糖和葡萄糖。淀粉可与碘反应,碘分子进入淀粉螺旋圈内,形成淀粉-碘复合物,产生蓝色化合物;而糊精与碘反应呈紫红色;麦芽糖、葡萄糖与碘反应则无颜色变化。

本实验采用碘-淀粉比色法(苏氏法)测定唾液淀粉酶的活性。在反应系统中,随着淀粉的分解,淀粉与碘反应生成的蓝色化合物会减少。淀粉与碘反应生成的蓝色化合物在 660nm 有最大光吸收。在碘过量的情况下,蓝色化合物的生成量与淀粉的量成正比;唾液淀粉酶水解淀粉后,蓝色化合物生成减少,在 660nm 波长的吸光度也会下降,通过吸光度下降的水平可推算出被唾液淀粉酶所分解的淀粉量。

采用碘-淀粉比色法测定唾液淀粉酶时,酶活力单位的定义是:100mL 唾液在 37℃环境中 30min,水解 10mg 淀粉的酶量为 1 个酶活力单位。

二、实验材料

(一)样品
新鲜唾液样本。

(二)试剂
1. 300mmol/L 氯化钠溶液　称取 17.55g NaCl,用少量水溶解后,定容至 1 000mL。
2. 0.1mol/L 碘储存液　称取 2.54g 碘和 8g 碘化钾,加少量水研磨,待全部溶解后,再定容至 100mL,贮于棕色瓶内。
3. 0.01mmol/L 碘应用液　取碘储存液 10mL,定容至 100mL,贮于棕色瓶内。
4. 0.04% 淀粉溶液　称取干的可溶性淀粉 0.4g,先用少量蒸馏水混匀后,再加入 80mL 沸水,待溶液冷却后,定容至 500mL。再与 500mL 300mmol/L 氯化钠溶液混合,即获得 0.04% 淀粉溶液。

5. 生理盐水 称取 0.9g NaCl,用少量蒸馏水溶解,定容至 100mL。

(三)仪器及器材

枸橼酸试纸、唾液棉柱采集管、天平、恒温水浴箱、可见分光光度计。

三、实验步骤

(一)实验步骤

1. 唾液标本的采集和稀释

(1)唾液标本的采集:采集前 0.5h,让志愿者喝下温水约 200mL,用枸橼酸试纸刺激口腔。志愿者采取坐位,每人取 1 个唾液棉柱采集管,把棉柱放进口腔,用舌头在口腔左右两侧轻轻转动棉柱 1.5min,左右来回循环转动,频率为 6 次 /min。吐出棉柱后,马上放入离心管,以 3 000r/min 离心 10min,离心后液体即为唾液样品。

(2)唾液标本的稀释:取 100μL 唾液,用生理盐水稀释。稀释倍数根据标本的活性而定,一般稀释 10~50 倍。

2. 唾液淀粉酶活性测定 分别于对照管和测定管中加入 0.04% 淀粉溶液各 0.5mL,置 37℃水浴中预温 5min;然后在测定管中加入稀释的唾液 0.1mL,置 37℃水浴孵育 7.5min;分别在对照管中加入碘应用液 0.5mL、双蒸水 3.1mL,在测定管中加入碘应用液 0.5mL、双蒸水 3.0mL;混匀后,加蒸馏水调零,然后测对照管和测定管 660nm 处吸光度。

(二)注意事项

1. 采集唾液标本前 1h 内不能进食、饮酒、喝含咖啡因饮料、吸烟、运动、剧烈情绪波动等。

2. 淀粉液应在当天配制使用。

3. EDTA-Na$_2$、草酸盐、枸橼酸盐、氟化钠可抑制唾液淀粉酶活性,使测定结果偏低。

4. 空白的吸光度不应低于 0.4。

四、结果与讨论

(一)结果

1. 唾液淀粉酶活性测定 在 37℃环境中,100mL 唾液中的淀粉酶在 30min 水解 10mg 淀粉的酶量被定义为 1 个酶活力单位(U)。可根据 30min 所消耗的淀粉量计算出酶活力单位。

$$唾液淀粉酶活力单位 = \frac{(对照管吸光度 - 测定管吸光度)}{对照管吸光度} \times \frac{0.4}{10} \times \frac{30}{7.5} \times \frac{100}{0.1} \times 稀释倍数$$

2. 唾液淀粉酶活性测定实例 假设唾液样本被稀释 10 倍后,进行检测。对照管溶液的吸光度为 0.48,测定管溶液的吸光度为 0.39,求唾液中淀粉酶活性。把吸光度值和唾液稀释倍数代入公式,计算唾液淀粉酶活力单位,结果为 300U。

$$唾液淀粉酶活力单位 = \frac{(0.48 - 0.39)}{0.48} \times \frac{0.4}{10} \times \frac{30}{7.5} \times \frac{100}{0.1} \times 10$$

3. 常见问题及处理

（1）淀粉溶液若出现混浊或絮状物，表示缓冲淀粉溶液受污染或变质，不能再用，应重新配制。

（2）本法线性范围 <400U，在酶活性低时相关性较好，但酶活性较高时相关性差。如果测定管溶液吸光度小于对照管溶液吸光度 1/2，应加大唾液的稀释倍数或减少稀释唾液加入量。

（3）如果空白管溶液的吸光度 <0.4，则应降低唾液的稀释倍数，重新测量。

（二）讨论

1. 为什么把唾液与淀粉混合 5min 后，要加入硫酸？
2. 溶解淀粉时不加入 NaCl，对唾液淀粉酶活性测定是否有影响？

（杨旭东）

第十二章
酶动力学分析

酶动力学是分析底物浓度、酶浓度、温度、pH 及抑制剂等各种因素对酶与底物结合以及催化反应发生影响的科学。测定酶活性,确定酶催化反应的最适条件,研究代谢途径,都需要进行酶动力学分析。

米-曼方程中描述酶促反应动力学的主要参数有米氏常数(Km)、最大反应速度(V_{max})等。Km 可反映酶与底物的亲和力;V_{max} 是所有酶被底物饱和时的酶促反应速度。酶动力学常数都可以通过对酶催化反应进行分析,并结合米氏方程来测定。

实验 15 过氧化氢酶米氏常数(Km)测定

一、实验原理

本实验采用林-贝作图法测定过氧化氢酶的米氏常数(Km)。先测量多个不同底物浓度下酶促反应的速度,再把反应速度与底物浓度取倒数代入林-贝方程,绘制曲线,计算 Km。

首先,通过 $KMnO_4$ 滴定法测定过氧化氢酶催化反应的速度。过氧化氢酶可催化 H_2O_2 分解成为 H_2O 和 O_2。一般可用单位时间内底物的消耗量来表示反应的速度。因此,需要测定反应前后的 H_2O_2 浓度变化。

$$2H_2O_2 \xrightarrow{\text{过氧化氢酶}} 2H_2O + O_2 \uparrow$$

酶促反应结束时加入硫酸可使过氧化氢酶变性,反应终止;同时,在硫酸存在时,反应体系中剩余的 H_2O_2 可还原 $KMnO_4$,生成 $MnSO_4$ 和 K_2SO_4,并产生 O_2。反应中 $KMnO_4$ 的消耗量与参与反应的 H_2O_2 的量成正比。因此,只要确定 $KMnO_4$ 的消耗量即可计算出 H_2O_2 的浓度。

$$2KMnO_4 + 5H_2O_2 + 3H_2SO_4 \rightarrow 2MnSO_4 + K_2SO_4 + 5O_2 \uparrow + 8H_2O$$

$MnSO_4$ 和 K_2SO_4 溶液是无色的。因此,只要 H_2O_2 没有被消耗完,滴定的 $KMnO_4$ 很快就被消耗完,溶液保持无色;当滴入 $KMnO_4$ 后溶液开始显出微弱的红色时,说明 H_2O_2 被消耗完了,可以停止滴定。根据滴定过程中 $KMnO_4$ 消耗量即可求出过氧化氢酶催化反应速度,代入林-贝作图后,可计算出过氧化氢酶的米氏常数。

二、实验材料

(一)样品
肝素抗凝血。

（二）试剂

1. 0.05mol/L 草酸钠标准液 称取 0.67g 干燥草酸钠，用少量水溶解，加入 5mL 浓 H_2SO_4，加蒸馏水定容至 100mL。

2. $KMnO_4$ 储存液 称取 3.4g $KMnO_4$，溶于 1 000mL 蒸馏水中，加热搅拌助溶，冷却后放置过夜，然后用玻璃丝过滤，保存于棕色瓶内。

3. 0.004mol/L $KMnO_4$ 应用液 取 20mL 0.05mol/L 草酸钠标准液，滴加 4mL 浓 H_2SO_4，在 70℃水浴中用 $KMnO_4$ 储存液滴定至微红色，根据滴定结果计算 $KMnO_4$ 储存液的浓度。然后，将 $KMnO_4$ 储存液稀释成 0.004mol/L。

4. 约 0.08mol/L H_2O_2 取 27mL 30% H_2O_2，加蒸馏水稀释，定容至 1 000mL。临用时，用 0.004mol/L $KMnO_4$ 标定 H_2O_2 溶液浓度，再将 H_2O_2 溶液稀释至 0.08mol/L。

5. 0.2mol/L 磷酸盐缓冲液（pH 7.0） 准确称取 4.37g $Na_2HPO_4 \cdot 12H_2O$ 和 1.22g $NaH_2PO_4 \cdot 2H_2O$，加少量水溶解后，定容至 100mL。

（三）仪器及器材

容量瓶、量筒、天平、锥形瓶、滴定管、恒温水浴箱、微量移液器。

三、实验步骤

（一）实验流程

$\boxed{\text{稀释血样}} \rightarrow \boxed{H_2O_2 \text{浓度标定}} \rightarrow \boxed{\text{反应速度测定}} \rightarrow \boxed{\text{绘制林-贝曲线}} \rightarrow \boxed{\text{计算 Km}}$

（二）实验步骤

1. 血液稀释 吸取肝素抗凝血液 0.1mL，用蒸馏水稀释至 10mL，混匀。取 1.0mL 稀释血液，再用 0.2mol/L 磷酸盐缓冲液（pH 7.0）稀释至 10mL。最终，血液被稀释至 1∶1 000。

2. H_2O_2 浓度标定 取两支锥形瓶，均加入 2.0mL 浓度约为 0.08mol/L 的 H_2O_2 和 2.0mL 25% H_2SO_4，分别用 0.004mol/L $KMnO_4$ 滴定至微红色。根据 $KMnO_4$ 消耗量，求出 H_2O_2 浓度。

3. 反应速度测定 取 5 个锥形瓶，编号后，按表 12-1 配制试剂。用 0.004mol/L $KMnO_4$ 滴定各瓶至溶液呈微红色，记录 $KMnO_4$ 消耗量（mL）。

表 12-1 过氧化氢酶反应速度测定溶液配制（单位：mL）

试剂	锥形瓶				
	1	2	3	4	5
0.08mol/L H_2O_2	0.50	1.00	1.50	2.00	2.50
蒸馏水	3.00	2.50	2.00	1.50	1.00
（置 37℃水浴预热 5min）					
1∶1 000 稀释血液	0.50	0.50	0.50	0.50	0.50
（保温 5min）					
25% H_2SO_4	2.00	2.00	2.00	2.00	2.00

4. 根据过氧化氢酶的酶促反应速度和底物浓度,绘制林-贝曲线,计算 Km。

(三)注意事项

1. 草酸钠用于配制标准液前需要烘干 12h。

2. 每次配制 0.004mol/L $KMnO_4$ 应用液前,必须重新标定 $KMnO_4$ 储存溶液浓度。

3. 试剂的加样量要准确。

4. 在各瓶中加入 1∶1 000 稀释血液和 25% H_2SO_4 要迅速,并充分混匀。这将决定每一个锥瓶中溶液的反应时间。

四、结果与讨论

(一)结果

1. 反应速度的计算　以单位时间反应消耗的 H_2O_2 摩尔数表示。

$$反应前 H_2O_2 量(mol)=0.08mol/L × H_2O_2 底物体积(L)$$

$$反应后剩余 H_2O_2 量(mol) = \frac{0.004mol/L × 消耗 KMnO_4 应用液体积(L) × 5}{2}$$

$$反应速度(mol/min) = \frac{反应前 H_2O_2 量(mol) - 反应后剩余 H_2O_2 量(mol)}{5}$$

2. 计算 Km 值

(1)绘制林-贝曲线:在坐标纸上画出相互垂直的 x 轴与 y 轴,以底物浓度的倒数(1/[S])为 x 轴,以反应速度的倒数(1/v)为 y 轴。根据反应中底物浓度的值,在 x 轴上找出相应的点;根据这一底物浓度下测得的反应速度在 y 轴上找到对应的点。用直尺,从 x 轴上的点出发,画一条与 x 轴垂直的线;再从 y 轴的点出发,做一条与 y 轴垂直的直线。两条直线相交处的点,就是林-贝曲线上的点。通过这样的方法,找出一系列点,绘制出林-贝曲线。

(2)计算 Km:延长曲线,与 x 轴相交,从坐标图上获得横截距的绝对值。根据林-贝方程,横截距的绝对值是 1/Km。因此根据横截距即可算出 Km。

3. 实例　以一次实验结果(表 12-2)为例,绘制林-贝曲线。

表 12-2　反应速度计算结果

试剂	试管				
	1	2	3	4	5
加入 H_2O_2 体积 /mL	0.50	1.00	1.50	2.00	2.50
反应前 H_2O_2 量 /mmol(=0.08 × H_2O_2 体积)	0.04	0.08	0.12	0.16	0.20
酶作用后滴定 $KMnO_4$/mL	1.35	3.70	6.40	9.80	13.20
剩余 H_2O_2 量 /mmol(=$KMnO_4$ 量 × 0.004 × 5 ÷ 2)	0.013 5	0.037	0.064	0.098	0.132
反应速度 /(mol·min^{-1})[=(反应前 H_2O_2 量 - 剩余 H_2O_2 量)÷ 5]	0.005 3	0.008 6	0.011 2	0.012 4	0.013 6

拟合曲线,获得林-贝曲线,并得到林-贝方程:y=5.130 7+0.345 5x。计算方程的横截距:
0=5.130 7+0.345 5x,x=(0-5.130 7)÷0.345 5=-14.85。根据林-贝方程,横截距是 $-1/Km=$
-14.85, $Km=1/14.85=0.067$

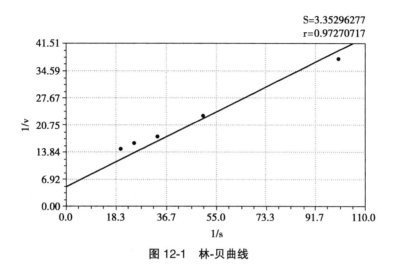

图 12-1　林-贝曲线

4. 常见问题及处理

(1) 滴定管洗涤不到位:在开始实验前,要用蒸馏水充分洗涤滴定管,继而再用溶液润
洗,滴定管的内表面全部都要洗到。

(2) 酸式滴定管漏液:如果活塞没有充分涂凡士林,可能导致漏液;此外,操作不规范,
也会导致漏液。因此,活塞要充分涂抹凡士林,并认真学习滴定的操作手法。

(3) 滴定过量:在接近滴定终点时,要有耐心,慢慢来,进行半滴滴定。

(4) 滴定数字不准确:滴定前,应取出管尖部存在的液滴,并排除尖嘴处的气泡,等
1~2min,待管壁附着的液滴流下后再读数;滴定完成后,等 1min,即可读数。读数时,使滴定
管垂直,视线与刻度平行,读取液面弯月面下缘的最低点。

(二) 讨论

1. 稀释抗凝血时应用磷酸盐缓冲液的意义是什么?

2. 测定过氧化氢酶的反应速度时如何保证各锥形瓶反应时间是相同的?

(杨旭东)

第十三章
酶的分离纯化与鉴定

酶的分离纯化是酶学研究的基础。酶分离纯化常采用的方法包括有机溶剂法、层析法、盐析法、电泳法等。多种方法配合使用方可得到较为纯化的酶样品。对提取的酶通常还需要进行活性鉴定（采用比活性法等）、纯度鉴定（采用电泳法等）。

本章主要介绍碱性磷酸酶（alkaline phosphatase，AKP）、α_1-抗胰蛋白酶（α_1-antitrypsin，α_1-AT）的分离纯化、活性和纯度鉴定以及活性影响因素分析。

实验 16　碱性磷酸酶的分离纯化、比活性测定与动力学分析

碱性磷酸酶（AKP）是广泛分布于人体肝脏、骨骼、肾等组织，并经肝脏向胆外排出的一种酶，可专一性水解磷酸酯键，如催化核酸分子脱掉 5'-P，从而使核酸片段的 5'-P 末端转换成 5'-OH 末端。临床上，测定其活性可作为诊断骨骼及肝脏疾病的重要生化指标。酶是具有生物催化功能的大分子，其催化的反应速度易受环境因素（如温度、pH 等）影响，因此，掌握酶的动力学性质具有重要意义。

本实验以猪肝组织为材料，采用有机溶剂法对肝组织中 AKP 进行提取、分离纯化，采用磷酸苯二钠法测定不同提取分离阶段中酶的活力单位数，以 Folin-酚试剂法测定每毫升样品中蛋白质的量（mg），换算出酶的比活性并进行比较分析，并进一步研究底物浓度、温度、酸碱度对 AKP 活性的影响。AKP 分离纯化、比活性测定及动力学分析实验流程如图 13-1 所示。

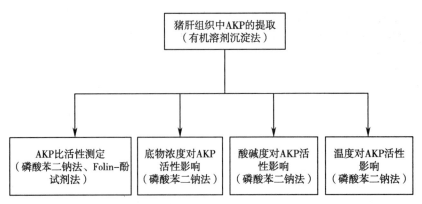

图 13-1　AKP 分离纯化、比活性测定及动力学分析实验流程

实验 16-1   碱性磷酸酶的分离纯化和比活性测定

一、实验原理

酶的提取方法与蛋白质的提取方法类似。本实验以猪的肝组织为样品,采用冷丙酮沉淀法从猪肝组织匀浆中提取 AKP。酶的比活性用每毫克蛋白质具有的酶活性来表示(单位 U/mg·pr)。因此,测定肝组织中 AKP 的比活性需测定每毫升样品中的蛋白质毫克数和酶活力单位数。实验采用磷酸苯二钠法测定不同提取分离阶段中酶的活力单位数,采用 Folin-酚试剂法测定不同提取分离阶段中酶的蛋白质含量,换算出酶的比活性并进行比较分析。酶的纯浓度越高其比活性越高。

二、实验材料

(一)样品

新鲜猪肝。

(二)试剂

1. 0.5mol/L 醋酸镁溶液   称取 10.72g 醋酸镁溶于蒸馏水中,定容至 100mL。

2. 0.1mol/L 醋酸钠溶液   称取 0.82g 醋酸钠溶于蒸馏水中,定容至 100mL。

3. 0.01mol/L 醋酸镁-0.01mol/L 醋酸钠溶液   准确移取 2mL 0.5mol/L 醋酸镁溶液和 10mL 0.1mol/L 醋酸钠溶液,混合后定容至 100mL。

4. 0.01mol/L Tris-0.01mol/L 醋酸镁缓冲液(pH 8.8) 称取 1.21g 三羟甲基氨基甲烷,用蒸馏水溶解后定容至 100mL,即为 0.1mol/L Tris 溶液。取 10mL 10.1mol/L Tris 溶液,加蒸馏水约 80mL,再加 2mL 0.5mol/L 醋酸镁溶液,混匀后用 1% 冰醋酸调 pH 至 8.8,用蒸馏水定容至 100mL。

5. 0.04mol/L 底物液   称取 1.05g 磷酸苯二钠,用煮沸后冷却的蒸馏水溶解,并稀释至 100mL,加 0.4mL 氯仿防腐,贮于棕色瓶子内,置于冰箱内保存。

6. 3% 4-氨基安替比林   称取 0.3g 4-氨替比林、4.2g 碳酸氢钠,用蒸馏水溶解,并稀释至 100mL,贮于棕色瓶中,置于冰箱内保存。

7. 0.5% 铁氰化钾   称取 0.5g 铁氰化钾、1.5g 硼酸,各溶于 40mL 蒸馏水中,溶解后,将两液混合并加水至 100mL,置于棕色瓶中,放冰箱内保存。

8. 0.1mg/mL 蛋白质标准溶液   称取 0.1mg 牛血清白蛋白,用生理盐水溶解并定容至 100mL。

9. 0.5mol/L 氢氧化钠溶液   称取 2g 氢氧化钠,用蒸馏水溶解并定容至 100mL。

10. 碱性溶液   称取 2g 氢氧化钠,用蒸馏水溶解并定容至 100mL,即为 0.5mol/L 氢氧化钠溶液;称取 5.3g 碳酸钠,用蒸馏水溶解并定容至 100mL,即为 0.5mol/L 碳酸钠溶液。两种溶液各取 20mL,混匀,用蒸馏水定容至 100mL,即为碱性溶液。

11. 碱性铜试剂   A 试剂:称取 2g 碳酸钠、0.4g 氢氧化钠、0.05g 酒石酸钠,用蒸馏水溶解,混匀后定容至 100mL;B 试剂:称取 1g 五水硫酸铜,用蒸馏水溶解并定容至 100mL;按照

A：B=10：1 的体积比将 A 试剂与 B 试剂混合,即为碱性铜试剂。

12. Folin-酚试剂(见第七章实验 2)。

13. 0.01mg/mL 酚标准溶液。

14. 正丁醇、丙酮、95% 乙醇(均为分析纯)。

(三)仪器及器材

微量移液器、量筒、研钵、刻度离心管、定性滤纸、离心机、玻璃漏斗、托盘天平、恒温水浴箱、可见光分光光度计。

三、实验步骤

(一)实验流程

$$\boxed{\text{AKP 提取}} \rightarrow \boxed{\text{AKP 活性测定}} \rightarrow \boxed{\text{蛋白质含量测定}} \rightarrow \boxed{\text{计算 AKP 比活性}}$$

(二)操作步骤

1. AKP 提取

(1)匀浆制备:称 2g 剪碎的新鲜猪肝组织,加 0.01mol/L 乙酸镁-0.01mol/L 乙酸钠溶液 6.0mL(乙酸镁有保护和稳定 AKP 作用,乙酸钠能够加速细胞裂解),磨成匀浆,倒入刻度离心管,得 A 液,记录体积(V_A)。取一干净试管,加入 4.9mL pH 8.8 Tris 缓冲液,加 0.1mL A 液,得 A_1 液(1：50),待测比活性。

(2)除杂蛋白质:在 A 液中加入 2mL 正丁醇(可使部分杂蛋白质变性),用玻璃棒充分搅拌 2min,于室温静置 20min,然后用滤纸过滤,收集滤液。

(3)丙酮沉淀 AKP:向滤液中加入等体积冷丙酮(能除去部分脂肪,沉淀 AKP),立即混匀,以 2 000r/min 离心 5min,弃上清液。

(4)溶解 AKP:于沉淀加入 4.0mL 0.5mol/L 乙酸镁,用玻璃棒充分搅拌使其溶解,得 B 液(还可进一步用不同浓度的乙醇、丙酮进行纯化),记录体积(V_B)。取一干净试管,加入 4.9mL pH 8.8 Tris 缓冲液,移取 0.1mL B 液加入缓冲液中,得 B_1 液(1：50),待测比活性及动力学实验用。

2. AKP 活性测定　将 4 支干燥试管编号,按表 13-1 配制溶液,然后将各管摇匀,于室温静置 10min,测 510nm 处吸光度。

表 13-1　AKP 活性测定溶液配制(单位:mL)

试剂	空白管	标准管	测定管 A_1	测定管 B_1
Tri 缓冲液(pH 8.8)	1.0	–	–	–
0.04mol/L 底物液	1.0	1.0	1.0	1.0
(于 37℃水浴处理 5min)				
0.01mg/mL 酚标准溶液	–	1.0	–	–
待测酶液	–	–	1.0	1.0
(于 37℃水浴准确保温反应 15min)				
0.5mol/L 氢氧化钠溶液	1.0	1.0	1.0	1.0

试剂	空白管	标准管	测定管 A_1	测定管 B_1
3% 4-氨基安替比林	1.0	1.0	1.0	1.0
0.5% 铁氰化钾	2.0	2.0	2.0	2.0

3. 蛋白质含量测定 将 4 支干燥试管编号,按表 13-2 配制溶液,然后将各管溶液混匀,于室温静置 10min,再分别加入 0.5mL Folin-酚试剂,摇匀各管,于室温静置 25min 后,测 650nm 处吸光度。

表 13-2 蛋白质含量测定溶液配制(单位:mL)

试剂	空白管	标准管	测定管 A_1	测定管 B_1
Tri 缓冲液(pH 8.8)	1.0	–	–	–
待测液	–	–	1.0	1.0
蛋白质标准溶液	–	1.0	–	–
碱性铜试剂	5.0	5.0	5.0	5.0
(摇匀,于室温静置 10min)				
Folin-酚试剂	0.5	0.5	0.5	0.5

(三)注意事项

1. 必须严格按照操作步骤进行,准确量取各试剂用量。
2. 部分试剂需现配现用,在 4℃存放一般不超过 1 周。
3. 需要低温处理的试剂放在 4℃冰箱内备用。
4. 加入有机溶剂时需慢慢滴加并不断轻轻搅拌,避免局部浓度过高引起升温和变性。

四、结果与讨论

(一)结果

计算公式如下:

$$每毫升待测酶液 \text{ AKP } 活力单位数(U/mL) = \frac{测定管吸光度}{标准管吸光度} \times 标准管酚浓度$$

$$待测酶液蛋白质浓度(mg/mL) = \frac{测定管吸光度}{标准管吸光度} \times 标准管蛋白质浓度$$

$$\text{AKP } 比活性(U/mg \cdot pr) = \frac{每毫升待测酶液 \text{ AKP } 活力单位数(U/mL)}{待测酶液蛋白质浓度(mg/mL)}$$

(二)讨论

1. 除了实验中采用的有机溶剂沉淀法提取分离 AKP 外,还可以采用哪些方法进行酶的分离纯化?

2. 结合实验结果讨论酶的纯度与其比活性的关系。

实验 16-2　底物浓度对碱性磷酸酶活性的影响

一、实验原理

本实验以磷酸苯二钠为底物,在制备的碱性磷酸酶作用下水解产生酚,经过碱性溶液、4-氨基安替比林的作用与铁氰化钾显红色,测定 510nm 吸光度,以 $1/[S]$ 为横轴、$1/v$ 为纵轴,绘制林-贝曲线,计算 AKP 的 Km、V_{max} 值,即可分析底物浓度($[S]$)对酶促反应速度(v)的影响。

二、实验材料

(一)样品
酶液(实验 16-1 制备)。

(二)试剂

1. 0.04mol/L 底物液　称取 1.05g 磷酸苯二钠,用煮沸后冷却的蒸馏水溶解,并稀释至 100mL,加 0.4mL 氯仿防腐,贮于棕色瓶中,置冰箱内保存。

2. 3% 4-氨基安替比林　称取 0.3g 4-氨替比林、4.2g 碳酸氢钠,用蒸馏水溶解,并稀释至 100mL,贮于棕色瓶中,置冰箱内保存。

3. 0.5% 铁氰化钾　称取 0.5g 铁氰化钾、1.5g 硼酸,各溶于 40mL 蒸馏水中,溶解后,将两液混合,加水至 100mL,贮于棕色瓶中,置冰箱内保存。

4. 碱性溶液　称取 2g 氢氧化钠,用蒸馏水溶解并定容至 100mL,即为 0.5mol/L 氢氧化钠溶液;称取 5.3g 碳酸钠,用蒸馏水溶解并定容至 100mL,即为 0.5mol/L 碳酸钠溶液。两种溶液各取 20mL 混匀,用蒸馏水定容至 100mL,即为碱性溶液。

5. 0.1mol/L 碳酸盐缓冲溶液(pH 10)　称取 0.64g 无水碳酸氢钠、0.34g 碳酸氢钠,用蒸馏水溶解并定容至 100mL。

6. 0.10mg/mL 酚标准溶液　称取 0.15g 结晶酚,用 0.1mol/L 盐酸溶解并定容至 100mL。

(三)仪器及器材
移液管、试管、恒温水浴锅、可见光分光光度计。

三、实验步骤

(一)实验流程
| 不同浓度底物预处理 | → | 酶促反应 | → | 加显色剂 | → | 显色反应 | → | 测吸光度 |

(二)操作步骤
按表 13-3 配制溶液,摇匀,于室温静置 10min,测 510nm 处吸光度。

表 13-3　底物浓度对 AKP 活性实验溶液配制（单位：mL）

试剂	试管						
	空白	标准	1	2	3	4	5
碳酸盐缓冲液	0.70	0.70	0.70	0.70	0.70	0.70	0.70
0.04mol/L 底物液	–	–	0.05	0.10	0.20	0.30	0.40
0.10mg/mL 酚标准溶液	–	0.20	–	–	–	–	–
蒸馏水	1.20	1.10	1.15	1.10	1.00	0.90	0.80
（于 37℃水浴处理 5min）							
酶液	0.10	–	0.10	0.10	0.10	0.10	0.10
（于 37℃水浴准确保温反应 15min）							
碱性溶液	1.00	1.00	1.00	1.00	1.00	1.00	1.00
3% 4-氨基安替比林	1.00	1.00	1.00	1.00	1.00	1.00	1.00
0.5% 铁氰化钾	2.00	2.00	2.00	2.00	2.00	2.00	2.00

（三）计算公式

反应速度（V）由一定时间内生成的酚产物量来表示。各管溶液的反应速度按如下公式计算：

$$V(mg/min) = \frac{测定管吸光度}{标准管吸光度} \times 0.2 \times 0.1 \times \frac{1}{15}$$

（四）注意事项

1. 严格按照操作步骤进行，准确移取各试剂用量。

2. 加入酶液后必须准确保温 15min。

3. 在进行显色反应时必须充分摇匀再静置反应。

四、结果与讨论

（一）结果

1. 以[S]为横轴，V 为纵轴，在坐标纸上描点并连接各点，观察图的形状。

2. 以 1/[S]为横轴，1/V 为纵轴，在坐标纸上描点并连接成直线，延伸该直线，求出碱性磷酸酶的 Km、V_{max} 值。

（二）讨论

1. 在实验结果中第 2 条的基础上，再增设几个浓度梯度，做出来的图形将发生什么变化？

2. 结合实验结果讨论底物浓度对酶活性的影响。

实验 16-3 pH 对碱性磷酸酶活性的影响

一、实验原理

人体内大多数酶的最适 pH 在 7.0 左右。pH 对酶活性的影响较显著,具有双重性。当酶促反应速度最大时对应的 pH 为酶最适 pH。pH 高于或低于这一值,酶活性被抑制,酶促反应速度降低,过高或过低则会发生酶蛋白变性,甚至失活。本实验是在保持其他条件不变的情况下,在不同 pH 条件下进行酶促反应,采用磷酸苯二钠法测定酶活性,以 pH 为横轴,反应速度为纵轴,绘制 pH 对酶活性影响的曲线,得出酶的最适 pH 范围。

二、实验材料

(一)样品

酶液(实验 16-1 制备)。

(二)试剂

1. 工作液 称取 0.6g 磷酸苯二钠,0.3g 4-氨基安替比林,分别溶于煮沸冷却后的蒸馏水中,然后将两液混合并稀释至 100mL,加 0.4mL 氯仿防腐,贮于棕色瓶内,用时与等量的水混合即可。

2. 3% 4-氨基安替比林 称取 0.3g 4-氨替比林、4.2g 碳酸氢钠,用蒸馏水溶解,并稀释至 100mL,贮于棕色瓶中,放冰箱内保存。

3. 0.5% 铁氰化钾 称取 0.5g 铁氰化钾、1.5g 硼酸,各溶于 40mL 蒸馏水中,溶解后将两液混合并加水至 100mL,贮于棕色瓶中,放冰箱内保存。

4. 碱性溶液 称取 2g 氢氧化钠,用蒸馏水溶解并定容至 100mL,即为 0.5mol/L 氢氧化钠溶液;称取 5.3g 碳酸钠,用蒸馏水溶解并定容至 100mL,即为 0.5mol/L 碳酸钠溶液。两种液各取 20mL 混匀,用蒸馏水定容至 100mL,即为碱性溶液。

5. 0.2mol/L 甘氨酸溶液 称取 1.50g 甘氨酸,用蒸馏水溶解并定容至 100mL。

6. 0.2mol/L 氢氧化钠溶液 称取 0.8g 氢氧化钠,用蒸馏水溶解并定容至 100mL。

7. 不同 pH 缓冲溶液的配制 见表 13-4。

表 13-4 不同 pH 缓冲溶液的配制(单位:mL)

试剂	缓冲溶液 pH						
	8 (试管 1)	8.5 (试管 2)	9 (试管 3)	9.5 (试管 4)	10 (试管 5)	11 (试管 6)	12 (试管 7)
0.2mol/L 甘氨酸溶液	5	5	5	5	5	5	5
0.2mol/L 氢氧化钠溶液	0.1	0.3	0.8	1.9	3.1	4.9	5.4
蒸馏水	5.9	5.7	5.2	4.1	2.9	1.1	0.6

（三）仪器及器材

移液管、试管、恒温水浴锅、可见光分光光度计。

三、实验步骤

（一）实验流程

反应物预处理 → 不同 pH 下酶促反应 → 加显色剂 → 显色反应 → 测吸光度

（二）操作步骤

将 8 支干燥试管编号，按表 13-5 配制溶液。各管试剂分别混匀后，于室温静置 10min，测 510nm 处吸光度。

表 13-5　pH 对 AKP 活性影响实验溶液配制（单位:mL）

试剂	pH							
	10（试管 0）	8（试管 1）	8.5（试管 2）	9（试管 3）	9.5（试管 4）	10（试管 5）	11（试管 6）	12（试管 7）
pH 缓冲液	0.5	0.5	0.5	0.5	0.5	0.5	0.5	0.5
酶液	–	0.1	0.1	0.1	0.1	0.1	0.1	0.1
（混匀，于 37℃水浴处理 5min）								
37℃预处理工作液	3.0	3.0	3.0	3.0	3.0	3.0	3.0	3.0
（混匀，于 37℃准确保温反应 15min）								
碱性溶液	1.0	1.0	1.0	1.0	1.0	1.0	1.0	1.0
0.5% 铁氰化钾	2.0	2.0	2.0	2.0	2.0	2.0	2.0	2.0
酶液	0.1	–	–	–	–	–	–	–

（三）注意事项

1. 严格按照操作步骤进行，准确移取各试剂用量。

2. 加入酶液后必须水浴处理 5min。

3. 加入的工作液必须经 37℃预处理过。

4. 酶和工作液加入后必须准确保温反应 15min。

四、结果与讨论

1. 结果　以 pH 为横轴，吸光度为纵轴，绘制酸碱度对碱性磷酸酶活性影响的曲线，判断其最适 pH 范围。

2. 讨论　结合实验结果讨论 pH 对酶活性的影响。

实验 16-4　温度对碱性磷酸酶活性的影响

一、实验原理

人体内大多数酶的最适温度在 37℃左右。温度对酶活性的影响较显著,具有双重性。低温情况下酶活性被抑制,随着温度升高,酶促反应速度加快。反应速度达最大时的温度称为酶最适温度。温度达到最适后,如果再持续升高,则酶蛋白逐渐发生变性,酶促反应速度反而降低,甚至失活。本实验是在保持其他条件不变情况下,在不同温度条件下进行酶促反应,采用磷酸苯二钠法测定酶活性,以温度为横轴,反应速度为纵轴,绘制温度对酶活性影响的曲线,得出最适温度范围。

二、实验材料

(一)样品

酶液(实验 16-1 制备)。

(二)试剂

1. 0.04mol/L 底物液　称取 1.05g 磷酸苯二钠,用煮沸后冷却的蒸馏水溶解,并稀释至 100mL,加 0.4mL 氯仿防腐,贮于棕色瓶子内,置冰箱内保存。

2. 3% 4-氨基安替比林　称取 0.3g 4-氨替比林、4.2g 碳酸氢钠,用蒸馏水溶解,并稀释至 100mL,贮于棕色瓶中,置冰箱内保存。

3. 0.5% 铁氰化钾　称取 0.5g 铁氰化钾、1.5g 硼酸,各溶于 40mL 蒸馏水中,溶解后,将两液混合,加水至 100mL,贮于棕色瓶中,置冰箱内保存。

4. 碱性溶液　称取 2g 氢氧化钠,用蒸馏水溶解并定容至 100mL,即为 0.5mol/L 氢氧化钠溶液;称取 5.3g 碳酸钠,用蒸馏水溶解并定容至 100mL,即为 0.5mol/L 碳酸钠溶液;两种溶液各取 20mL 混匀,用蒸馏水定容至 100mL,即为碱性溶液。

5. 0.1mol/L 碳酸盐缓冲溶液(pH 10)　称取 0.64g 无水碳酸氢钠、0.34g 碳酸氢钠,用蒸馏水溶解并定容至 100mL。

6. 0.10mg/mL 酚标准溶液　称取 0.15g 结晶酚,用 0.1mol/L 盐酸溶解并定容至 100mL。

(三)仪器及器材

微量移液器、试管、恒温水浴箱、可见光分光光度计。

三、实验步骤

(一)实验流程

$\boxed{\text{加反应物}}$ → $\boxed{\text{不同温度下酶促反应}}$ → $\boxed{\text{加显色剂}}$ → $\boxed{\text{显色反应}}$ → $\boxed{\text{测吸光度}}$

(二)操作步骤

将 8 支干燥试管编号,按表 13-6 配制溶液。各管溶液混匀后,于室温静置 10min,测 510nm 处吸光度。

表 13-6　温度对 AKP 活性影响实验溶液配制（单位:mL）

试剂	反应温度							
	37℃（试管 0）	室温（试管 1）	30℃（试管 2）	35℃（试管 3）	37℃（试管 4）	40℃（试管 5）	60℃（试管 6）	80℃（试管 7）
酶液	–	0.1	0.1	0.1	0.1	0.1	0.1	0.1
37℃预处理工作液	3.0	3.0	3.0	3.0	3.0	3.0	3.0	3.0
（于不同温度下水浴,准确保温反应 15min）								
碱性溶液	1.0	1.0	1.0	1.0	1.0	1.0	1.0	1.0
0.5% 铁氰化钾	2.0	2.0	2.0	2.0	2.0	2.0	2.0	2.0
酶液	0.1	–	–	–	–	–	–	–

（三）注意事项

1. 严格按照操作步骤进行,准确移取各试剂用量。
2. 加入酶液后必须准确保温 15min。
3. 在显色反应时必须充分摇匀后再静置反应。

四、结果与讨论

1. 结果　以温度为横轴,吸光度为纵轴,绘制温度对碱性磷酸酶活性影响曲线,判断最适温度范围。
2. 讨论　结合实验结果讨论温度对酶活性的影响。

实验 17　人血清 α_1-抗胰蛋白酶的分离纯化与鉴定

α_1-抗胰蛋白酶（α_1-AT）是血清中主要的蛋白酶抑制剂,分子量为 54kDa,pI 为 4.7,是一种糖蛋白。正常人血清中 α_1-AT 的浓度为 2~2.8g/L。本实验利用分段盐析、离子交换层析和亲和层析对人血清 α_1-AT 进行分离纯化,用 SDS-PAGE 对其进行鉴定。

实验 17-1　血清 α_1-AT 的分离（盐析法）

一、实验原理

血清中 α_1-AT 的分离采用分段盐析法,通过改变盐类浓度来分离,即将溶液中盐类的浓度分步提高到各种蛋白质盐析所需浓度。当实验中需将蛋白质溶液的硫酸铵饱和度从 S_1 提高到 S_2 时,可以按下式求出需添加饱和硫酸铵的量。

$$V=V_0 \times (S_2-S_1)/(1-S_2)$$

式中 V 为需要添加饱和硫酸铵溶液的体积（mL）,V_0 为需要提高饱和度的蛋白质溶液的体积,S_2 为所需达到的饱和度,S_1 为原来蛋白质溶液的盐饱和度。

二、实验材料

（一）样品

人血清。

（二）试剂

1. 饱和硫酸铵溶液　称取 767g 固体硫酸铵,加入 1 000mL 水中,加热使之溶解,于室温冷却后,于 4℃静置过夜,然后用氨水将 pH 调至中性。

2. 固体 $(NH_4)_2SO_4$。

（三）仪器及器材

离心机、真空泵、定性滤纸、漏斗。

三、实验步骤

（一）操作步骤

1. 量取 15mL 血清,倒入一干净烧杯中,缓慢加入 15mL 饱和硫酸铵,边加边搅拌,然后于 4℃静置 30min。

2. 将上述液体倒入离心管中,以 3 000r/min 离心 20min。

3. 将上清液倒入一个干净量筒中,记录体积后,倒入干净烧杯。按 17.6g/100mL 加入固体硫酸铵,边加边搅拌,然后于 4℃放置 30min。

4. 布氏漏斗底部放两层滤纸,用烧杯中的液体将滤纸浸润湿,再将烧杯中剩余的液体倒入漏斗中,用真空泵抽滤,直至呈龟裂状态。

5. 刮下滤纸上的沉淀,此为 α_1-AT 粗提蛋白组分。

（二）注意事项

1. 盐析所用器皿一定要干燥。

2. 盐析时,应将饱和硫酸铵或固体硫酸铵加入血清中,且边加边搅拌。

四、结果与讨论

1. 结果　将实验获得的 α_1-AT 粗提蛋白质组分充分溶解于 3mL 磷酸盐缓冲液(PBS)中,取 1mL(测蛋白质、酶活性及电泳用)放入一小试管中,做标记,两管样品均于冰箱中冷冻保存,待下次实验用。

2. 讨论　盐析时,为什么将饱和硫酸铵或固体硫酸铵加入血清中,而不是反过来加?

实验 17-2　α_1-AT 盐析粗提组分的纯化(凝胶过滤层析法)

一、实验原理

本实验采用 Sephadex G-25 凝胶过滤层析:①对 α_1-AT 盐析粗提蛋白质组分进行除盐,

以利于对 α$_1$-AT 进一步分离;②变换缓冲液,使之与下一步实验的起始缓冲液衔接。

二、实验材料

(一) 样品

α$_1$-AT 盐析粗提蛋白质溶液组分。

(二) 试剂

1. Sephadex G-25 凝胶。

2. 0.05mol/L 磷酸盐缓冲液(PBS)　pH 6.4。

3. 奈氏(Nessler)试剂　将 3.5g 碘化钾和 1.3g 氨化汞溶解于 70mL 水中,然后加入 30mL 14mol/L 的 NaOH 溶液,必要时过滤,保存在棕色瓶中。

4. 双缩脲试剂。

(三) 仪器及器材

规格为 20mm × 550mm 的层析柱和反应板。

三、实验步骤

(一) 实验流程

溶胀凝胶 → 样品处理 → 装柱及平衡 → 上样 → 洗脱 → 测量记录 → 凝胶再生

(二) 操作步骤

1. 溶胀凝胶　称取 Sephadex G-25 约 5g,加入蒸馏水 100mL,置室温下 3h 进行溶胀。

2. 样品处理　α$_1$-AT 盐析粗提蛋白质组分用 2mL 0.05mol/L PBS(pH 6.4)溶解,准备上样。

3. 装柱及平衡

(1) 连接好层析柱。

(2) 夹住出口,加 1/3 体积 PBS,将凝胶搅拌均匀,灌胶,待凝胶自然沉降约 1cm 时打开出口,控制滴速(30 滴 /min)。继续不断向层析柱内添加凝胶,直至凝胶所占体积为层析柱体积的 2/3~3/5,然后夹紧出口。

(3) 待胶灌好后,连好储液瓶,使入口和出口滴速相同。用 PBS 平衡至入口 pH 与出口 pH 相同(即 pH 试纸呈色相同),夹住出口,等待上样。

4. 上样　先用吸管吸去胶面以上的 PBS,然后立即加入样品溶液(沿管壁缓慢加入)。打开出口,调滴速至 30 滴 /min,待样品溶液完全进入胶面,用少量 PBS 清洗管壁。待液体进入胶内,于胶面加入少量 PBS,然后打开入口,使上下口滴速相同。

5. 洗脱　用双缩脲试剂检查洗脱液(在反应板上,各取 1 滴混匀)。待试剂呈紫红色,立即收集,每支试管收集 10 滴,直到试剂不变色为止。使用奈氏试剂,由后向前依次检测每个试管收集的溶液,如果出现橙色,则弃掉。将其余管的溶液收集至 15mL 离心管中并做标记。

6. 测量记录　测量并记录收集液体积。

7. 凝胶再生　全速洗脱,利用奈氏试剂检查洗脱液(如果有 NH$_4^+$ 会呈现橙色),直到无橙色为止,回收凝胶。

(三)注意事项

1. 层析柱上方要留有少量液体,以免使凝胶暴露于空气中。

2. 在凝胶过滤上样过程中,须使样品沿管壁缓缓流下,勿冲破胶面。

四、结果与讨论

用离心管收集 G-25 除盐的 α_1-AT 粗提样品,取 1mL(测蛋白质、酶活性及电泳用)放入一小试管中并做标记。两管样品均于冰箱中冷冻保存,备下次实验用。

实验 17-3　α_1-AT 粗提液的纯化(DEAE-纤维素离子交换层析法)

一、实验原理

DEAE-cellulose(纤维素)是应用最广的阴离子交换剂。其本身带有正电荷,能吸附溶液中的阴离子。用含有阴离子的溶液洗脱凝胶柱过程中,含负电荷少的离子首先被洗脱下来;进一步增加洗脱液的阴离子浓度,则含负电荷多的蛋白质也被洗脱下来。如此,两种蛋白质得以分离。

本实验用 DEAE-纤维素离子交换层析,以除去样品中的大部分球蛋白。

二、实验材料

(一)样品

经 G-25 除盐的 α_1-AT 粗提液。

(二)试剂

1. 0.05mol/L 及 0.12mol/L pH 6.4 PBS。

2. 双缩脲试剂。

(三)仪器及器材

规格为 10mm × 150mm 的层析柱和 DEAE-纤维素。

三、实验步骤

(一)操作步骤

1. DEAE-纤维素预处理(即活化)　称取 DEAE 所需用量,用蒸馏水浸泡过夜,其间换水数次,除去细小颗粒。然后抽干,改用 0.5mL/L NaOH 溶液浸泡 1h 以上;再抽干,用去离子水漂洗,使 pH 值为 8。再用 0.5mL/L HCl 溶液浸泡 1h 以上,去酸溶液,用去离子水漂洗至 pH 6 左右。

2. 取出 G-25 除盐的 α_1-AT 粗提样品(大管),低温解冻。

3. 灌胶及上样　用 0.05mol/L pH 6.4 PBS 平衡,然后加样(方法同实验 17-2)。

4. 洗脱　首先用 0.05mol/L PBS 进行洗脱,滴速为 15 滴 /min。用双缩脲试剂检查洗脱液。洗脱液出现紫红色,为第一峰蛋白,收集至一支试管。第一峰通过后,改用 0.12mol/L PBS 进行全速洗脱。用双缩脲试剂检查洗脱液,待再次出现紫红色,为第二峰蛋白,收集至 15mL 离心管中,直至紫红色消失。量取收集液体积,并记录。留取 1mL 放入小试管中,其余放入大试管中,并做标记,然后放冰箱中冷冻保存待用。

5. 回收 DEAE 至指定烧杯中。

(二) 注意事项

1. 在上样之前,确保层析柱达到平衡。
2. 在上样之后,控制滴速。

四、结果与讨论

用离心管收集 DEAE-纤维素离子交换分离的第二峰样品,留取 1mL(测蛋白质、酶活性及电泳用)放入一小试管中并做标记。两管样品均在冰箱中冷冻保存,备下次实验用。

实验 17-4　α_1-AT 提取液的纯化(伴刀豆球蛋白琼脂糖亲和层析法)

一、实验原理

伴刀豆球蛋白(concanavalin A,ConA)是由豆类分离的植物凝集素蛋白质,它可以与多种多糖、糖蛋白形成不溶性复合物。像抗原抗体复合物一样,ConA 与含糖分子结合的专一性要求为含有甘露吡喃糖、葡萄糖吡喃糖及类似空间结构的残基,ConA 偶联在经溴化氢活化的 Sepharose 4B 上。1mL 胶偶联 8mg ConA。

血清中 α_1-AT 经过前面的纯化,还有血清中含量最大的清蛋白。该蛋白质与 α_1-AT 在分子量或等电点上都很接近,用一般层析方法不易分离,而利用 α_1-AT 含糖这一特点(含糖量达 12%),用 ConA-Sepharose 4B 进行亲和层析,可达到与清蛋白分离的目的。

二、实验材料

(一) 样品

将 DEAE-纤维素离子交换分离的第二峰样品(即有 α_1-AT 活性部分)通过 G-25 凝胶层析、水洗除盐(同凝胶过滤),经 20% 聚乙二醇浓缩。

(二) 试剂

1. ConA-Sepharose 4B。
2. 起始缓冲液　0.01mol/L pH 4.7 磷酸盐缓冲液,内含 0.5mol/L NaCl。
3. 洗脱液　在上述液中,增加 0.1mol/L 甲基葡萄糖。

(三) 仪器及器材

规格为 10mm × 200mm 的层析柱。

121

三、实验步骤

1. 装柱　取清洗干净的层析柱,用 ConA-Sepharose 4B 悬液装柱,方法同凝胶过滤。

2. 平衡　用约 3 个柱床体积的起始缓冲液进行平衡。

3. 上样　将处理好的样品直接上样。

4. 洗脱　先用起始缓冲液洗层析柱,用双缩脲试剂检测流出液变化,第一峰不收集;更换洗脱液进行洗脱,收集第二峰,并于冰箱中冻存。

5. 柱的再生　用起始缓冲液洗柱,直至流出液检查无糖。

四、结果与讨论

用离心管收集 ConA-Sepharose 4B 分离获得的样品,取 1mL(测蛋白质、酶活性及电泳用)放入一小试管中并做标记。两管样品均存放冰箱中冷冻保存,备下次实验用。

实验 17-5　α_1-AT 活性测定及蛋白质定量

一、实验原理

检测 α_1-AT 对胰蛋白酶的抑制力可测定 α_1-AT 的活性。胰蛋白酶可以水解低分子底物苯甲酰精氨酸对硝基苯胺(benzoylarginine nitroanilide,BAPNA),使之释放出黄色产物对硝基苯胺,用 410nm 波长进行比色测定。抑制力的测定是将样品与已知量胰蛋白酶反应后测定胰蛋白酶的剩余活性。α_1-AT 活性与这种剩余活性呈负相关。

蛋白质定量采用双缩脲法,原理见第七章实验 1。

二、实验材料

(一)样品

各步 α_1-AT 提取液(盐析样品、G-25 样品、DEAE 样品、ConA 样品)。

(二)试剂

1. 胰蛋白酶液　量取 20mg 胰蛋白酶,溶解于 166mL pH 3 的水中,浓度为 0.12mg/mL。

2. 苯甲基精氨酰对硝基苯胺　量取 18mg BAPNA,溶解于 10mL 甲醇中,加 Tris-HCl 缓冲液到 50mL。

3. 33% 乙酸。

4. 0.05mol/L Tris-HCl 缓冲液(pH 8.2)　含 0.02mol/L CaCl$_2$。

5. 0.9%NaCl。

6. 7% 蛋白标准液。

7. 双缩脲试剂。

(三)仪器及器材

可见光分光光度计和恒温水浴箱。

三、实验步骤

（一）操作步骤

1. α₁-AT 活性测定　将 6 支干燥试管编号,按表 13-7 配制试剂,摇匀,测 410nm 处吸光度。

表 13-7　α₁-AT 活性测定试剂配制（单位:mL）

试剂	试管					
	空白	对照	盐析样品	G-25 样品	DEAE 样品	Con A 样品
Tris 缓冲液	1.0	0.5	0.4	0.4	0.4	0.4
提取液	–	–	0.1	0.1	0.1	0.1
胰蛋白酶	–	0.5	0.5	0.5	0.5	0.5
（混匀,于37℃水浴 5min）						
BAPNA	2.5	2.5	2.5	2.5	2.5	2.5
（混匀,于37℃水浴 5min）						
33% 乙酸	0.5	0.5	0.5	0.5	0.5	0.5

根据以下公式计算 α₁-AT 活性,即每单位（mL）样品（所含 α₁-AT）能够抑制胰蛋白酶的量（mg）,用 mg/mL 表示。

$$\alpha_1\text{-AT 活性（mg/mL）} = \frac{（对照管吸光度 - 测定管吸光度）}{对照管吸光度} \times 0.06 \times \frac{1}{0.1}$$

2. 蛋白质定量（双缩脲法）　将 6 支干燥试管编号,按表 13-8 配制试剂,混匀,于室温放置 30min,以空白管调零,测 520nm 处吸光度。

表 13-8　蛋白质定量实验试剂配制（单位:mL）

试剂	试管					
	空白	标准	盐析样品	G-25 样品	DEAE 样品	Con A 样品
0.9% NaCl	0.1	–	–	–	–	–
蛋白标准液	–	0.1	–	–	–	–
提取液	–	–	0.1	0.1	0.1	0.1
双缩脲试剂	5.0	5.0	5.0	5.0	5.0	5.0

根据以下公式计算蛋白质浓度:

$$蛋白质浓度（mg/mL） = \frac{测定管吸光度}{标准管吸光度} \times 标准管浓度$$

（二）注意事项

α_1-AT 活性测定及蛋白质定量实验中所用试管、刻度吸管要干燥，量取试剂要准确。

四、结果与讨论

根据实验步骤中提供的公式等计算出各样品中 α_1-AT 活性及蛋白质浓度。

实验 17-6 α_1-AT 样品的 SDS-聚丙烯酰胺凝胶电泳

参见第八章实验 6。

（吴　宁　吴遵秋　刘宝琴）

第四篇

糖类和脂类实验

第十四章

葡萄糖的定量测定

血糖是临床生物化学检验中的重要指标,可以反映体内糖代谢的状态,为糖尿病等糖代谢紊乱疾病的诊断、治疗、病情监测以及预防等提供客观依据。血糖的测定方法可分为氧化还原法、缩合法、酶法及其他方法,如色谱法、质谱法、气相色谱-同位素稀释质谱法(gas chromatography-isotope dilution mass spectrometry,GC-IDMS)等。这些方法各有优缺点,须根据具体情况选用。其中,葡萄糖氧化酶法是国家卫生健康委员会推荐的血糖测定常规方法,而己糖激酶法是目前国际上公认的血糖测定参考方法。因此,本章主要介绍这两种方法。

实验 18 葡萄糖氧化酶法测定血糖含量

一、实验原理

葡萄糖氧化酶(glucose oxidase,GOD)利用氧和水将葡萄糖氧化为葡萄糖酸,同时释放过氧化氢。过氧化物酶(peroxidase,POD)在色原性氧受体存在时将过氧化氢分解为水和氧,并使色原性氧受体 4-氨基安替比林(4-AAP)和酚脱氢缩合为红色醌类化合物,即 Trinder 反应。红色醌类化合物的生成量与葡萄糖含量成正比。其反应式如下。

$$C_6H_{12}O_6+O_2+H_2O \xrightarrow{\text{GOD}} C_6H_{12}O_7+H_2O_2$$

过氧化氢 4-氨基安替比林 酚   醌类化合物

此法对葡萄糖具有专一性,不受其他糖及还原性物质的干扰。

二、实验材料

(一)样品
新鲜血清。

（二）试剂

1. 12mmol/L 苯甲酸溶液　称取 1.465g 苯甲酸,加入 800mL 蒸馏水中,加温助溶,冷却后加蒸馏水定容至 1L。

2. 100mmol/L 葡萄糖标准储存液　称取已干燥恒重(预先置 80℃烤箱内干燥恒重,然后移置于干燥器内保存)的无水葡萄糖 1.802g,先以 12mmol/L 苯甲酸溶液溶解并移入 100mL 容量瓶内,再以 12mmol/L 苯甲酸溶液定容至 100mL。配制好的溶液放置至少 2h 后方可应用,置 4℃冰箱中可长期保存。

3. 5mmol/L 葡萄糖标准应用液　吸取 5.0mL 葡萄糖标准储存液,置 100mL 容量瓶内,加入 12mmol/L 苯甲酸溶液至刻度线稀释,混匀。

4. 0.1mol/L 磷酸盐缓冲液(pH 7.0)　称取 8.67g 无水磷酸氢二钠及 5.3g 无水磷酸二氢钾,溶于 800mL 蒸馏水中,用 1mol/L NaOH(或 1mol/L HCl)调 pH 至 7.0,用蒸馏水定容至 1L。

5. 酶试剂　称取 1 200U 过氧化物酶、1 200U 葡萄糖氧化酶、10mg 4-氨基安替比林、100mg 叠氮钠,溶于 80mL 磷酸盐缓冲液中,用 1mol/L NaOH 调 pH 至 7.0,用磷酸盐缓冲液定容至 100mL,置 4℃冰箱保存,可稳定 3 个月。

6. 酚试剂　称取 100mg 重蒸馏酚,溶于 100mL 蒸馏水中,用棕色瓶储存。

7. 酶酚混合试剂(工作液)　等量酶试剂及酚溶液混合,于 4℃冰箱中可以存放 1 个月。

（三）仪器及器材

中号试管、移液管、加样器、水浴锅和分光光度计。

三、实验步骤

（一）操作步骤

1. 取 3 支干燥洁净试管,分别标记为空白管、标准管和样品管,按表 14-1 加入试剂。

表 14-1　葡萄糖氧化酶法测定血清葡萄糖含量溶液配制(单位:mL)

试剂	空白管	标准管	样品管
蒸馏水	0.02	–	–
葡萄糖标准应用液	–	0.02	–
血清	–	–	0.02
酶酚混合液	3.00	3.00	3.00

2. 各管试剂分别混匀后,置于 37℃水浴保温 15min。

3. 以空白管溶液调零,在 505nm 波长处进行比色,读取标准管和样品管溶液的吸光度(A_{505})。

（二）注意事项

1. 本实验必须用未溶血的标本,以防红细胞内 6-磷酸葡萄糖在溶血时进入血清;必须在 30min 内分离血清,否则糖酵解继续进行会使测定结果降低,用氟化钠-草酸钾作抗凝剂可抑制糖的继续分解。分离的血清（血浆）标本在 2~8℃可稳定 24h，−20℃可保存 30d。

2. 葡萄糖氧化酶对 β-D-葡萄糖高度特异。溶液中的葡萄糖约 36% 为 α 型，64% 为 β 型。葡萄糖的完全氧化需要 α 型和 β 型的变旋反应。国外某些商品葡萄糖氧化酶试剂盒中含有葡萄糖变旋酶，可加速这一反应。在终点法中，延长孵育时间可达到完成自发变旋过程。新配制的葡萄糖标准液主要是 α 型，故须放置 2h 以上（最好过夜），待变旋平衡后方可应用。

3. 本法标本用量甚微，操作中应直接加标本至试剂中，再吸试剂反复冲洗吸管，以保证结果可靠。

4. 若标本来自存在严重黄疸、溶血情况者及乳糜样血清，应先制备无蛋白质滤液，然后再进行测定。

四、结果与讨论

（一）结果
按下式计算。

$$血清葡萄糖（mmol/L）= \frac{A_U}{A_S} \times C_S$$

式中：A_U 为样品管溶液吸光度，A_S 为标准管溶液吸光度，C_S 为葡萄糖标准应用液浓度。

成年人空腹血清（浆）葡萄糖正常参考值为 3.89~6.11mmol/L。

（二）讨论
1. 葡萄糖氧化酶法测定葡萄糖的原理是什么？与其他葡萄糖测定方法比较，它有哪些优缺点？

2. 新配制的葡萄糖标准液为什么要放置 2h 以上才能使用？

实验 19　己糖激酶法测定血糖含量

一、实验原理

葡萄糖与三磷酸腺苷（adenosine triphosphate，ATP）经己糖激酶（hexokinase，HK）催化可发生磷酸化反应，生成 6-磷酸葡萄糖（G-6-P）与二磷酸腺苷（adenosine diphosphate，ADP）；6-磷酸葡萄糖在 6-磷酸葡萄糖脱氢酶（glucose-6-phosphate dehydrogenase，G-6-PD）催化下脱氢，生成 6-磷酸葡萄糖酸，同时使 NADP⁺ 还原成 NADPH+H⁺。还原型 NADPH 的生成速度与葡萄糖浓度成正比，在 340nm 波长处检测 NADPH 吸光度升高速度或用终点法进行检测，与标准管比较，可计算出血中葡萄糖的浓度。其反应过程如下。

$$葡萄糖 + ATP \xrightarrow{HK} 6\text{-}磷酸葡萄糖 + ADP$$
$$6\text{-}磷酸葡萄糖 + NADP^+ \xrightarrow{G\text{-}6\text{-}PD} 6\text{-}磷酸葡萄糖酸 + NADPH + H^+$$

二、实验材料

（一）样品
新鲜血清。

（二）试剂

1. 酶混合试剂　己糖激酶法测定葡萄糖多用试剂盒。目前,国内外试剂盒厂家很多,配方大同小异,基本成分见表 14-2。试剂盒于 4℃冰箱保存,使用时按说明书配制。

表 14-2　葡萄糖己糖激酶法测定试剂盒基本成分

组成成分	浓度
三乙醇胺盐缓冲液（pH 7.5）	50mmol/L
$MgSO_4$	2mmol/L
ATP	2mmol/L
$NADP^+$	2mmol/L
HK	≥1 500U/L
G-6-PD	2 500U/L

2. 100mmol/L 葡萄糖标准储存液　见实验 18。
3. 5mmol/L 葡萄糖标准应用液　见实验 18。

（三）仪器及器材

中号试管、水浴锅、紫外分光光度计。

三、实验步骤

（一）操作步骤

1. 取 4 支干燥洁净试管,分别标记为空白管、标准管、对照管和样品管,按表 14-3 加入试剂。

表 14-3　己糖激酶法测定血清葡萄糖含量溶液配制（单位:mL）

试剂	空白管	标准管	对照管	样品管
生理盐水	0.02	–	2.0	–
葡萄糖标准应用液	–	0.02	–	–
血清或血浆	–	–	0.02	0.02
酶混合试剂	2.00	2.00	–	3.00

2. 各管试剂分别混匀后,在 37℃水浴中保温 10min。
3. 用 5mm 光径比色杯,以蒸馏水调零,在 340nm 波长处进行比色,读取空白管、标准管、对照管和样品管 A_{340}。

（二）注意事项

1. 己糖激酶法第 1 步反应是非特异性的,但第 2 步有较高的特异性,使总反应的特异性相对高于葡萄糖氧化酶法。

2. HK 的最适 pH 为 6.0~9.0,pI 为 4.5~4.8。Mg^{2+} 是激活剂,EDTA 为抑制剂。6-磷酸葡萄糖脱氢酶在以 $NADP^+$ 为辅酶的最适 pH>8.5,以 NAD^+ 为辅酶的最适 pH 为 7.8。

3. $NADP^+$ 或 NAD^+ 的纯度要求达 98% 以上。

4. 轻度的溶血、黄疸、高脂血症以及维生素 C、肝素及 EDTA 等对此方法干扰较小或无干扰。但是严重溶血的样本,由于红细胞中释放的有机磷酸酯和一些酶可消耗 $NADP^+$,可影响测定结果。

5. 取血后,如全血于室温下放置,血细胞中的糖酵解会使葡萄糖浓度降低。因此,标本采集后,应尽快分离血浆或血清。

四、结果与讨论

(一)结果
按下式计算(终点法)。

$$血清葡萄糖(mmol/L) = \frac{A_U - A_C - A_B}{A_S - A_B} \times C_S$$

式中:A_U 为样品管溶液吸光度,A_S 为标准管溶液吸光度,A_C 为对照管溶液吸光度,A_B 为空白管溶液吸光度,C_S 为葡萄糖标准应用液浓度。

成人空腹血清(浆)葡萄糖正常参考值为 3.89~6.11mmol/L。

(二)讨论
1. 己糖激酶法测定葡萄糖的原理是什么?
2. 血糖测定有何临床意义?

（王毓平）

第十五章
糖原的提取、鉴定与定量

哺乳动物体内糖原主要存在于骨骼肌(约占 2/3)和肝脏(约占 1/3)中,其他组织如心肌、肾脏、脑等也含有少量糖原。糖原储存于细胞内,溶于热水。糖原溶液遇碘呈红棕色。依据这些特性可以分离、鉴定糖原。

实验 20　肝糖原的提取、鉴定与定量

一、实验原理

(一)肝糖原的提取、鉴定

组织细胞胞质的糖原在匀浆研磨破碎细胞膜后得以释放,三氯醋酸能进一步破坏释放的酶和蛋白质并形成变性的聚集物而沉淀。糖原不溶于乙醇而溶于热水,对含有糖原的上清液用 95% 乙醇处理可得到糖原沉淀,最后糖原溶解于热水得到糖原溶液。以空白管溶液为对照,用糖原遇碘呈红棕色的呈色反应可以鉴定糖原;糖原本身无还原性,在酸性溶液中加热可水解得到具有还原性的葡萄糖。利用还原性葡萄糖可使碱性铜溶液[如本尼迪克特(Benedict)试剂(班氏试剂)]中的二价铜被还原成单价的氧化亚铜沉淀的特性,可进一步鉴定之前由三氯醋酸提取的糖原溶液。

(二)肝糖原的定量

因为糖原在浓碱溶液中具有很强的稳定性,少量肝组织在浓碱环境下加热处理,破坏大部分蛋白质和酶等其他成分,稀释以后可得到稳定的糖原提取液。浓碱法提取糖原简便、迅速,适合糖原的定量分析。糖原在浓硫酸(蒽酮溶液)中可水解得到葡萄糖,浓硫酸能使葡萄糖进一步脱水生成糠醛衍生物——5-羟甲基呋喃甲醛。此化合物再与蒽酮脱水缩合生成蓝色的化合物,该物质在 620nm 处有最大吸收峰。若葡萄糖含量在 10~100μg 范围内,该溶液颜色的深浅与葡萄糖含量成正比。通过标准比较法,与经同样处理的葡萄糖标准溶液进行比色测定,即可计算出样品中糖原的含量。

二、实验材料

(一)样品

鸡肝脏。

(二)试剂

1. 95% 乙醇。

2. 5% 三氯醋酸溶液 称取 5g 三氯醋酸,加蒸馏水溶解至 100mL。

3. 12mol/L HCl 浓 HCl 原液(36%~38%)。

4. 12.5mol/L(50%)NaOH 称取 50g NaOH,用蒸馏水溶解至 100mL。

5. 碘试剂 取 100mg 碘和 200mg KI 溶于 50mL 蒸馏水中。

6. 本尼迪克特试剂(班氏试剂) 称取 17.3g 柠檬酸钠($C_5H_5Na_3O_7 \cdot 5H_2O$,294.10)和 100g 无水碳酸钠($Na_2CO_3$,105.99),溶于 700mL 蒸馏水中,加热促溶,冷却后慢慢倒入 100mL 17.3% 硫酸铜($CuSO_4 \cdot 5H_2O$,249.68)中,边加边摇,然后再加蒸馏水至 1 000mL,混匀。如果溶液混浊,可过滤取滤液。此试剂可长期保存。

7. 5.35mol/L(30%)KOH 溶液 称取 30g KOH,加蒸馏水溶解至 100mL。

8. 50mg/L 葡萄糖标准液 称取 25mg 已干燥恒重的无水葡萄糖,加蒸馏水溶解至 500mL。

9. 17mol/L(90%)H_2SO_4 量取 30mL 蒸馏水,缓慢加 500mL 浓 H_2SO_4。

10. 0.2% 蒽酮溶液 称取 0.20g 蒽酮,用 17mol/L H_2SO_4 溶解至 100mL。此试剂不稳定,以当天配制为宜,在冰箱中可保存 4~5d。

(三)仪器及器材

低速离心机、恒温水浴箱、可见光分光光度计,精度为 10mg 级电子天平、剪刀、镊子、滤纸、研钵、200mL 烧杯、试管架、试管、10mL 离心管、刻度吸量管(1mL、2mL、5mL)、1 000μL 微量可调移液器和 100mL 容量瓶。

三、实验步骤

(一)实验流程

实验流程见图 15-1。

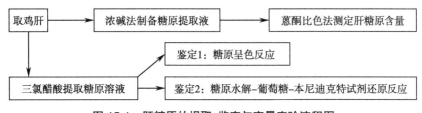

图 15-1 肝糖原的提取、鉴定与定量实验流程图

(二)操作步骤

1. 肝糖原的提取

(1)肝匀浆准备:将鸡处死后,立即取出肝脏,并迅速用滤纸吸去肝组织表面的血液,用天平称取约 1g 肝组织置于研磨钵中,加入 1mL 5% 三氯醋酸充分研磨至乳糜状,再加 3mL 5% 三氯醋酸,继续研磨至匀浆状。然后,将全部研磨物转移至干净的 10mL 离心管,以 4 000r/min 离心 3min,将上清液(含肝糖原)转移到另一 10mL 离心管。

(2)提取糖原:向上清液中加入 5mL 95% 乙醇,充分混匀后静置 10min,此时可见糖原呈絮状析出,再以 4 000r/min 离心 5min,彻底沉淀糖原。弃去上清液后,将离心管倒置于滤纸上干燥 2min。向糖原沉淀中加入 2mL 蒸馏水,沸水浴 2min,溶解沉淀,即得糖原溶液,备用。

2. 肝糖原的鉴定

(1)糖原呈色反应:准备 2 支试管,按表 15-1 配制溶液,混匀后观察两管溶液的呈色反应,记录结果并分析。

表 15-1　糖原呈色反应溶液配制(单位:滴)

试剂(滴)	样品管	对照管
碘试剂	2	2
蒸馏水	–	10
糖原溶液	10	–

(2)糖原水解液中葡萄糖的鉴定:准备 2 支试管,按表 15-2 配制溶液,再以沸水浴 5min,冷却后比较两管颜色变化及有无沉淀生成,记录结果并分析。

表 15-2　糖原水解和鉴定实验溶液配制(单位:mL)

试剂	样品管	对照管
糖原溶液	0.5	0.5
HCl	0.1	–
蒸馏水	–	0.1
(沸水浴 10min,冷却)		
50% NaOH	0.1	–
蒸馏水	–	0.1
本尼迪克特试剂(蓝色)	1.5	1.5

3. 肝糖原的含量测定

(1)糖原提取:取一试管,加入 30% KOH 1.5mL,用天平称取 0.10~0.15g 鸡肝组织(鸡肝脏获取方法同前)放入试管中(记录称取的肝组织质量),置沸水浴中 15min,冷却后,将试管内容物全部转移到 100mL 容量瓶中,加蒸馏水定容至刻度线(多次洗涤试管,一并收入容量瓶),小心地混匀,此为糖原提取液。

(2)糖原测定:取 3 支试管,按表 15-3 配制溶液。各管试剂分别混匀后,置于沸水浴 10min,再冷却。在分光光度计 620nm 波长处,用空白管溶液调零,测定各管溶液的吸光度(A_{620})。

(三)注意事项

1. 实验动物在实验前必须饱食,避免因为饥饿耗尽肝糖原而出现阴性结果。
2. 肝脏离体后必须迅速用三氯醋酸处理,避免糖原被酶降解。
3. 肝组织应研磨充分以确保糖原释放彻底,否则会影响实验结果。
4. 水解鉴定样品管中溶液必须调至中性或偏碱性,否则会影响本尼迪克特试剂作用。

表 15-3　糖原含量测定实验溶液配制（单位：mL）

试剂	空白管	标准管	样品管
蒸馏水	1.0	—	—
葡萄糖标准溶液	—	1.0	—
糖原提取液	—	—	1.0
0.2% 蒽酮溶液	2.0	2.0	2.0

5. 含量测定时，肝组织必须在沸水浴中全部溶解，否则会影响比色结果。

6. A 值代入公式计算时，肝组织克数为实际操作中记录的肝组织质量。

7. 蒽酮试剂必须 2 倍于被测液体积，加入蒽酮试剂后必须充分混匀。

四、结果与讨论

（一）结果

1. 糖原呈色反应可观察到样品管为棕红色，对照管为黄色。样品管内溶液因含有糖原，与碘作用显棕红色；而对照管内只有蒸馏水和碘，故只显示碘原本的黄色。

2. 糖原水解实验中，可观察到样品管底部有少量砖红色沉淀物生成，而对照管内无沉淀生成，只看到蓝色的本尼迪克特试剂。样品管在浓盐酸的作用下水解，生成具有还原性的葡萄糖，葡萄糖可使本尼迪克特试剂中的二价铜被还原成单价的氧化亚铜沉淀。对照管内没有加入浓盐酸，只有无还原性的糖原，不会生成氧化亚铜沉淀。

3. 按下列公式计算糖原含量：

$$肝糖原（g/100g 肝组织）= \frac{A_{样品}}{A_{标准}} \times 0.05 \times \frac{100}{肝组织重量（g）} \times \frac{100}{1\,000} \times 1.11$$

公式中，1.11 为此法测得葡萄糖含量换算为糖原含量的常数（用蒽酮试剂显色时，110μg 糖原与 100μg 葡萄糖显色程度相当）；肝组织克数为实际操作中记录的肝组织质量。

此法仅适用于肝糖原含量在 1.5%~9% 的情况。若肝糖原含量 <1.0%，由于蛋白质会干扰蒽酮反应，须改用间接法测定。即肝组织经过浓碱消化后，用 95% 乙醇沉淀糖原（浓碱消化液：95% 乙醇 =1：1.25），再用 2mL 蒸馏水加热溶解糖原，最后再用蒽酮进行显色反应、比色计算。

（二）讨论

1. 三氯醋酸在糖原提取中起到什么作用？

2. 在提取肝糖原实验中，为使糖原从溶液中沉淀析出应添加什么试剂？

3. 糖原为什么与碘作用后呈棕红色？这与淀粉有何不同？

4. 糖原在浓盐酸水解后会生成什么物质？用本尼迪克特试剂检验后会产生什么现象？

5. 结合实验原理分析，蒽酮试剂含有哪些主要成分，分别有何作用？

6. 请在无蒽酮试剂的条件下设计一种糖原测定方案。

（吴颜晖）

第十六章
血清脂类的测定

血脂是血浆中所含脂类的统称,包括甘油三酯、磷脂、胆固醇及其酯以及游离脂酸等。血脂与载脂蛋白结合,以血浆脂蛋白的形式运输及代谢。高脂血症是脂质代谢紊乱的结果,是动脉粥样硬化的危险因素。本章主要介绍血清甘油三酯和胆固醇的测定方法。

实验 21　乙酰丙酮显色法测定血清甘油三酯含量

血清甘油三酯(triglyceride,TG)含量测定方法可以分为化学法和酶法。化学法首先使用正庚烷-异丙醇混合溶剂从血清中抽提出甘油三酯,再经过皂化、氧化和显色反应进行测定。乙酰丙酮显色法是目前常用的化学法。酶法则通过选用脂肪酶、甘油激酶、磷酸甘油氧化酶和过氧化物酶或丙酮酸激酶依次反应来测定血清中的甘油三酯,具有简便、快速、微量且试剂较稳定等优点,适用于手工和自动化测定。

一、实验原理

使用正庚烷-异丙醇混合溶剂处理血清,使脂蛋白变性,释放出甘油三酯,再用氢氧化钾皂化,使甘油三酯水解为脂肪酸和甘油。甘油在过碘酸的作用下氧化为甲醛。甲醛与乙酰丙酮在氨存在的情况下,发生缩合反应,生成黄色的3,5-二乙酰-1,4-二氢二甲基吡啶(称为Hantzsch反应)。颜色深浅与血清中甘油三酯含量成正比。用同样方法处理标准品,在420nm波长下测定黄色物质的吸光度,即可求得血清中甘油三酯的含量。

1. 皂化

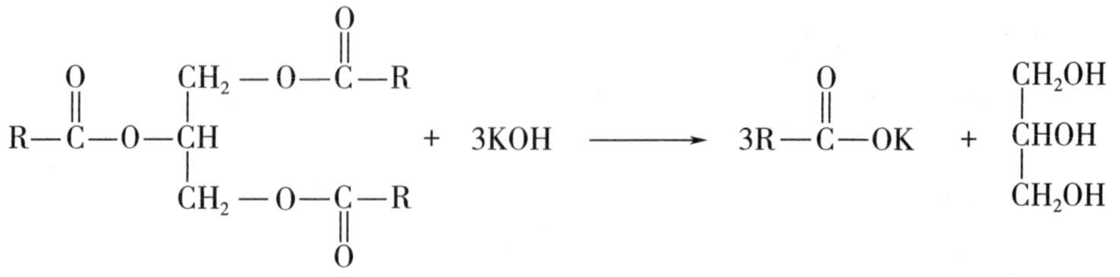

甘油三酯　　　　　　　　　　　　　　　　　　钾皂　　甘油

2. 甘油氧化

$$\begin{array}{c} CH_2OH \\ | \\ CHOH \\ | \\ CH_2OH \end{array} + 2HIO_4 \longrightarrow 2HCHO + HCOOH + 2HIO_3 + H_2O$$

甘油　　　　　过碘酸　　　　　　　甲醛

3. 甲醛与乙酰丙酮、氨作用生成吡啶化合物

$$HCHO + 2CH_3-\overset{O}{\overset{||}{C}}-CH_2-\overset{O}{\overset{||}{C}}-CH_3 + NH_4^+ \xrightarrow{-3H_2O}$$

甲醛　　　　　　乙酰丙酮　　　　　　　　3,5-二乙酰-1,4-二氢-2,6-二甲基吡啶

二、实验材料

（一）样品

人血清。

（二）试剂

1. 抽提液　取正庚烷、异丙醇,按 4∶7(V/V)比例混合。此液可选择性抽提血清中的甘油三酯,加入稀硫酸后可将磷脂留在水相中,省去吸附磷脂的程序。

2. 0.04mol/L H_2SO_4 溶液　取 2.24mL 浓硫酸(比重 1.84,95%),加蒸馏水稀释至 1 000mL。

3. 皂化剂　称取 6.0g KOH,溶于 60mL 蒸馏水中,再加入 40mL 异丙醇,混匀后置于棕色瓶中,室温保存。

4. 氧化剂　称取 65mg $NaIO_4$,溶于约 50mL 蒸馏水中,加入 7.7g 无水醋酸铵,待完全溶解后再加入 6mL 冰醋酸,最后加水至 100mL,混匀,置于棕色瓶中备用。

5. 显色剂　取 0.4mL 乙酰丙酮,加异丙醇至 100mL,混匀后置于棕色瓶中备用。

6. 甘油三酯标准溶液　精确称取 1.0g 甘油三酯,溶于抽提液中,并定容至 100mL,混匀即成 10g/L 的储存液。临用时再以抽提液稀释 10 倍,即得 1.0g/L 的应用液。

（三）仪器及器材

刻度吸量管、试管、恒温水浴箱、分光光度计、微量移液器。

三、实验步骤

（一）实验流程

TG 的抽提 → 皂化 → 氧化显色 → 比色测定

（二）操作步骤

1. 抽提 TG　取 3 支干燥小试管,按表 16-1 分别加入各种试剂。

表 16-1　TG 的抽提体系(单位:mL)

试剂	空白管	标准管	测定管
血清	—	—	0.2
TG 标准应用液(1g/L)	—	0.2	—
蒸馏水	0.2	—	—
抽提剂(边加边摇)	2.0	2.0	2.0
0.04mol/L H_2SO_4	0.6	0.6	0.6

2. 皂化　分别吸取各管上清液,放入相应标记的试管中,按表 16-2 加入试剂,充分混匀后,于 65℃水浴 5min。

表 16-2　皂化反应体系(单位:mL)

试剂	空白管	标准管	测定管
上清液	0.5	0.5	0.5
异丙醇	2.0	2.0	2.0
皂化剂	0.4	0.4	0.4

3. 氧化显色　在上述试管中各加入 2.0mL 氧化剂,混匀后再各加入 2.0mL 乙酰丙酮(显色剂),充分混匀后,置 65℃水浴中保温 15min 显色,取出后冷却至室温。

4. 比色测定　以空白管溶液调零,在 420nm 波长下比色测定并记录标准管与测定管溶液的吸光度。

（三）注意事项

1. 因进食后 2h 血液中甘油三酯水平开始升高,4~6h 后至最高值,因此受检者需空腹 12~14h。饮酒可引起血液甘油三酯浓度急性、短暂升高,因此受检者在抽血检查前 38h 禁止饮酒。

2. 葡萄糖、胆红素以及严重溶血对测定结果无明显影响;抗凝剂(如肝素、EDTA 和草酸钠)也无明显干扰;但柠檬酸钠的存在可使测定结果偏低。

3. 抽提甘油三酯时须充分摇匀后静置,待完成分层后方能吸取上层液体,并注意不要带出下层液体,否则显色时将会发生浑浊,影响结果的准确性。

4. 皂化、氧化与显色的温度和时间对吸光度均有影响。因此,每批标本都需要同时做标准管或标准曲线。

5. 血清甘油三酯在 12.93mmol/L 以下时,其吸光度和浓度呈线性关系。当血清明显混浊时,可用生理盐水倍比稀释后再行测定。

6. 本方法所用试剂较稳定,室温下可保存半年,分装使用可避免因试剂污染而引起空白值升高。

7. 用本法显色后,溶液色泽稳定性欠佳,吸光度随时间延长会有一定量增高,故比色应在显色后 1h 内完成。

8. 实验过程中每加一次试剂必须充分振摇混匀。

四、结果与讨论

(一)结果

按以下公式计算结果:

$$甘油三酯浓度(mmol/L) = \frac{A_{测定管}}{A_{标准管}} \times C_{标准管} \times \frac{1\,000}{885}$$

注:885 为甘油三酯的平均分子量。

成年人血清甘油三酯含量正常参考值为 0.34~1.7mmol/L。

(二)讨论

1. 血清 TG 测定的影响因素有哪些,如何避免?
2. 试述血清 TG 测定的临床意义。

实验 22　胆固醇氧化酶法测定血清总胆固醇含量

胆固醇(cholesterol)是环戊烷多氢菲的衍生物,在体内以胆固醇酯(cholesterol ester,CE)和游离胆固醇(free cholesterol,FC)两种形式存在,统称总胆固醇(total cholesterol,TC)。血清胆固醇水平能够反映胆固醇的摄取、合成及转运情况,是动脉粥样硬化等心血管疾病防治和营养研究的重要指标。正常人血清胆固醇含量范围为 2.59~6.47mmol/L(100~250mg/dL)。

血清总胆固醇测定方法可分为化学法和酶法两大类。化学法一般包括抽提、皂化、纯化、显色和比色测定 5 个阶段。其原理主要分 3 类:①胆固醇与醋酸酐-硫酸试剂反应产生蓝绿色,但是胆固醇酯和胆固醇在与醋酸酐-硫酸反应时呈色深浅不同。②胆固醇与高铁-硫酸试剂反应产生紫红色。高铁-硫酸比色法灵敏度高,显色稳定,但干扰因素多。③胆固醇与邻苯二甲醛-硫酸试剂反应产生稳定的紫红色。化学法均需用到浓硫酸,须小心操作。酶法是通过联用胆固醇酯酶、胆固醇氧化酶和过氧化物酶测定血清中的总胆固醇。中华医学会检验学会推荐的血清胆固醇测定常规方法为酶法。其优点是快速、准确、专一性强、样本用量少、不需抽提,便于自动化分析和批量测定。如果酶试剂中不含胆固醇酯酶,可直接测定血清中的游离胆固醇的含量。本章主要介绍胆固醇氧化酶法。

一、实验原理

首先,血清中的胆固醇酯在胆固醇酯酶(cholesterol esterase,CHER)的作用下水解生成游离胆固醇和长链脂肪酸,接着胆固醇在胆固醇氧化酶(cholesterol oxidase,CHOD)的氧化作用下生成 $\triangle^4$-胆甾烯酮和过氧化氢(H_2O_2),然后 H_2O_2 在过氧化物酶(peroxidase,POD)催化下,与 4-氨基安替比林(4-AAP)和苯酚反应生成红色化合物醌亚胺(Trinder 反应)。其颜色深浅与血清中的 TC 含量成正比,因而可通过比色法进行总胆固醇的定量测定。如果酶试剂中不含胆固醇酯酶,只有血清中的游离胆固醇才可以被胆固醇氧化酶氧化生成 H_2O_2,此时可直接测定血清中的游离胆固醇的含量。

二、实验材料

（一）样品
人血清。

（二）试剂
1. 胆固醇酶法试剂盒　酶试剂 20mL（组成见表 16-3），稀释试剂 80mL。

表 16-3　酶试剂组成成分

组成成分	浓度
GOOD's 缓冲液（pH 6.7）	50mmol/L
胆固醇酯酶	≥200U/L
胆固醇氧化酶	≥100U/L
过氧化物酶	≥3 000U/L
4-AAP	0.3mmol/L
苯酚	5mmol/L

如果需要直接测定血清中游离胆固醇含量，酶试剂须不含胆固醇酯酶。稀释试剂为 50mmol/L GOOD's 缓冲液（pH 6.7）。酶工作液为酶试剂与稀释试剂以体积 1：4 的比例混合所得。

2. 5.17mmol/L（200mg/dL）胆固醇标准液　精确称取 200mg 胆固醇，用异丙醇配成 100mL 溶液，分装后，4℃保存，临用取出；也可用定值的参考血清作标准。

（三）仪器及器材
刻度吸量管、试管、恒温水浴箱、分光光度计、微量移液器。

三、实验步骤

（一）操作步骤
1. 反应体系设置　取 3 支试管编号，按表 16-4 加入各种试剂。

表 16-4　血清胆固醇测定反应体系（单位：mL）

试剂	空白管	标准管	测定管
血清	—	—	0.04
胆固醇标准液	—	0.04	—
蒸馏水	0.04	—	—
酶工作液	3.00	3.00	3.00

2. 反应　混合均匀,37℃水浴 15min。

3. 测定　以空白管溶液调零,在 500nm 波长处比色,测定并记录各管溶液的吸光度(A_{500})。每管重复读取 3 次。

(二) 注意事项

1. 酶试剂的质量直接影响测定结果。酶试剂中的胆固醇酯酶必须能有效水解各种脂肪酸的胆固醇酯(有些微生物来源的酯酶不易水解花生四烯酸酯),胆固醇氧化酶对胆固醇的氧化必须完全。选择酶试剂时应测试其对血清标本总胆固醇的反应速度,好的酶试剂一般能在 5min 内(有的只要 1~2min)催化反应达到终点。酶试剂质量不好可使测定结果偏低。

2. 若需检测血清中游离胆固醇浓度,将酶试剂成分中去掉胆固醇酯酶即可。通常,游离胆固醇约占总胆固醇的 30%。

3. 酶试剂在 2~8℃暗处可保存半年,而酶试剂配制成工作液后在 2~8℃存放 7d 内有效。实验时,最后加酶工作液,且需确保各管反应时间一致。

4. 通常采用血清测定总胆固醇含量。如果用血浆,多用肝素或 EDTA 抗凝。肝素抗凝不影响血浆中总胆固醇含量水平,但 EDTA 会稍稍降低血浆中总胆固醇含量水平,且随着 EDTA 浓度增高而加大降低幅度。

5. 本方法特异性好,灵敏度高;既可手工操作,也可进行自动化分析;既可做终点法检测,也可做速率法检测。样本中少量胆红素或轻度溶血对结果影响不大,但严重溶血可导致测定结果偏高。血红蛋白高于 2g/L 时使测定结果偏高;胆红素高于 0.1g/L 时使测定结果偏高;血中维生素 C 与甲基多巴浓度高于治疗水平时,会使测定结果降低。

6. 血清胆固醇含量测定具有重要的临床意义。总胆固醇含量增高常见于动脉粥样硬化、原发性高脂血症(如家族性高胆固醇血症、家族性载脂蛋白 B 缺陷症、多源性高胆固醇血症、混合性高脂蛋白血症等)、糖尿病、肾病综合征、胆总管阻塞、甲状腺功能减退、肥大性骨关节炎、老年性白内障和牛皮癣等疾病。总胆固醇含量降低常见于低脂蛋白血症、贫血、败血症、甲状腺功能亢进、肝脏疾病、严重感染、营养不良、肠道吸收不良和药物治疗过程中的溶血性黄疸及慢性消耗性疾病(如癌症晚期)等。

四、结果与讨论

(一) 结果

按如下公式计算结果:

$$血清总胆固醇(mmol/L) = \frac{A_{测定管}}{A_{标准管}} \times 5.17$$

(二) 讨论

1. 总胆固醇测定的影响因素有哪些?

2. 若样本为严重黄疸患者的血清,将会对实验结果造成什么影响?

3. 请列举目前常用的血清总胆固醇测定方法,并比较其优缺点。

实验 23　血清脂蛋白琼脂糖凝胶电泳

一、实验原理

血清中脂类物质与血清载脂蛋白结合成水溶性脂蛋白（lipoprotein）形式存在。各种脂蛋白所含载脂蛋白的种类及数量不同，颗粒大小也相差很大，因此，以琼脂糖凝胶为支持物，在电场中可使各种脂蛋白颗粒分离开来。琼脂糖凝胶电泳分离血清脂蛋白方法简单，用苏丹黑或油红 O 等脂类染料对血清脂蛋白进行预染，再将预染后的血清进行琼脂糖凝胶平板电泳分离。在 pH 8.6 缓冲液体系中，脂蛋白净电荷为负，因此通电后，脂蛋白向正极移动，并根据蛋白质的荷质比分离为多条区带。

二、实验材料

（一）样品

健康人空腹血清样本。

（二）试剂

1. 巴比缓冲液（pH 8.6，离子强度 0.075）　为电泳缓冲液，用 15.4g 巴比妥钠、2.76g 巴比妥、0.292g EDTA 酸，加水溶解后，加水至 1 000mL 即得。

2. 三羟甲基氨基甲烷缓冲液（pH 8.6）　为凝胶缓冲液，用 1.212g 三甲基氨基甲烷、0.29g EDTA、15.85g NaCl，加水溶解后，加水至 1 000mL 即得。

3. 琼脂糖凝胶　0.5g 琼脂糖、50mL 三羟甲基氨基甲烷缓冲液、50mL 水加热至沸，待琼脂糖溶解后立即停止加热。

4. 苏丹黑染色液　将苏丹黑 B 加到无水乙醇中至饱和，用前过滤。

（三）仪器及器材

1. 挖槽工具制作

（1）切口刀：刀口长 15mm 的刀片，中央夹一有机玻璃或木片，用螺丝固定，使两刀片相距 1.5mm。

（2）挖槽小匙：将约 6cm 直径 1.5mm 的铜丝一端锤成扁平，用砂纸磨光。

2. 电泳槽和电泳仪　参见血清蛋白质的醋酸纤维薄膜电泳使用的仪器（第八章实验 5）。

三、实验步骤

（一）实验流程

预染血清 → 制胶 → 点样 → 电泳 → 观察结果

（二）操作步骤

1. 预染血清　将 0.2mL 血清与 0.2mL 苏丹黑染色液加入小试管中，混合后置 37℃ 水浴染色 30min，然后离心（2 000r/min，约 5min），除去悬浮于血清中的染料沉渣。

2. 制备琼脂糖凝胶板　用微波炉加热熔化配制好的 0.5% 琼脂糖凝胶,用吸管吸取 2.5mL 凝胶溶液浇注载玻片,静置约 0.5h 后凝胶凝固(天热时需延长时间,可放冰箱数分钟加速凝固)。

3. 点样　在已凝固的琼脂糖凝胶板的一端约 2cm 处,用切口刀片垂直切入凝胶后立即取出,然后用挖槽小匙将长方小条凝胶取出。用小片滤纸吸干小槽中的水分,用血色素吸管吸取约 15μL 预染的血清,注入凝胶板上的小槽内。

4. 电泳　将加过血清的凝胶板平行放入电泳槽中,加样端接在负极一端。将 2 块三层纱布于巴比妥缓冲液中浸润,然后轻轻紧密贴在凝胶板两端,纱布的另一端浸于电泳槽内的巴比妥缓冲液(注意:此电泳缓冲液不能用三羟甲基氨基甲烷缓冲液代替)。接通电源(电压为 120~130V,电流为 3~4mA),经电泳 15~55min,即可见分离的条带。

5. 观察结果　如果需要保留电泳图谱,可将电泳后的凝胶板(连同载玻片)放入清水中浸泡脱盐 2h,然后放烘箱(80℃左右)中烘干即可。

(三) 注意事项

1. 电泳样品要求为新鲜的空腹血清。

2. 每一块凝胶上可平行挖两条小槽,因而可加两个样品。

3. 如果用一形状、大小和小槽一样的有机玻璃片,在琼脂糖胶凝固前固定于适当位子上,凝固后取出有机玻璃片,凝胶板上留下的小槽可直接加样,不需挖槽。

4. 加热溶化琼脂时,须防止水分蒸发过多。琼脂糖凝胶最好随用随制,以免凝胶表面干燥,影响分离效果。

5. 制作凝胶板时琼脂糖浓度一般选用 0.5% 左右为宜;高于 1% α-脂蛋白部分较紧密,β 和前 β-脂蛋白部分不够清晰;低于 0.45% 则凝固性较差,图谱不清。

6. 点样口要大小适宜,边缘整齐、光滑,否则会影响电泳图谱。

7. 在 α-脂蛋白前若出现较浅区带,可列为前 α-脂蛋白。

四、结果与讨论

(一) 结果

健康人空腹血清脂蛋白可出现 3 条区带,从负极到正极依次为 β-脂蛋白(最深)、前 β-脂蛋白(最浅)、α-脂蛋白(比前 β-脂蛋白略深些)。

(二) 讨论

1. 健康人空腹血清脂蛋白为何只出现 3 条区带,且从负极到正极依次为 β-脂蛋白(最深)、前 β-脂蛋白(最浅)、α-脂蛋白(比前 β-脂蛋白略深些)?

2. 如果前 β-脂蛋白比 α-脂蛋白深,结合血清甘油三酯明显升高和胆固醇正常或略高,可以定为哪种类型高脂蛋白血症?

3. 如果 β-脂蛋白区带比正常血清明显深染,结合血清总胆固醇明显增高、甘油三酯正常,可以定为哪种类型高脂蛋白血症?

4. 若前 β-脂蛋白略深染,结合血清总胆固醇增高而甘油三酯略高,可以定为哪种类型高脂蛋白血症?

5. 如果 β-和前 β-两区带分离不开连在一起(称"宽 β 区带"),结合血清甘油三酯和胆固醇均有所增高,可以定为哪种类型高脂蛋白血症?

6. 如果原点出现乳糜微粒,β 和前 β-脂蛋白均正常或减低,结合血清甘油三酯明显升高,可以定为哪种类型高脂蛋白血症?

实验 24　磷钨酸-镁沉淀法测定血清高密度脂蛋白胆固醇含量

一、实验原理

血清中的脂蛋白可与聚阴离子及二价金属离子形成不溶性复合物,这种复合物形成的难易程度与脂蛋白分子中蛋白质 / 脂类的比例有关,比值越小、脂类含量越高的脂蛋白越易沉淀。选择适当浓度的磷钨酸钠-镁溶液可将乳糜微粒(chylomicrons,CM)、极低密度脂蛋白(very low density lipoprotein,VLDL)和低密度脂蛋白(low density lipoprotein,LDL)沉淀,离心后上清液中仅存有高密度脂蛋白(high density lipoprotein,HDL)。用"邻苯二甲醛-乙酸-硫酸"显色法与同样处理过的胆固醇标准液进行比色后,求得血清中高密度脂蛋白胆固醇(high density lipoprotein cholesterol,HDL-ch)的含量。

二、实验材料

(一)样品
健康人空腹血清样本。

(二)试剂

1. 磷钨酸钠-镁溶液　称取 4g 磷钨酸溶于 50mL 蒸馏水中,然后加入 16mL 1mol/L NaOH,混匀后再加蒸馏水至 100mL,调 pH 至 7.6。取此液 40mL,加 10mL 2mol/L $MgCl_2$,再加入生理盐水至 100mL。

2. 邻苯二甲醛溶液
(1)储存液(100mg/dL):称取 100mg 邻苯二甲醛,溶于 100mL 冰乙酸中,置棕色瓶内保存。
(2)应用液(5mg/dL):取 50mL 储存液,加无水乙醇及乙酸乙酯各 20mL,混匀后加冰乙酸至 1 000mL,置棕色瓶内。

3. 浓硫酸(A·R)。

4. 生理盐水。

5. 胆固醇标准液(40mg/dL)　称取 40mg 胆固醇,溶于 100mL 冰乙酸中。

(三)仪器及器材
分光光度计、离心机和离心管、中号试管、刻度吸量管、微量移液器。

三、实验步骤

(一)操作步骤
1. HDL 的分离　取一支离心管,加入 0.2mL 血清及 0.05mL 磷钨酸钠-镁溶液,混匀后于室温放置 10min,以 2 500r/min 离心 10min,此时 CM、LDL、VLDL 沉淀,上清液中只含有 HDL。

2. 样品处理　取 3 支试管,标明空白管、标准管和测定管,按表 16-5 配制溶液。

表 16-5　样品处理反应体系(单位:mL)

试剂	空白管	标准管	测定管
含 HDL 的上清液	–	–	0.05
胆固醇标准液	–	0.05	–
生理盐水	0.05	–	–
邻苯二甲醛溶液	2.50	2.50	2.50
浓硫酸	1.50	1.50	1.50

3. HDL-ch 含量测定　将各管溶液混匀后,于 550nm 波长处,以空白管溶液调零,进行比色,分别读取并记录各管溶液的吸光度值。

4. 计算　用下式计算结果:

$$血清\,HDL\text{-}ch\,含量 = \frac{A_{测定管}}{A_{标准管}} \times C_{标准管}(mmol/L\,或\,mg/dL) \times 2^{*}$$

* 为血清稀释倍数。

5. 记录结果　按实际记录结果。

(二) 注意事项

1. 离心所得上清液必须清亮透明,不能混有细微沉淀颗粒,否则需要重新离心。

2. 加浓硫酸时需将试管倾斜,沿管壁加入,注意安全。

3. 显色稳定时间在 1h 左右,所以要控制好实验时间。

四、结果与讨论

(一) 结果

本法测定 HDL-ch 正常值为 1.17~2.33mmol/L(45~90mg/dL)。

(二) 讨论

1. 如何减小测定 HDL-ch 含量的误差?

2. 请简述 HDL-ch 值偏高或偏低的临床意义。

(尹　业　王学军　张海涛)

第十七章
血糖和血脂的综合分析

血糖、血脂检测是临床生物化学的主要检测内容。本章联系临床疾病和科研方法,建立糖尿病大鼠模型,测定正常大鼠和糖尿病大鼠在激素注射前后的血糖和血脂含量,综合分析糖尿病大鼠血糖和血脂的变化、激素对血糖浓度的影响、血浆脂蛋白的分类和主要功能以及各类脂蛋白的临床意义。

实验 25 激素对糖尿病大鼠血糖和血脂的影响

一、实验原理

链佐星(streptozocin,STZ)具有细胞毒性,能够选择性作用于胰岛 β 细胞,通过诱导 DNA 损伤引起 β 细胞功能异常,导致胰岛素分泌不足而发生 1 型糖尿病。本实验通过给大鼠注射 STZ 破坏 β 细胞功能,构建糖尿病大鼠模型,用于观察血糖和血脂的代谢变化。

酶比色法特异性强、价廉、方法简单,是测定血糖和血脂的主要方法。血糖测定主要应用葡萄糖氧化酶(GOD)法,具体原理参见第十四章实验 18。本法基本上不受其他化合物的干扰。甘油三酯的检测应用酶偶联法:甘油三酯在脂蛋白脂肪酶的作用下水解,释放出游离甘油;游离甘油在甘油激酶的催化下生成 3-磷酸甘油;3-磷酸甘油进一步被磷酸甘油氧化酶氧化生成磷酸二羟丙酮,同时释放出过氧化氢(H_2O_2);H_2O_2 与 EHSPT[N-Ethyl-N-(2-hydroxy-3-sulfopropyl)-3-methylaniline]和 4-氨基安替比林发生显色反应,生成醌类化合物;进而应用分光光度法检测甘油三酯含量。同样,胆固醇在相应氧化酶的作用下也释放出 H_2O_2,进而发生相似的呈色反应。

$$甘油三酯 + 3H_2O \xrightarrow{\text{脂蛋白脂肪酶}} 甘油 + 3\ 脂肪酸$$

$$甘油 + ATP \xrightarrow{\text{甘油激酶}} 3\text{-磷酸甘油} + ADP$$

$$3\text{-磷酸甘油} + O_2 \xrightarrow{\text{磷酸甘油氧化酶}} 磷酸二羟丙酮 + H_2O_2$$

$$EHSPT + H_2O_2 + 4\text{-氨基安替比林} \xrightarrow{\text{过氧化物酶}} 醌类化合物 + H_2O$$

$$胆固醇酯 + H_2O \xrightarrow{\text{胆固醇酯酶}} 胆固醇 + 游离脂肪酸$$

$$胆固醇 + O_2 \xrightarrow{\text{胆固醇氧化酶}} 胆甾烯酮 + H_2O_2$$

$$H_2O_2 + 苯酚 + 4\text{-氨基安替比林} \xrightarrow{\text{过氧化物酶}} 醌类化合物 + H_2O$$

人与动物体内的血糖浓度受各种激素的调节而维持恒定。影响血糖浓度的激素分为两类——降血糖激素(胰岛素)和升血糖激素(包括肾上腺素、胰高血糖素和生长素等)。

二、实验材料

(一)动物
体重 200~300g 的成年 Sprague Dawley(SD)雄性大鼠。

(二)试剂
1. 葡萄糖(5.05mmol/L)、胆固醇(5.17mmol/L)和甘油三酯(2.26mmol/L)标准溶液　可选用商品化试剂盒。

2. 医用注射短效胰岛素(40IU/mL)和肾上腺素(1mg/mL)。

3. 葡萄糖检测试剂　葡萄糖氧化酶 >10U/mL,过氧化物酶 >1U/mL,磷酸盐 70mmol/L,酚 5mmol/L,4-氨基安替比林 0.4mmol/L,pH 7.0(可选用商品化试剂盒)。

4. 胆固醇检测试剂　Pipes[piperazine-N,N'-bis(2-ethanesulfonic acid)]35mmol/L,胆固醇氧化酶 >0.1U/mL,苯酚 28mmol/L,胆酸钠 0.5mmol/L,4-AAP 0.5mmol/L,胆固醇酯酶 >0.2U/mL,过氧化物酶 >0.8U/mL,pH 7.0(可选用商品化试剂盒)。

5. 甘油三酯检测试剂　Pipes 45mmol/L,氯化镁 5.0mmol/L,甘油激酶 >1.5U/mL,脂蛋白脂酶 >100U/mL,3-磷酸甘油氧化酶 >4U/mL,EHSPT 3.0mmol/L,4-氨基安替比林 0.75mmol/L,过氧化物酶 >0.8U/mL,ATP 0.9mmol/L,pH 7.5(可选用商品化试剂盒)。

6. 0.05mol/L 柠檬酸溶液　1.050 7g 柠檬酸溶于 ddH$_2$O 中,定容至 100mL,调 pH 至 4.5,用 0.22μm 的滤纸过滤。

7. 链佐星(STZ)　Sigma 公司产。

(三)仪器及器材
离心机、微量移液器、微孔板、抗凝试管和酶标仪。

三、实验步骤

(一)实验流程
建立糖尿病大鼠模型 → 尾静脉取血 → 注射激素与取血 → 血糖、血脂测定 → 分析

(二)操作步骤
1. 建立糖尿病大鼠模型　取体重 200~300g 的成年 SD 雄性大鼠,于处理前禁食 16h。大鼠分为对照组和糖尿病组。糖尿病组大鼠腹腔注射以柠檬酸溶液配制的 STZ,用量为 60mg/kg 体重。对照组大鼠腹腔注射与糖尿病组等体积的柠檬酸溶液。糖尿病组分别于注射 24h、48h 和 72h 后断尾取血测血糖,将血糖连续 3d 超过 13.8mmol/L 的大鼠确定为糖尿病大鼠(由于此建模方法成熟稳定,此步可省略)。

2. 尾静脉取血　固定动物,将鼠尾在 45℃温水中浸泡数分钟(也可用二甲苯涂擦),使局部血管扩张。擦干鼠尾,将尾尖剪去 5mm 左右,从尾根部向尾尖部按摩,血即可从断端流出。让血液滴入 Eppendorf 管或直接用移液器吸取。取血后,用棉球压迫止血并立即用 6% 液体火棉胶涂于尾巴伤口处,使伤口外结一层火棉胶薄膜,保护伤口。

3. 注射激素与第二次取血　将对照组和糖尿病组大鼠均各分成 2 组。一组大鼠皮下或腹腔内注射胰岛素（0.75IU/kg 或 60U/kg），分别于注射前、注射 30min 后取血 0.2~0.3mL，并标明激素注射前组、胰岛素组；另一组大鼠皮下注射 0.1% 肾上腺素（0.2mg/kg），分别于注射前和注射 30min 后采血 0.2~0.3mL，并标明激素注射前组、肾上腺素组。

血样未加抗凝剂时置于室温，待其凝固，以 3 000r/min 离心 5min，分离血清；使用抗凝试管时，以 3 000r/min 离心 5min，分离血浆。

4. 血糖和血脂的测定

（1）葡萄糖氧化酶法（GOD-POD 法）测定血糖　如表 17-1 所示，配制各管反应液。充分混匀各管溶液，置 37℃保温 10min，在波长 505nm 处进行比色，以空白管溶液调零，测定各管溶液的吸光度（A_{505}）。

表 17-1　血糖测定溶液配制（单位：μL）

试剂	空白管	激素注射前组 （对照 vs 糖尿病）	胰岛素组 （对照 vs 糖尿病）	肾上腺素组 （对照 vs 糖尿病）	标准管
血清（血浆）	—	10	10	10	—
葡萄糖标准溶液 （5.05mmol/L）	—	—	—	—	10
蒸馏水	10	—	—	—	—
葡萄糖检测试剂	1 000	1 000	1 000	1 000	1 000

（2）酶比色法测定甘油三酯：如表 17-2 所示，配制各管反应液。充分混匀各管溶液，置 37℃保温 10min，在波长 546nm 处进行比色，以空白管溶液调零，测定各管溶液的吸光度（A_{546}）。

表 17-2　血甘油三酯测定溶液配制（单位：μL）

试剂	空白管	激素注射前组 （对照 vs 糖尿病）	胰岛素组 （对照 vs 糖尿病）	肾上腺素组 （对照 vs 糖尿病）	标准管
血清（血浆）	—	10	10	10	—
甘油三酯标准溶液 （2.26mmol/L）	—	—	—	—	10
蒸馏水	10	—	—	—	—
甘油三酯检测试剂	1 000	1 000	1 000	1 000	1 000

（3）酶比色法测定总胆固醇：如表 17-3 所示，配制各管反应液。充分混匀各管溶液，置 37℃保温 10min，在波长 505nm 处进行比色，以空白管溶液调零，测定各管溶液的吸光度（A_{505}）。

表 17-3 血胆固醇测定溶液配制（单位：μL）

试剂	空白管	激素注射前组（对照 vs 糖尿病）	胰岛素组（对照 vs 糖尿病）	肾上腺素组（对照 vs 糖尿病）	标准管
血清（血浆）	—	10	10	10	—
胆固醇标准溶液（5.17mmol/L）	—	—	—	—	10
蒸馏水	10	—	—	—	—
胆固醇检测试剂	1 000	1 000	1 000	1 000	1 000

（三）注意事项

STZ 须溶于柠檬酸中，现配现用，并置于冰上。

四、结果与讨论

（一）结果

1. 血糖和血脂浓度的计算

$$样品管_{血糖/血脂}(mmol/L)=\frac{A_{测定管}}{A_{标准管}}\times C_{标准管}$$

注意：用微孔板在酶标仪检测各孔的吸光度时，各个检测孔的吸光度应减去空白管溶液的吸光度以进行调零校正，应用校正后的吸光度值计算血糖和血脂的浓度。

2. 血糖、血脂检测汇总表 可以收集全班各组学生的检测数据，填至表 17-4 中，进而比较对照组和糖尿病组血糖和血脂之间的差异以及激素注射前后的变化。

3. 大鼠空腹血糖 2.64~5.26mmol/L，血甘油三酯 0.4~0.7mmol/L，血胆固醇 1.0~1.5mmol/L。

4. 常见问题及处理

（1）大鼠体积较大，初学的学生操作时要注意安全，需要佩戴厚手套防止被大鼠咬伤。

（2）糖尿病大鼠因体重减轻，身体状态差而导致剪尾取血较困难，可以多让大鼠活动促进血液循环，也可用快速血糖仪用于个别样品的微量检测。

表 17-4 血糖、血脂检测汇总表

指标 \ 处理	糖尿病模型建立		1 周后血糖、血脂检测[*]					
	对照组	糖尿病组	激素注射前组		胰岛素组		肾上腺素组	
			对照组	糖尿病组	对照组	糖尿病组	对照组	糖尿病组
血葡萄糖（mmol/L）								

续表

指标＼处理	糖尿病模型建立		1 周后血糖、血脂检测 *					
	对照组	糖尿病组	激素注射前组		胰岛素组		肾上腺素组	
			对照组	糖尿病组	对照组	糖尿病组	对照组	糖尿病组
血甘油三酯 /（mmol·L⁻¹）								
血胆固醇 /（mmol·L⁻¹）								

* 学生在本实验的上一个实验课内进行构建糖尿病大鼠模型，1 周后下一次的正常实验课上进行血糖、血脂的检测操作。

（二）讨论

1. 请简述胰岛素调节血糖和血脂的生物化学机制。
2. 请简述血浆脂蛋白的分类、功能及其临床意义。

（李　姣　吕立夏）

第五篇

核 酸 实 验

第十八章
DNA 的提取、定量与鉴定

研究核酸分子的结构与功能,首先必须提取、纯化足够数量和纯度的 DNA 或 RNA 分子。DNA、RNA 均位于细胞内,其分离纯化的第一步是采用酶法、化学方法或机械方法破碎细胞,得到的细胞裂解物是含核酸分子的复杂混合物。核酸分子本身可能仍与蛋白质结合在一起,需要在保证其完整性的前提下去除杂质,包括非核酸的大分子,如蛋白质、非需要的核酸分子(提取 DNA 时,RNA 为杂质)等,以及在核酸分离纯化过程中加入的对后继实验与应用有影响的溶液与试剂。最后,沉淀核酸,去除部分杂质与某些盐离子并纯化。

从各种样本中分离、纯化和鉴定质粒 DNA 与基因组 DNA 是分子生物学实验的最基本操作。本章重点介绍质粒 DNA 与真核基因组 DNA 的提取、纯化与鉴定的基本原理与方法。

实验 26　质粒 DNA 的提取、定量与酶切鉴定

提取和纯化质粒 DNA 的方法很多,如碱裂解法、煮沸法、羟基磷灰石柱层析法、氯化铯-溴乙锭密度梯度离心法和柱离心法等。其中,碱裂解法最为经典和常用,适于不同量质粒 DNA 的提取。该方法操作简单,一般实验室均可进行;提取的质粒 DNA 纯度较高,可直接用于酶切、序列测定及分析。目前,一般实验室更倾向用试剂盒提取。

限制性核酸内切酶是重组 DNA 技术的关键工具。各种限制性核酸内切酶能专一识别特定碱基顺序。当空质粒载体的多克隆位点插入外源 DNA 片段后,可以利用插入两端的限制性核酸内切酶进行酶切,通过琼脂糖凝胶观察酶切片段大小,从而对外源片段的重组进行鉴定。

一、实验原理

(一)质粒 DNA 的提取——碱裂解法

在细菌细胞中,基因组 DNA 以双螺旋结构存在,质粒 DNA 以共价闭合环状形式存在。碱裂解法是根据共价闭合环状质粒 DNA 和线性基因组 DNA 在拓扑学上的差异来分离质粒 DNA 的。十二烷基硫酸钠(SDS)是一种阴离子表面活性剂。它既能裂解细菌细胞,又能使细菌蛋白质变性。SDS 处理细菌细胞后会导致细菌细胞壁破裂,从而使质粒 DNA 及细菌基因组 DNA 从细胞中同时释放出来。细菌环状基因组 DNA 在操作过程中会断裂成线状 DNA 分子。当 pH 介于 12.0~12.5 这个狭窄范围内,线性的 DNA 双螺旋结构解开而被变性。尽管在这样的条件下,共价闭环质粒 DNA 的氢键会被断裂,但两条互补链相互盘绕结合在一起。当加入 pH 4.8 乙酸钾缓冲液时,pH 恢复至中性,共价闭合环状质粒 DNA 的两条互补

链仍保持在一起,因此复性迅速而准确,复性的质粒 DNA 恢复原来构型,保持可溶性状态;而线性基因组 DNA 的两条互补链彼此已完全分开,复性不会那么迅速而准确,它们相互缠绕形成不溶性网状结构。通过离心,可去除基因组 DNA 和蛋白质-SDS 复合物等物质。最后,用酚氯仿抽提纯化上清液中的质粒 DNA,用乙醇或异丙醇沉淀得到纯的质粒 DNA。之后,可再用超离心、电泳、离子交换柱层析等方法进一步纯化质粒。

(二)质粒 DNA 的定量(分光光度法)

DNA 的吸收峰在 260nm,蛋白质的吸收峰在 280nm,因此可以利用 A_{260}/A_{280} 值来评估 DNA 的纯净度。一般来说,DNA 纯品的 A_{260}/A_{280} 值为 1.8,RNA 纯品的 A_{260}/A_{280} 值为 2.0,所以 A_{260}/A_{280} 值大于 1.8 表明样品中存在 RNA 污染,小于 1.8 说明存在蛋白质或苯酚污染。使用分光光度法检测样品的 A_{260} 和 A_{280} 是检测 DNA 纯度最简便的方法。

(三)质粒 DNA 的限制性核酸内切酶酶切鉴定

一般对重组质粒 DNA 进行酶切鉴定时,可以使用单酶切或双酶切。

单酶切就是只用一个限制性内切酶切割质粒,可使环状的质粒 DNA 转变成线状的,但大小不变。无论哪个公司提供的限制性内切酶,都附带相应的酶切缓冲液(buffer)。在进行单酶切时,只要在一定体积的酶切体系中将一定量的 DNA、限制性内切酶和相应的 buffer 混合,在适宜的温度下(一般是 37℃)温育一段时间,即可完成酶切反应。

双酶切是用两个限制性内切酶,可使质粒上产生两个缺口,环状质粒变成两段线状 DNA。双酶切包括同步双酶切和分步酶切。同步双酶切是一种省时、省力的常用方法,其操作重点是选择能让两种酶同时作用的最佳缓冲液。每一种酶都随酶提供相应的最佳 Buffer,以保证 100% 的酶活性。能在最大限度上保证两种酶活性的缓冲液即可用于双酶切。如果找不到一种可以同时适合两种酶的缓冲液,就只能采用分步酶切。分步酶切应从反应要求盐浓度低的酶开始,酶切完毕后再调整盐浓度直至满足第二种酶的要求,然后加入第二种酶,完成双酶切反应。

(四)质粒 DNA 的琼脂糖凝胶电泳

琼脂糖凝胶电泳是分离、鉴定和提纯 DNA 片段的有效方法:DNA 分子在 pH 高于其等电点的溶液中带负电荷,在处于电场中的琼脂糖凝胶中向正极移动。不同 DNA 分子因所带电荷数、相对分子量大小和构象不同,在同一电场中的电泳速度也不同,从而达到分离的目的。溴乙锭(EB)是一种荧光染料,在紫外光照射下可发出波长 590nm 的红色荧光。DNA 分子与 EB 形成荧光络合物后,发射的荧光比原来要增强数十倍。此特性常用来观察凝胶中 DNA 条带的位置。

琼脂糖凝胶电泳技术不仅可以分离不同相对分子质量的 DNA,也可以分离相对分子质量相同但构型不同的 DNA 分子。例如,质粒 DNA 有 3 种构型:超螺旋的共价闭合环状质粒 DNA(covalently closed circular DNA,cccDNA);开环质粒 DNA(open circular DNA,ocDNA),即共价闭合环状质粒 DNA 的一条链断裂;线状质粒 DNA(linear DNA),即共价闭合环状质粒 DNA 的两条链发生断裂。这三种构型的质粒 DNA 分子在凝胶电泳中的迁移速度不同,超螺旋质粒 DNA 泳动最快,其次为线状质粒 DNA,最慢的为开环质粒 DNA。

二、实验材料

（一）样品

含有重组质粒的大肠埃希菌。

（二）试剂

1. 溶液 Ⅰ　50mmol/L 葡萄糖，25mmol/L Tris-HCl（pH 8.0），10mmol/L EDTA（pH 8.0）。

2. 溶液 Ⅱ（用时现配）　1% SDS，200mmol/L NaOH。

3. 溶液 Ⅲ　每 100mL 含 60mL 乙酸钾，11.5mL 冰乙酸，28.5mL 蒸馏水。

4. TE 缓冲液（pH 8.0）　10mmol/L Tris-HCl，1mmol/L EDTA。

5. LB（Luria-Bertani）培养液　见附录 A。

6. 苯酚/氯仿（1:1，V/V）　先向氯仿中加入异戊醇（24:1，V/V），然后将氯仿/异戊醇和苯酚等体积混合即可。苯酚、氯仿、异戊醇体积比为 25:24:1。

7. 10mg/mL RNA 酶 A　称取 RNA 酶 A 10mg 溶于 1mL 10mmol/L Tris-HCl（pH 7.5）、15mmol/L NaCl 中，于 100℃ 加热煮沸 15min 灭活 DNA 酶，缓慢冷却至室温，分装成小份保存于 –20℃。

8. 50×TAE 缓冲液　见附录 A。

9. 1×TAE 缓冲液　量取 20mL 50×TAE 缓冲液，再加入 980mL 去离子水。

10. 10mg/mL 溴乙锭（EB）溶液　见附录 A。

11. 乙醇（70%，95%）。

12. 琼脂糖。

13. 6×DNA 电泳上样缓冲液　市售（含溴酚蓝）。

14. DNA 分子量标准液　市售。

15. 限制性核酸内切酶　市售（根据重组质粒 DNA 的酶切位点选择）。

16. 10× 酶切缓冲液　市售（购酶时随附）。

17. 无菌水。

（三）仪器及器材

台式高速离心机、加样枪、恒温摇床、微波炉、水平电泳槽和电泳仪、紫外可见分光光度计、凝胶成像仪、紫外透射仪、超净工作台、1.5mL 离心管、涡旋仪（vortex）。

三、实验步骤

ER18-1　质粒 DNA 的提取、定量与鉴定

实验流程如下：

细菌扩增 → 质粒 DNA 抽提 → 紫外检测 → 限制性酶切 → 琼脂糖凝胶电泳 → 拍照分析

（一）质粒 DNA 提取

操作步骤

（1）细菌扩增：在超净工作台中，挑取转化质粒 DNA 后的单菌落，接种到 3~5mL 含有适当抗生素的 LB 中，于 37℃摇床中剧烈振荡，培养至饱和状态（A_{600}=4.0）或过夜。*注意：须在实验前一天晚上进行单菌落液体培养，并注意无菌操作；试管的体积应该至少比细菌培养基的体积大 4 倍；试管盖要盖得松些。*

（2）质粒 DNA 抽提

1）收集菌体：将菌液收集在 1.5mL 离心管中，以 10 000r/min 离心 2min，然后弃上清液，将离心管倒置于吸水纸上吸干液体，或用吸头吸去培养液并除去管壁残留的液滴。*注意：上清液应尽可能去除干净，否则质粒不能被限制性酶切或不能完全切割。*

2）重悬、裂解细菌：用 100μL 预冷的溶液Ⅰ重悬细菌沉淀，涡旋剧烈振荡，使菌体分散混匀，室温下放置 5min。

3）碱变性：在离心管中加入 200μL 新鲜配制的溶液Ⅱ，盖紧管口，快速颠倒离心管 5 次，混合内容物，冰浴 5~10min（溶液变透明、黏稠）。*注意：溶液Ⅱ应临用前用母液配制；加入溶液Ⅱ后不能剧烈振荡，以免染色体 DNA 因机械外力作用断裂成小片段，而与质粒 DNA 相分离，应轻轻颠倒混匀，并于冰上放置；如果溶液不变黏稠，则应终止实验，检查使用的试剂及其加量是否正确。*

4）复性、分离：在离心管中加入 150μL 预冷的溶液Ⅲ，盖紧管口，轻轻颠倒混匀，冰浴 5~10min（溶液出现白色沉淀），再以 12 000r/min 离心 10min，将上清液移入干净的 1.5mL EP 管中。

5）抽提：在离心管中加入等体积的苯酚、氯仿（约 450μL），振荡混匀，以 12 000r/min 离心 10min（离心后，管内的三层物质从上至下依次为 DNA 上清液、蛋白质、酚/氯仿），小心地移出上清液至一新 1.5mL 离心管中。

6）乙醇沉淀：在离心管中加入 2 倍体积预冷的无水乙醇，混匀，于室温放置 2~5min，再以 12 000r/min 离心 10min，然后弃上清液，将管口敞开倒置于吸水纸上，吸干液体。

7）洗涤：在离心管中加入 1mL 70% 乙醇洗涤沉淀一次，以 12 000r/min 离心 5min，然后弃上清液，将管倒置于吸水纸上，吸干液体，于室温下干燥。

8）溶解：用 50μL 含 RNA 酶 A 的 TE 缓冲液溶解 DNA 沉淀，温和振荡数秒，然后储存于 -20℃冰箱中。

（二）质粒 DNA 的定量

1. 操作步骤

（1）样品稀释倍数设定：按 Eppendorf BioPhotometer plus 紫外分光光度计操作说明设定样品的稀释倍数（推荐稀释率为 1∶10~1∶50）。

（2）核酸样品稀释：取 1μL 质粒 DNA 溶液到 1.5mL 微量离心管中，按事先设定的稀释倍数加入去离子水，将样品稀释成适当浓度。*注意：样品在稀释前需要用涡旋仪混匀，以避免出现浓度梯度；为了保证准确测量，应使用与洗脱样品所用相同的缓冲液稀释样品；稀释*

后的样品体积不能少于 50μL。

（3）空白对照比色测定:将适量去离子水加入 UVette 比色皿中,在 260nm 和 280nm 两个波长下进行"Blank"调零。

（4）样品比色测定:将去离子水吸出,再把稀释后的样品溶液转至 UVette 比色皿中,于紫外分光光度计上进行"Sample"测定 A_{260} 和 A_{280},计算质粒 DNA 浓度和 A_{260}/A_{280} 比值。*注意:样品加到 UVette 比色皿前需再次用涡旋仪混匀,以防止因样品存放时间过长造成浓度变化。*

2. 注意事项

（1）紫外光不能透过普通玻璃,因此 UVette 比色皿为石英制作做的。UVette 比色皿昂贵且易碎,测定时应轻拿轻放,小心使用。

（2）持 UVette 比色皿时,应注意拿着比色皿的粗糙面,勿碰比色面。比色皿的光学窗口必须与 BioPhotometer 光束方向一致,光程高度必须与 BioPhotometer（8.5mm）相符。空白对照和样品应该在同一比色皿中检测,避免不同比色皿造成的的检测误差。

（3）转样时必须防止比色皿中有气泡或其他悬浮物。

（4）有多个样品要测定时,须在弃去比色皿的样品后,加入去离子水冲洗多次,然后再测定下一个样品;如果各个样品的浓度有差异,测定的顺序应从低浓度到高浓度。由于核酸碱基的紫外光吸收性质受 pH 影响较大,建议配制 TE 缓冲液稀释核酸,并以 TE 缓冲液作空白对照,进行测定。

（三）质粒 DNA 的限制性酶切

1. 操作步骤

（1）设计酶切反应:根据质粒 DNA 图谱,选择合适的限制性内切酶,进行酶切反应。

（2）配制酶切反应体系:依次在 0.5mL 离心管中加入无菌水、10× 酶切缓冲液（反应总体积的 1/10）、重组质粒 DNA、酶（表 18-1、表 18-2）。

（3）酶切反应:将配制好的酶切反应体系混匀,进行简短离心,然后按照限制性内切酶说明书所提供的反应条件,放到相应温度的水浴锅里进行酶切反应。

2. 注意事项 须注意以下影响限制性内切酶活性的因素。

（1）质粒 DNA 的纯度:质粒 DNA 中的杂质,如蛋白质、酚、氯仿、乙醇、SDS、EDTA 等,都会影响酶的活性。可通过纯化质粒 DNA、加大酶用量、延长酶切时间、扩大酶切反应体积（>20μL）等方法来提高酶切效率。

表 18-1 单酶切体系（总体积 20μL）

溶液	体积 /μL
10× 酶切缓冲液	2
质粒 DNA（1μg/μL）	1
限制性内切酶	1
灭菌 ddH$_2$O	16

表 18-2　双酶切体系（总体积 20μL）

溶液	体积 /μL
10× 酶切缓冲液	2
质粒 DNA（1μg/μL）	1
限制性内切酶 1	1
限制性内切酶 2	1
灭菌 ddH$_2$O	15

（2）缓冲液：是影响限制性内切酶活性的重要因素。限制性内切酶一般在一定的离子强度、pH 等条件下才表现最佳切割能力和位点的专一性，所以在进行酶切反应时要使用专一的反应缓冲液。一般市售限制性内切酶都随酶提供相应的最佳缓冲液，以保证 100% 的酶活性。

（3）酶切反应的时间和温度：不同限制性内切酶的最适反应温度不同，大多数是 37℃，少数要求 40~65℃。酶切反应时间不能太长。有些限制性内切酶具有星活性，酶切时间过长可能会对目的条带有影响。

（4）酶切反应体积和甘油浓度：质粒酶切鉴定体系不宜过大，否则会影响质粒 DNA 和酶的碰撞机会，使酶切效率降低。限制性内切酶储存在含 50% 甘油的缓冲液中，酶切时甘油的浓度不应超过 1/10 体积，否则对酶活性有抑制作用。酶的用量控制标准为 1U 酶在 15~20μL 体系中酶解 1μg DNA。

（5）双酶切反应：①如果所用两种酶的反应条件完全相同（温度、盐离子浓度等），可以将它们同时加到一个试管中进行酶切。目前，各试剂商都提供了双酶切缓冲液或通用缓冲液。②如果所用的两种酶对温度要求不同，则要求低温的酶先消化，高温的酶后消化，即在第一个反应结束后，加入第二个酶，升高温度后继续进行酶切。③如果两种酶对盐离子浓度要求不同，则要求低盐的酶先消化，高盐的酶后消化。

（四）质粒 DNA 的电泳鉴定

1. 操作步骤

（1）凝胶准备：根据欲分离 DNA 片段的大小用电泳缓冲液配制适当浓度的琼脂糖溶液，置于微波炉中加热直至琼脂糖完全熔化，然后冷却至 55℃ 左右，加入终浓度为 0.5μg/mL 的 EB，轻轻旋转混匀。*注意：加热时，不时地轻摇玻璃瓶或锥形瓶，确保琼脂糖全部溶解；手指切勿直接对着瓶口，以免被蒸汽烫伤；EB 有毒，吸取 EB 时要戴一次性手套，用后的加样枪头要做统一处理。*

（2）胶床准备：用胶带围封洗净、干燥的电泳板四周，平置，插好点样梳，形成胶模。*注意：胶带要封严，以免漏胶。目前有现成的胶模市售，不需胶带封胶模。*

（3）铺胶：将温热的琼脂糖溶液缓慢倒入胶模中，凝胶厚度为 3~5mm，于室温放置 30~45min，待凝胶凝固。

（4）电泳板放入电泳槽：小心地拔出梳子（*注意：应垂直拔出，避免破坏点样孔*），轻轻撕去胶带，将电泳板放入电泳槽中。

（5）加电泳缓冲液：向电泳槽中加入电泳缓冲液，至液面高出凝胶表面约 1mm。*注意：电泳缓冲液储液使用前要稀释成 1× 的工作液。*

（6）上样：用微量加样枪将 DNA 样品与 6× 上样缓冲液按 5∶1 混合，小心地加入加样孔中。电泳样品上样的顺序为：DNA 分子量标准、质粒 DNA、酶切样品。*注意：可在封口膜上进行操作，样品浓度高时，可适当减少样品量，加水补足；加样前要先记下加样的顺序。*

（7）电泳：盖上电泳槽盖，接好电源线（*注意电源线正负极的连接，加样孔端接负极*），打开电源开关，以 80~120V 电压电泳 30min 左右，然后关闭电源，停止电泳。

（8）拍照：打开电泳槽盖，小心地取出凝胶，放在保鲜膜上，在紫外灯或凝胶成像系统中观察电泳结果。

2. 注意事项

（1）注意，溴乙锭（EB）是一种强诱变剂，有致癌可能，操作过程中应戴手套和口罩，并注意把实验中沾染 EB 和未沾染 EB 的实验器具分开，防止 EB 交叉污染。

（2）配胶和灌电泳槽需使用同一批缓冲液。因为 pH 或离子强度很小的差别也会在凝胶前部造成紊乱，严重影响 DNA 片段的泳动。

（3）在微波炉中加热时间过长，琼脂糖溶液会过热或剧烈沸腾，故应调整好加热所有琼脂糖颗粒完全溶解需要的最短时间。

（4）溴酚蓝与 0.5kb 大小的 DNA 的泳动度相近，给泳动最快的 DNA 片段提供一个指示。

（5）每个样品必须使用一个新的枪头。

（6）影响 DNA 迁移率的因素

1）DNA 分子大小：DNA 分子越小，迁移越快。

2）DNA 分子构象：共价闭环 DNA> 线形 DNA> 开环双链 DNA。

3）琼脂糖浓度：浓度越低，迁移越快。

4）两极间电压：电压越高，迁移越快。

（7）DNA 区带不清晰，可能是点样量少或过大，也可能是电压过高、凝胶有气泡、凝胶孔破裂等原因所致。

（8）为了消除 RNA 的影响，可以在电泳前加 RNA 酶（约每 10μL DNA 加 1μL RNA 酶），37℃水浴 30min。

（9）在进行电泳的过程中，溴酚蓝可能会变黄，这是由于电泳缓冲液使用过久或残留在缓冲液中的凝胶变质引起 DNA 结构改变或丢失。时常更换电泳缓冲液和刷洗电泳槽可解决此问题。

四、结果与讨论

（一）结果

1. 电泳图

（1）质粒 DNA：碱裂解法提取的质粒 DNA 一般在琼脂糖电泳中可以出现 1~3 条带。按迁移率快慢可区分这 3 条带，分别是超螺旋质粒 DNA、线状质粒 DNA 和开环质粒 DNA。正常情况下，电泳常见的是超螺旋质粒 DNA 和开环质粒 DNA 两条带。电泳时，若最前面的超螺旋构象较多，表明质粒提取较好（图 18-1）。

（2）单酶切：酶切完全,电泳会出现一条带,质粒 DNA 的大小不变。

（3）双酶切：酶切完全,电泳会出现两条带,且两条 DNA 条带的大小加起来应该和单酶切的线性质粒 DNA 大小相同（图 18-2）。

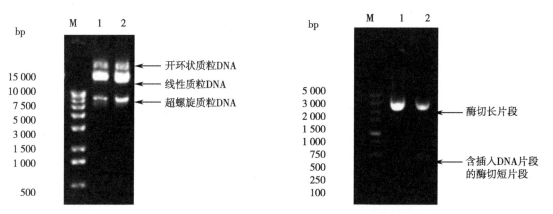

图 18-1　质粒 DNA 琼脂糖凝胶电泳图
注：M. DNA 分子量标准 15 000bp；
1、2. 提取的质粒 DNA。

图 18-2　重组质粒酶切产物琼脂糖凝胶电泳图
注：M. DNA 分子量标准 5 000bp；
1. 提取的质粒 DNA；2. 酶切产物。

2. 常见问题及处理　见表 18-3、表 18-4 和表 18-5。

表 18-3　质粒 DNA 提取过程中常见问题及处理

问题	解析	处理方法
碱裂解不充分	使用过多菌体培养液	可适当减少菌体用量或增加溶液 I、II 和III 的用量
未提出质粒 DNA 或质粒 DNA 含量较低	大肠埃希菌老化	涂布平板培养后,重新挑选新菌落进行液体培养
	碱裂解不充分	适当减少菌体用量或增加溶液 I、II 和III 的用量
	溶液使用不当	溶液 II 和III 在温度较低时可能出现浑浊,应置于 37℃保温片刻,直至溶解为清亮的溶液才能使用
出现严重的 RNA 污染	细菌过量,RNA 酶 A 不能有效降解 RNA	将细菌用量减半或增加 RNA 酶 A 的浓度
抽提的质粒 DNA 电泳时出现基因组 DNA 的污染	菌体裂解和中和过程中,剧烈混合造成基因组 DNA 断裂所致；或加溶液 II 时操作时间过长,造成基因组 DNA 断裂所致	温和地进行菌体的裂解和中和；将裂解步骤控制在 5min 内完成
抽提的质粒 DNA 电泳时出现开环构象比例高,甚至超过超螺旋构象	加溶液 II 以后,振荡剧烈	加溶液 II 后,振荡要温和且时间控制在 5min 内

表 18-4　酶切中常见问题及处理

问题	解析	处理方法
质粒 DNA 完全没有被内切酶切割	限制性内切酶失活	用标准底物检测酶活性
	质粒 DNA 不纯（含有蛋白质、酚、SDS、EDTA 等内切酶抑制因子）	将 DNA 过柱纯化,乙醇沉淀 DNA
	条件不适当（缓冲液、温度等）	检查反应条件是否最佳
	质粒 DNA 酶切位点上的碱基被甲基化	换用对 DNA 甲基化不敏感的同种限制性内切酶酶切
	质粒 DNA 不存在该酶识别序列	换用其他的酶切割质粒 DNA
质粒 DNA 切割不完全	限制性内切酶活性降低	加大酶量或延长酶切时间
	质粒 DNA 不纯（含有蛋白质、酚、SDS、EDTA 等内切酶抑制因子）	将 DNA 过柱纯化,乙醇沉淀 DNA
	部分 DNA 溶液粘在管壁上	反应前离心数秒
	反应条件不适当	使用最佳反应体系
DNA 片段数目多于理论值	其他内切酶污染	用 λDNA 作底物检查酶切结果
	底物中含其他 DNA 污染	电泳检查 DNA,换用其他酶切,纯化 DNA 片段
	酶切反应时间太长	适当缩短酶切反应时间

表 18-5　琼脂糖凝胶电泳中常见问题及处理

问题	解析	处理方法
DNA 条带模糊,拖尾	DNA 降解	实验过程中避免 DNA 酶污染
	电泳缓冲液陈旧	更换新的 TAE 电泳缓冲液
	电泳条件不合适	电泳时,电压不应超过 20V/cm,温度 <30℃;检查所用电泳缓冲液的缓冲能力,注意经常更换
	DNA 上样量过多	减少凝胶中 DNA 上样量
	有蛋白质污染	电泳前用苯酚 / 氯仿抽提去除蛋白质
DNA 条带弱或无 DNA 带	DNA 上样量不够	增加 DNA 上样量
	DNA 降解	实验过程避免 DNA 酶污染
	DNA 跑出凝胶	缩短电泳时间,降低电压或增加凝胶浓度
DNA 条带扭曲	配制凝胶的缓冲液和电泳缓冲液不是同时配制的	使用同时配制的缓冲液;电泳时缓冲液高过胶面 1~2mm 即可
	电泳时电压过高	可以在电泳前 15min 用较低电压,等条带跑出孔后,再增大电压

（二）讨论

1. 提取质粒 DNA 过程中,溶液Ⅰ、Ⅱ、Ⅲ的作用是什么?

2. 描述质粒 DNA 的电泳图谱,并解释产生的现象及可能的原因。

3. 双酶切的缓冲液应满足什么条件? 若没有共用缓冲液,如何解决?

实验 27　真核基因组 DNA 的提取、定量与鉴定

真核基因组 DNA 的提取、定量和鉴定是进行基因组分析、Southern 杂交及构建基因组文库过程中的关键步骤。真核生物的基因组 DNA 存在于细胞核中,因此一切有核细胞都可以用来制备基因组 DNA。常用的真核基因组 DNA 提取方法有蛋白酶 K-苯酚法、甲酰胺法和缠绕法。本章介绍的提取方法是 1976 年由 Daryl Stafford 及其同事建立的蛋白酶 K-苯酚法,适用于大量哺乳动物 DNA 的提取,提取的 DNA 可用于 Southern 杂交和基因组文库的构建。

一、实验原理

SDS 可以溶解细胞膜并使蛋白质变性。蛋白酶 K 可以消化真核组织或细胞的蛋白质,将其转化为寡肽或氨基酸。EDTA 可以抑制细胞中 DNA 酶(DNase)的活性,防止 DNA 被降解。酚和氯仿 / 异戊醇可以抽提分离蛋白质,使 DNA 分子完整地分离出来。DNA 在乙醇中溶解度降低,最终使 DNA 以沉淀的形式从溶液中分离出来。

二、实验材料

(一) 样品

新鲜动物肝脏组织。

(二) 试剂

1. 匀浆缓冲液　10mmol/L Tris-HCl(pH 8.0),25mmol/L EDTA(pH 8.0),100mmol/L NaCl。

2. 10% SDS。

3. 蛋白酶 K 溶液(10mg/mL)。

4. 胰 RNA 酶溶液(10mg/mL)。

5. 饱和酚 / 氯仿 / 异戊醇　体积比为 25∶24∶1(V/V/V)。

6. 氯仿 / 异戊醇　体积比为 24∶1(V/V)。

7. TE 缓冲液(pH 8.0)　10mmo/L Tris-HCl,25mmol/L EDTA。

8. 3mol/L 柠檬酸钠(pH 5.2)。

9. 预冷无水乙醇和 70% 乙醇。

10. 磷酸盐缓冲液(PBS)　8gNaCl,0.2gKCl,1.15g $Na_2HPO_4 \cdot 7H_2O$,2g KH_2PO_4,加水至 1L。

11. 10×TAE 电泳缓冲溶液(见附录 A)。

12. 电泳级琼脂糖。

13. 10× 上样缓冲溶液　20%(m/V)Ficoll 400,0.1mol/L EDTA(pH 8.0),1%(m/V)SDS,0.25%(m/V)溴酚蓝。

14. 0.5mg/mL 溴乙锭(诱变剂,必须小心操作)。

（三）仪器及器材

台式冷冻离心机、分光光度计、恒温水浴箱、Shepherd 钩、旋转仪、微量移液器（100μL、1 000μL）及尖头切断的吸头、手术剪、玻璃匀浆器、电泳仪、水平凝胶电泳装置、凝胶样品梳和灌制平台。

三、操作步骤

（一）实验流程

组织匀浆 → 破碎细胞 → 消化蛋白质 → 消化RNA → 离心 → 酚/氯仿/异戊醇抽提 → 无水乙醇沉淀 → 70% 乙醇洗涤 → DNA 溶解 → 定量与鉴定

（二）操作步骤

1. 组织匀浆　称取新鲜动物肝脏组织块 0.1g（0.5cm³），用 PBS 冲洗 3 次，用剪刀剪碎，置于玻璃匀浆器中，加入 1mL 的匀浆缓冲液，旋转匀浆器至看不见明显组织块（冰浴操作）。

2. 破碎细胞　将组织匀浆液转入 1.5mL 离心管中，加入 100μL 10%SDS，混匀（此时样品变得很黏稠）。

3. 消化蛋白质　加入 50μL 蛋白酶 K 溶液，轻轻颠倒混匀，在 55℃恒温水浴 12~18h，不时旋转黏滞的溶液。

4. 消化 RNA　加入胰 RNA 酶溶液，终浓度为 200g/mL，37℃水浴 1h。

5. 离心　将离心管对称放置在离心机中，以 10 000r/min 离心 5min，将上清液移至干净离心管中。

6. 抽提　取离心上清液，加入等体积的酚/氯仿/异戊醇，慢慢旋转混匀后，对称放入离心机中，在 4℃，以 10 000r/min 离心 10min；取上层水相，加入等体积的氯仿/异戊醇，混匀，再次对称放入离心机中，在 4℃，以 10 000r/min 离心 10min。*注意：混匀时，倾斜离心管以增大两相接触面积；用尖头切断的吸头吸取上清液，不要吸到蛋白质沉淀。*

7. 纯化　将上清液移至干净离心管，加入 1/10 体积的柠檬酸钠溶液，充分混匀，再加入 2 倍体积无水乙醇，旋转离心管混匀，在室温中静置 20~30min，可见 DNA 沉淀形成白色絮状，用 Shepherd 钩挑出，放入干净离心管。

8. 洗涤　以 10 000r/min 离心 10min，弃上清液，将沉淀用 70% 乙醇洗涤 1 次，用真空泵吸去残余的乙醇，在室温下干燥（或用灭菌过的滤纸吸干）。*注意：DNA 不要太干，否则不易溶解。*

9. DNA 溶解　加 200μL TE 缓冲液，置于摇床平台，存放于 4℃并慢速振摇过夜，即可得到基因组 DNA，贮存于 −20℃。

10. 定量与鉴定　测定 DNA 在 260nm 和 280nm 的吸光度（A_{260} 和 A_{280}），计算浓度和纯度；用常规 0.6% 琼脂糖凝胶电泳分析基因组 DNA 的质量。

（三）注意事项

1. 选择的肝脏组织要新鲜，组织匀浆时间不宜过长，所有匀浆操作都在冰上进行。

2. 在酚/氯仿/异戊醇抽提过程中，如果 DNA 含量过高，水相在下层，应注意观察，避免移取错误的水相；如果两相界面或水相中蛋白质含量多，可增加抽提次数。

3. 每次收集上清液的过程中时,为了防止非核酸类成分干扰,不需要收集沉淀附近的液体。

4. 实验中用到的异丙醇、乙醇、柠檬酸钠等要提前一天置于4℃预冷,从而达到最佳的实验效果。

四、结果与讨论

(一)结果

1. 定量检测结果　检测提取产物在260nm和280nm的吸光度(A_{260}和A_{280}),可以判断提取物的纯度(表18-1)。计算DNA浓度。

$$DNA 浓度(\mu g/mL) = 50 \times A_{260} \times 稀释倍数$$

2. 电泳鉴定结果　提取产物经0.6%琼脂糖凝胶电泳分离、EB染色后,在紫外线灯下可观察到加样孔附近有一条区带(图18-3)。

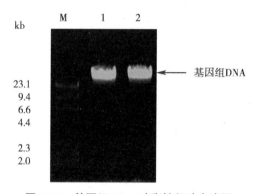

图18-3　基因组DNA琼脂糖凝胶电泳图

注:M. DNA分子量标准(Lambda-Hind Ⅲ梯状带);1、2. 基因组DNA。

3. 常见问题及处理　见表18-6。

表18-6　真核基因组DNA的提取、定量和鉴定常见问题及处理

问题	解析	处理方法
酚/氯仿/异戊醇抽提后,其上清液太黏,不易吸取	含高浓度的DNA	加大抽提前缓冲液的量或减少所取组织的量
提取的DNA不易溶解	①不纯,含杂质较多;②加溶解液太少使浓度过大;③沉淀物太干燥	①再用酚/氯仿抽提,以乙醇沉淀纯化DNA;②适当增加溶解液,延长溶解时间
电泳结果显示DNA呈弥散带型	说明基因组DNA降解,原因为:①材料不新鲜或反复冻融;②未很好抑制内源核酸酶的活性;③提取过程操作过于剧烈,DNA被机械打断;④外源核酸酶污染	①尽量取新鲜材料,低温保存,避免反复冻融;②在提取内源核酸酶含量丰富材料的DNA时,可增加裂解液中螯合剂的含量;③细胞裂解的后续操作应尽量轻柔;④所有试剂用无菌水配制,耗材经高温灭菌;⑤将DNA分装保存,避免反复冻融

问题	解析	处理方法
DNA 量很少或没有	①样品组织不新鲜;②裂解液和样品混合不均匀造成细胞裂解不充分;③蛋白酶 K 活性下降造成细胞裂解不充分;④温浴时间不够造成细胞裂解不充分或蛋白质降解不完全	①尽量选用新鲜的材料;②应尽量把组织切成小块,延长温浴时间,使裂解物中没有颗粒状物残留;③低温沉淀,延长沉淀时间;④洗涤时最好用枪头将洗涤液吸出,勿倾倒
A_{260}/A_{280} 偏低	说明样品中含有蛋白质或酚	①离心后吸取上清液时,应尽量避免吸起沉淀;②再用酚／氯仿抽提,以乙醇沉淀纯化 DNA
A_{260}/A_{280} 偏高	说明 RNA 残留	需检测实验中使用的 RNA 酶活性

(二) 讨论

1. 经过定量测定或电泳检测,发现提取基因组 DNA 的量很少,请分析造成这种现象可能的原因并提出相应的解决方法。

2. 对提取的基因组 DNA 进行琼脂糖电泳检测,看到图 18-4 所示现象,请问这种现象是否代表 DNA 纯度高且完整? 如果不是,存在什么问题? 应该如何解决?

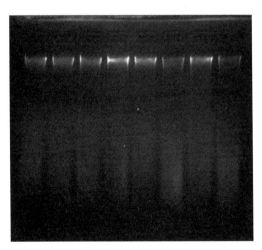

图 18-4　某实验基因组 DNA 的琼脂糖凝胶电泳图

3. 哪些材料可以用本实验中介绍的方法提取基因组 DNA?

（来明名　徐　琰）

第十九章
RNA 的提取、定量与鉴定

从组织或细胞中分离 RNA 并分析其纯度与完整性对于许多分子生物学实验至关重要。例如,Northern 印迹杂交、寡聚(dT)纤维素分离信使 RNA(messenger RNA,mRNA)、互补 DNA(complementary DNA,cDNA)合成以及体外翻译等实验的成败,在很大程度上取决于 RNA 的质量。

一个典型的哺乳动物细胞中大约含有 10^{-5}μg RNA。RNA 主要由以下几类分子组成:核糖体 RNA(ribosomal RNA,rRNA)(占总 RNA 的 80%~85%)、转运 RNA(transfer RNA,tRNA)和小分子 RNA(占 10%~15%)、mRNA(占 1%~5%)。rRNA 在总 RNA 分子中含量丰富,由 28S、18S、5.8S 和 5S 几类组成,它们之间同源性大,分子量变化不大,可以根据其密度和分子大小,通过密度梯度离心,凝胶电泳或离子交换层析进行分离。而 mRNA 分子种类繁多,分子量大小不一,在细胞中含量少,绝大多数 mRNA 分子(除血红蛋白及某些组蛋白 mRNA 外),均在 3' 端存在 20~250 个多聚腺苷酸残基。利用此特征,可以从总 RNA 中用寡聚(dT)亲和层析柱分离 mRNA。

实验 28 总 RNA 的提取、定量与鉴定

一般的实验只需要提取组织或细胞的总 RNA,但是一些有特殊要求的实验需要从 RNA 中分离出特定的 RNA 组分。本实验主要介绍从动物组织、细胞中提取总 RNA 的常用方法,获得的 RNA 样品要进行浓度测定和电泳鉴定。

实验 28-1 TRIzol 试剂一步法分离总 RNA

TRIzol 试剂是分离细胞和组织总 RNA 的即用型试剂。该试剂主要成分是苯酚(酸性),可裂解细胞,使细胞中的蛋白质、核酸等得以释放。TRIzol 试剂还含有异硫氰酸胍,是 RNA 酶强抑制剂,在裂解组织细胞的同时也抑制 RNA 酶(RNase)活性。TRIzol 试剂分离 RNA 方法是 Chomczynski 和 Sacchi 一步分离 RNA 方法的进一步改进。

一、实验原理

TRIzol 试剂在匀浆和裂解组织细胞样品过程中,不仅可以裂解细胞,而且可保持 RNA 的完整性。加入氯仿后,可抽提酸性苯酚。酸性苯酚可促使 RNA 进入水相,离心后溶液分为水样层(无色)和有机层(黄色),RNA 存在于水样层,与留在有机层中的蛋白质和 DNA 分

离。收集上面的水样层后,RNA 可以通过异丙醇沉淀获得。TRIzol 试剂一步分离 RNA 的突出优点是:①联合应用最强的 RNA 酶抑制剂异硫氰酸胍、β-巯基乙醇和去污剂,抑制了 RNA 的降解,增强了对核蛋白复合物的解离,使 RNA 与蛋白质分离并进入水样层,提高了 RNA 的提取产量;② RNA 选择性进入无 DNA 和蛋白质的水样层,容易被异丙醇沉淀浓缩;③可以在短时间内处理大批样品。该方法提取的 RNA 可用于 Northern 印迹、cDNA 合成及体外翻译等。

二、实验材料

(一)样品
组织或培养细胞。

(二)试剂
1. 氯仿。

2. 异丙醇。

3. 75% 乙醇　用二乙基焦碳酸盐(diethyl pyrocarbonate,DEPC)水配制。

4. 无 RNase 的水(DEPC 水)　将水加入无 RNA 酶的玻璃瓶内,加浓度为 0.1%(V/V)的 DEPC 过夜,高压灭菌。

5. 0.5% SDS 溶液　必须用 DEPC 处理过的高压灭菌水配制。

6. TRIzol 试剂。

(三)仪器及器材
匀浆机、低温离心机、涡旋器。

三、实验步骤

(一)实验流程
标本处理 → 液相分离 → 异丙醇沉淀 → 乙醇洗涤 → RNA 溶解

(二)操作步骤

ER19-1　RNA 提取与 RT-PCR 实验

1. 标本处理

(1)组织标本:每 50~100mg 组织加入 1mL TRIzol 试剂,匀浆,于室温放置 5min,以保证核蛋白复合体完全分离。*注意:样本体积不能超过 TRIzol 试剂的 10%。*

(2)单层培养细胞:直接在培养皿中裂解细胞。在 3.5cm 直径的培养皿中加入 1mL TRIzol 试剂,于室温放置 5min 后,用移液器反复抽吸数次促进细胞裂解。此时可保存

于 –70℃。*注意:TRIzol 试剂的添加量根据培养皿的面积而不是细胞的数目(1mL/10cm²)而定;TRIzol 试剂量不足可能导致分离出的 RNA 有 DNA 的污染。*

（3）悬浮细胞:离心沉淀,收集细胞。加入 TRIzol 试剂,反复吹打以裂解细胞。1mL 试剂可用于 5~10 × 10⁶ 个动物、植物或酵母细胞,或 1 × 10⁷ 个细菌细胞。*注意:用 TRIzol 试剂前不要洗涤细胞,以免 mRNA 降解;进行一些酵母和细菌细胞的裂解可能需要使用匀浆器。*

2. 液相分离　向标本中加入 0.2mL 氯仿 /1mL TRIzol 试剂,盖好样品管,剧烈振荡 15s,于室温放置 2~3min;在 4℃,以 12 000r/min 离心 15min。转移上层水相至 1.5mL 离心管中。*注意:离心后,混合物分离为红色下层(酚-氯仿相)、中间相以及上层的无色水相;RNA 存在于水相;水相体积约是用于匀浆的 TRIzol 试剂体积的 60%。*

3. 异丙醇沉淀　加入异丙醇(每 1mL TRIzol 试剂,加入 0.5mL 异丙醇),混合均匀,用于沉淀 DNA,于室温放置 10min。在 4℃,以 12 000r/min 离心 10min,形成 RNA 沉淀。*注意:在离心前往往看不到 RNA 沉淀,离心后在管侧面和底部形成一个凝胶样沉淀。*

4. 乙醇洗涤　移去沉淀上清液,用 75% 乙醇洗涤 RNA 沉淀(每 1mL TRIzol 试剂至少加入 1mL 75% 乙醇)。在 4℃,以 10 000r/min 离心 10min。与室温放置干燥或真空抽干 RNA 沉淀,5~10min。*注意:不要真空离心干燥 RNA,否则会导致 RNA 溶解性降低。*

5. RNA 溶解　加入不含 RNA 酶的水,反复吹打以溶解 RNA。如果 RNA 较难溶解,可于 55~60℃温育 10min,辅助 RNA 溶解。*注意:获得的 RNA 如果将用于后续酶反应,应避免使用 SDS 溶液;若要长期保存,应加入 NaAc(pH 5.0)至 0.25mol/L,再加入 2.5 倍体积乙醇,–70℃保存。*

（三）注意事项

1. 防止 RNA 酶污染　RNA 分离的最关键因素是尽量减少 RNA 酶的污染。RNA 酶(尤其胰 RNA 酶)是一类生物活性非常稳定的酶。除细胞内 RNA 酶以外,环境中的灰尘、各种实验器皿和试剂、人体的汗液及唾液中均存在 RNA 酶。这类酶耐热、耐酸、耐碱,即使煮沸也不能使之完全失活;蛋白质变性剂可使其暂时失活,但变性剂去除后,又可恢复活性;RNA 酶的活性不需要辅助因子,二价金属离子螯合剂对其活性无任何影响。故在提取 RNA 时,应尽量减少 RNA 酶对 RNA 的降解作用。

创造无 RNA 酶环境主要包括两方面:极力避免外源 RNA 酶污染和尽量抑制内源性 RNA 酶的活性。前者主要来源于操作者的手、实验的器皿和试剂;后者主要来源于样品中的组织细胞。

实验操作中主要注意以下方面:

（1）实验者的手直接接触之处会留下 RNA 酶,说话带出的唾液也含有 RNA 酶,故整个操作过程中,应戴口罩和手套。

（2）空气中飞尘携带的细菌、霉菌等微生物,也是外源 RNA 酶污染的一条途径,所以操作过程应在比较洁净的环境中进行。

（3）玻璃器皿常规洗净后,应用 0.1% DEPC 浸泡处理(37℃,2h),再用灭菌双蒸水漂洗数次,高压消毒去除 DEPC,然后在 250℃烘烤 4h 以上或 200℃干烤过夜。

（4）塑料器材最好使用灭菌的一次性塑料制品,使用前进行高压消毒。

（5）所有溶液应加 DEPC 至 0.05%~0.1%,于室温处理过夜,或室温下磁力搅拌 20min,

然后高压处理（1.034×10^5 pa，15~30min）；或加热至70℃ 1h 或60℃过夜，以去除所有残留 DEPC。

2. 从少量样本（组织 1~10mg 或细胞≤10^6 个）中提取 RNA 时，加入 800μL TRIzol 试剂，匀浆后，加入氯仿，进行 RNA 分离［如上述实验步骤（2）］。用异丙醇沉淀 RNA 之前，加入 5~10μg 无 RNA 酶的糖原。

3. 若样品中含有高浓度蛋白质、脂肪、多糖或细胞外基质，如肌肉、脂肪组织以及部分植物块茎，则需要额外的分离步骤。即匀浆后，在4℃，以 12 000r/min 离心 10min，移除不溶性物质。所得沉淀含有细胞外膜结构、多糖、分子量高的 DNA，上清液含有 RNA。来自脂肪组织的样本，脂肪聚集在上层，应弃去。将处理好的匀浆液移到新管，如上所述，加入氯仿进行液相分离。

4. RNA 产量低　其原因可能是：样品未完全匀浆或裂解；RNA 沉淀未完全溶解。

5. RNA 降解　其原因可能是：从动物中取出的组织未立即加工或冻存；分离 RNA 的样本储存温度过高，未达到 −70℃；细胞被胰酶消化；溶液或实验器皿或器材中含有 RNA 酶。

6. TRIzol 试剂有毒，因此在操作过程中应佩戴手套，并保护眼睛（屏蔽、安全护目镜），避免与皮肤或衣服接触；使用化学通风橱，避免吸入蒸气。若感觉不适，应立即去医院处理。TRIzol 试剂最好储存于 2~8℃，若于室温储存，有效期为 12 个月。

实验 28-2　紫外分光光度法测定 RNA 浓度

紫外分光光度法测定 RNA 浓度，与 DNA 浓度测定的实验原理与操作步骤基本相同，请参见第十八章 DNA 的定量检测相关内容。

纯 RNA 的 A_{260}/A_{280}=2.0。

实验 28-3　RNA 甲醛变性琼脂糖凝胶电泳

分离出细胞的总 RNA 或部分 RNA 以后，可以通过电泳并根据其相应的迁移率分辨出 RNA 分子。这是对提取 RNA 质量的快速可靠的鉴定，也是进一步检测特异 RNA 的关键一步。琼脂糖凝胶电泳可快速检测 RNA 质量，甲醛变性琼脂糖凝胶电泳常用于 Northern 印迹前分离 RNA；而乙二醛/DMSO 变性电泳，虽然电泳时间比甲醛变性电泳时间长，但分辨效果好；另外，聚丙烯酰胺凝胶电泳也可用于像 RNA 酶保护分析这样的测定方法，以分离小 RNA 分子或分子质量存在微小差别的 RNA。RNA 聚丙烯酰胺凝胶电泳的步骤与 DNA 的非常相似。下面主要介绍 RNA 甲醛变性琼脂糖凝胶电泳。

一、实验原理

RNA 分子容易形成二级结构，因此常用甲醛变性胶来进行 RNA 电泳。甲醛与谷氨酸残基的单亚氨基基团形成不稳定的 Schiff 碱基对，这些化合物通过阻止 RNA 自身或 RNA 之间的碱基配对而使 RNA 维持在变性状态，得到的电泳图能真实反映 RNA 的质量状况。不同分子大小的 RNA 在甲醛琼脂糖凝胶电泳中的迁移率不同（其迁移率与相对分子质量的对数呈反比关系），因此可将 RNA 通过凝胶电泳，使之按分子大小不同在凝胶中分离出来。

二、实验材料

（一）样品

RNA 样品。

（二）试剂

1. 琼脂糖、溴乙锭、0.1% DEPC 处理水等。

2. 甲醛　37% 溶液（13.3mol）。

3. 甲酰胺（去离子）　将 10mL 甲酰胺和 1g 离子交换树脂混合，搅拌 1h 后用 Whatman 滤纸过滤，等分成 1mL，于 −70℃ 储存。

4. 10×MOPS 电泳缓冲液（1L）　①称量 41.8g 3-（N-吗啉代）丙磺酸（MOPS），置于 1L 烧杯中；②加约 700mL DEPC 处理水，搅拌溶解；③使用 2mol/L NaOH 调整 pH 至 7.0；④加 DEPC 处理的 NaAc 20mL；⑤加 DEPC 处理的 0.5mol/L EDTA（pH 8.0）20mL；⑥向烧杯中加入 DEPC 处理水，定容至 1L；⑦用 0.45μm 滤膜过滤除菌，于室温避光保存。

5. 5× 甲醛变性胶上样缓冲液（10mL）　在 15mL 灭菌离心管中，按表 19-1 依次加入各种成分，混匀，分装，于 −20℃ 保存备用（若常用可于 4℃ 临时保存）。

表 19-1　5× 甲醛变性胶上样缓冲液组成成分

组成成分	含量
10×MOPS 缓冲液	4.0mL
甲酰胺	3.1mL
100% 甘油	2.0mL
37% 甲醛	720μL
0.5mol/L EDTA（pH 8.0）	80μL
水饱和的溴酚蓝	16μL
DEPC 处理水	100μL

6. 1× 甲醛变性胶电泳缓冲液（200mL）　使用时临时配制，其成分见表 19-2。

表 19-2　1× 甲醛变性胶电泳缓冲液组成成分

组成成分	含量 /mL
10×MOPS 缓冲液	20
37% 的甲醛	4
DEPC 处理水	176

7. 已知相对分子质量的 RNA 标准品（RNA Marker）。

（三）仪器及器材

电泳仪、水平电泳槽、紫外透射仪、微波炉。

三、实验步骤

（一）操作步骤

1. 凝胶制备

（1）1.2% 甲醛变性胶配制：称 0.4g 琼脂糖，加入 3.34mL 10×MOPS 缓冲液，加入 30mL DEPC 处理水，用微波炉熔化，肉眼观察无颗粒状悬浮物。然后，冷却至 50~60℃，再加入 600μL 37% 甲醛，轻轻旋转混匀。注意：甲醛有毒，故制胶应在通风橱中进行，并放置一段时间以减少甲醛蒸汽。

（2）铺胶：在胶模中放好点样梳。将温热的琼脂糖溶液缓慢倒入胶模中，凝胶厚度 3~5mm，于室温放置 30~45min，待凝胶凝固。

（3）电泳准备：将电泳板放入电泳槽中，加入 1× 甲醛变性胶电泳缓冲液，液面高出凝胶表面 1mm，然后小心地拔出梳子（垂直拔出，以免破坏点样孔）。

2. 样品准备

（1）在一 DEPC 水处理的微量离心管中加入 2μL RNA 样品（约 4μg），再加入 1/5 体积的 5× 上样缓冲液，以 65℃ 加热 5min，再于冰上骤冷，以消除 RNA 的二级结构。

（2）在 RNA 样品中加入 0.5~1μL 1.0mg/mL 溴乙锭（EB）。注意：不要将 EB 加入凝胶中，减弱电泳后的背景染色。

3. 电泳

（1）上样：用微量移液器将样品混合液小心加入加样孔中。

（2）电泳：盖上电泳槽盖，接好电源线，打开电源开关，进行电泳，直到溴酚蓝到达凝胶的底部，停止电泳。

4. 观察结果　取出凝胶放在保鲜膜上，在紫外灯或凝胶成像系统中观察电泳结果。

（二）注意事项

1. 为避免 RNA 酶污染，所有试剂均应用 DEPC 处理水和无 RNA 酶的实验器皿中配制。电泳槽必须用 3% H_2O_2 浸泡 20min，然后用 DEPC 处理水冲洗。其他实验用品的处理与 RNA 提取实验要求相同。

2. 甲醛有很强的毒性并且易挥发，是一种致癌剂，因此含有甲醛的溶液应在通风橱里谨慎处理。

3. 含有甲醛的琼脂糖凝胶比非变性的琼脂糖凝胶更缺乏弹性，更易破碎，因此移动凝胶时动作要轻缓。

4. 含有甲醛的琼缓冲液要避光保存，溶液见光或经高温灭菌后会变色。缓冲液变黄尚不影响使用效果，但变黑时则不能再使用。

四、结果与讨论

（一）结果

将甲醛变性凝胶置于凝胶成像系统中观察电泳结果，并拍照。图 19-1 为小鼠不同组织的总 RNA 电泳图。图中可见清晰的 28S、18S 条带,且肉眼观察 28S 条带亮度约是 18S 的 2 倍,说明 RNA 完整性良好,无降解。

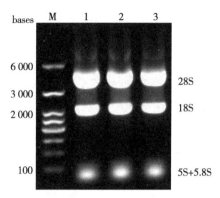

图 19-1 小鼠不同组织总 RNA 的甲醛变性琼脂糖凝胶电泳

注:M. RNA 分子量标准;1. 脑组织;2. 肝组织;3. 肾组织。

(二)常见问题及处理

RNA 甲醛变性琼脂糖凝胶电泳常见问题及处理见表 19-3。

表 19-3 RNA 甲醛变性琼脂糖凝胶电泳常见问题及处理

问题	解析	处理方法
电泳条带未分开	上样量过多	上样量 <3μg
	电泳缓冲液陈旧	电泳缓冲液在使用前临时配制
	电压过高	降低电压;也可在凝胶中加入更多甲醛,以较低的电流(如 20mA)电泳过夜
电泳条带变淡	EB 与单链 RNA 的结合能力要差一些;同样的上样量,变性电泳比非变性电泳要淡一些	将 EB 加入 RNA 样品中,不要加入凝胶中,以减少电泳后的背景染色
RNA 电泳位置与分子量标准不相符	在含甲醛的琼脂糖凝胶上,RNA 比等长的 DNA 迁移速度快,一般不用 DNA 标准分子量参照物测量未知 RNA 分子大小	使用商品化 RNA 分子量标准;利用细胞中两个主要核糖体 RNA:18S(约 2.0kb)和 28S(约 4.8kb)作分子质量参照

(三)讨论

1. 总结归纳避免实验过程中 RNA 降解的方法。

2. 分析总 RNA 提取实验中 RNA 产量过低的原因。

(冯 晨)

第二十章
靶基因的聚合酶链式反应

聚合酶链式反应（polymerase chain reaction，PCR）技术是 1983 年由美国 Cetus 公司的 Karry Mullis 建立的一项在体外扩增已知序列 DNA 片段的方法，是近几十年来发展和普及最迅速的分子生物学技术之一。由于具有强大的扩增能力，PCR 技术使微量核酸相关操作变得简单易行，并且可以与其他分子生物学方法相结合，使其敏感性和特异性都大大增加，可用于基因分离、序列分析、基因表达调控、基因多态性等方面研究，广泛应用于生物医学领域的各个学科。

一、PCR 技术的基本原理

PCR 是在 DNA 聚合酶（polymerase）催化下，以待扩增的 DNA 分子为模板，以 2 个特定的寡聚核苷酸片段为引物，分别在拟扩增的 DNA 片段两侧与模板 DNA 链互补结合，通过变性（denaturation）、退火（annealing）、延伸（extension）等步骤，快速、特异地在体外扩增任何靶基因片段。

1. 变性　当环境温度高于 DNA 的熔解温度（Tm）时，高温使 DNA 双螺旋的氢键断裂，双链打开，形成两条单链线型 DNA 分子作为 PCR 反应的模板。

2. 退火　当环境温度降低时，两种寡聚核苷酸引物分别依据碱基互补配对的原理与模板 DNA 互补结合，形成杂交链。

3. 延伸　在 4 种单核苷酸（deoxyribonucleoside triphosphate，dNTP）底物及 Mg^{2+} 存在下，在适合的反应温度下，DNA 聚合酶将 dNTP 按照碱基互补配对原则从引物的 3'-端掺入，使引物沿 5'-3' 方向延伸合成新的 DNA 链。

上述 3 个步骤为一个 PCR 循环，每一个循环完成后，新合成的 DNA 片段可作为下一个循环 PCR 反应的模板，因此，反应产物量以指数形式增长。

二、PCR 的反应体系与条件

（一）反应体系

参与 PCR 反应的成分主要有 DNA 模板、寡聚核苷酸引物、DNA 聚合酶、dNTP 和反应缓冲液。

1. DNA 模板　含有靶序列的模板 DNA 既可以是双链 DNA，也可以是单链 DNA，包括基因组 DNA、质粒 DNA、cDNA 和线粒体 DNA 等。虽然 DNA 的大小并不是 PCR 成败的关键因素，但模板 DNA 分子量过高（如基因组 DNA）会降低扩增效果，此时可以用切点罕见的限制性内切酶（如 Sal I 或 Not I）先行处理。闭环 DNA 扩增效率略低于线状 DNA，因此用质粒 DNA 做模板时最好先将其线性化。

模板 DNA 须具有较高的纯度,模板 DNA 中不能混有蛋白酶、核酸酶、DNA 聚合酶抑制剂以及能与 DNA 结合的蛋白质等;若模板 DNA 中混有过多 RNA 污染,会导致非特异性复制增加,影响扩增效果。

在一定范围内,PCR 的产量随模板 DNA 浓度的升高而显著增加,但模板 DNA 浓度过高会导致非特异性扩增增加。为保证反应的特异性,基因组 DNA 做模板时可用 1µg 左右,质粒 DNA 做模板时可用 10~100ng。

2. 寡聚核苷酸引物　寡聚核苷酸引物至少应包含 16 个核苷酸,最好长达 20~24 个核苷酸,以保证扩增反应的特异性。设计引物时要注意其碱基组成的平衡,避免出现嘌呤、嘧啶碱基堆积。一般情况下,(C+G)碱基含量以 40%~60% 为宜,(C+G)碱基含量太少会降低扩增效果,过多则会增加非特异性扩增的出现。ATCG 最好均匀分布,避免 5 个以上嘌呤或嘧啶核苷酸成串排列。另外,设计引物时还应注意避免两条引物互补,否则会形成引物二聚体。最后,可以根据需要,在引物 5'-端加入如酶切位点、突变位点、生物素或荧光素标记等修饰成分。利用 Primer-BLAST 设计引物参见第二十四章。

寡聚核苷酸引物在 PCR 反应中的浓度通常为 0.1~1.0µmol/L。引物浓度过高会引起模板与引物的错配,影响 PCR 反应的特异性,还会增加引物二聚体形成的概率。反之,引物浓度过低也会降低 PCR 反应的效率。

3. DNA 聚合酶　目前有两种 Taq DNA 聚合酶供应:一种是从栖热水生杆菌中提取的天然酶,另一种是大肠埃希菌合成的基因工程酶。催化 50~100µL 的 PCR 反应体系一般需要 1~2.5U Taq DNA 聚合酶。

4. dNTP　dNTP 即 dATP、dCTP、dGTP 和 dTTP 4 种脱氧核苷三磷酸的混合物。dNTP 溶液呈酸性,使用时应配成高浓度溶液,并用 1mol/L NaOH 将其 pH 调到 7.0 左右,以保证反应体系最终 pH 不低于 7.2。PCR 反应体系中的 dNTP 终浓度一般为 50~200µmol/L。反应体系中,4 种核苷酸的摩尔浓度必须一致。4 种核苷酸浓度不平衡会增加 DNA 聚合酶错配的概率。

5. 反应缓冲液　PCR 反应体系的标准缓冲液含 10mmol/L Tris-HCl(室温下 pH 8.3),50mmol/L KCl,1.5mmol/L $MgCl_2$。其中,二价镁离子(Mg^{2+})存在与否对 PCR 反应的成败至关重要。Mg^{2+} 浓度直接关系 DNA 聚合酶的活性和 DNA 双链的解链温度。Mg^{2+} 浓度过低会使 DNA 聚合酶活性降低,PCR 产量下降;Mg^{2+} 浓度过高则会影响 PCR 反应的特异性。一个标准 PCR 反应体系中,当 dNTP 浓度为 200µmol/L 时,Mg^{2+} 浓度一般为 1.5mmol/L。

(二) 反应条件

1. 温度参数

(1)变性:模板变性完全与否是 PCR 成功的关键,一般先于 94℃(或 95℃)预变性 3~10min,接着于 94℃变性 30~60s。

(2)退火:退火温度一般低于引物本身变性温度 5℃。引物长度在 12~25 个核苷酸时可通过公式 T_m=(C+G)×4℃+(A+T)×2℃ 计算退火温度。一般退火温度在 40~60℃,时间为 30~45s。如果(C+G)低于 50%,退火温度应低于 55℃。较高的退火温度可提高反应的特异性。

(3)延伸:延伸温度应在 Taq 酶的最适反应温度范围之内,一般在 70~75℃。延伸时间要根据 DNA 聚合酶的延伸速度和靶基因扩增片段的长度确定,通常 1kb 片段扩增需要 1min,随着扩增片段的增加适当延长延伸时间。

2. 循环次数　PCR 的循环次数主要由模板 DNA 的量决定,一般 20~30 次较合适。过多循环次数过多会增加非特异性扩增产物的产生。具体的循环次数可通过预实验确定。

3. PCR 产物及积累规律　PCR 扩增产物可分为长产物片段和短产物片段两部分。短产物片段的长度严格限定在两个引物 5' 端之间,是需要扩增的特定片段。短产物片段和长产物片段的区别是引物所结合的模板不一样。在第一个 PCR 反应循环中,以两条互补的 DNA 为模板,引物 5' 端与模板互补,是固定的,按照 5'→3' 方向进行延伸,延伸终点不一致,导致扩增片段长短不一,产物称为"长产物片段"。在第二个 PCR 反应循环中,引物除与原始模板结合外,还要与新合成链(即"长产物片段")结合。引物与新链结合时,新链模板是从第一次 PCR 反应的 5' 端引物开始,对应第二次循环扩增产物的 3',即 3' 端序列是固定的,保证了新片段的起点和止点都限定于引物扩增序列以内,形成长短一致的"短产物片段"。随着循环次数增加,"短产物片段"按指数倍数增加,而"长产物片段"则以算术倍数增加,几乎可以忽略不计,这使得 PCR 的反应产物不需要再纯化,就能保证足够纯 DNA 片段供分析与检测用(图 20-1)。

PCR 反应初期产物以 2^n 呈指数形式增加,至一定循环次数后,引物、模板、DNA 聚合酶形成一种平衡,产物进入一个缓慢增长时期("停滞效应"),即"平台期"。到达平台期所需的 PCR 循环次数与模板量、PCR 扩增效率、聚合酶种类、非特异性产物竞争有关。

4. 其他参数

(1) pH:与其他生物化学反应体系一样,PCR 反应体系的 pH 应该保持稳定,并且应该把反应体系的 pH 调节至 DNA 聚合酶的最适反应 pH。在 PCR 反应体系中,一般用 10~50mmol/L Tris-HCl 把反应体系的 pH 调整至 8.3~8.8。这样,在扩增过程中,当温度升至 72℃时,PCR 反应体系的 pH 在 Taq DNA 聚合酶的最适反应 pH 为 7.2。

(2) 盐浓度:PCR 反应体系的盐浓度也是一个重要因素。盐浓度升高有利于引物与模板杂交,也有利于稳定杂交体,

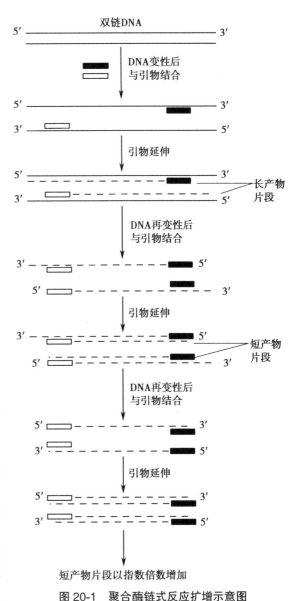

图 20-1　聚合酶链式反应扩增示意图

但盐浓度过高会抑制 DNA 聚合酶的活性,因此 PCR 反应体系的盐浓度只能在二者之间平衡。标准 PCR 缓冲液中 KCl 的浓度为 50mmol/L。

（3）增强剂:PCR 反应中加入一定浓度的增强剂,如二甲基亚砜（dimethyl sulfoxide,DMSO）、甘油、非离子去垢剂、甲酰胺和牛血清蛋白等,可提高反应特异性和产量。有些反应只能在这些辅助剂存在条件下才能进行。但需要注意的是,这些增强剂浓度过高,不仅不能提高 PCR 反应的特异性和产量,还会对 PCR 反应产生抑制作用。

实验 29　β-肌动蛋白基因的 PCR 扩增与鉴定

一、实验原理

肌动蛋白是细胞骨架的重要组成成分,在不同物种之间高度保守,在细胞分泌、吞噬、移动、胞质流动和胞质分离等过程中起重要作用。肌动蛋白大致可分为 6 种,其中 4 种是具有不同肌肉组织特异性,包括 α-骨骼肌肌动蛋白（α-skeletal muscle actin）、α-心肌肌动蛋白（α-cardiac muscle actin）、α-平滑肌肌动蛋白（α-smooth muscle actin）和 γ-平滑肌肌动蛋白（γ-smooth muscle actin）;其余 2 种广泛分布于各种组织中,包括 β-非肌肉性肌动蛋白（β-non-muscle actin）和 γ-非肌肉性肌动蛋白（γ-non-muscle actin）。人类 β-非肌肉性肌动蛋白基因代码为 *ACTB*,位于人类 7 号染色体上（NC_000007.14:5527148-5530601）,全长 3 454bp,其编码表达的 β-肌动蛋白在各组织和细胞中表达相对恒定。*ACTB* 基因是细胞中常用作内部参照的管家基因（house-keeping gene）,在用作 PCR 内参时通常进行部分扩增,仅扩增其中 300~600bp。

本实验以人源基因组 DNA 为模板,通过 PCR 方法扩增 *ACTB* 基因片段,再利用琼脂糖凝胶电泳鉴定扩增效果。

二、实验材料

（一）样品
人源基因组 DNA（见第十八章）。

（二）试剂
1. 引物　上、下游引物各 10μmol/L。
2. dNTP　10mmol/L（dATP、dTTP、dGTP、dCTP 各 2.5mmol/L）。
3. Taq DNA 聚合酶　1U/μL。
4. 模板 DNA　5μg/μL。
5. 灭菌 ddH$_2$O。
6. 10×PCR 缓冲液（pH 8.3）　组成见表 20-1。
7. 0.5×TBE 电泳缓冲液　1L,pH 8.2（组成见附录 A）。

（三）仪器及器材
PCR 仪、pH 计、水平凝胶电泳装置、微量移液器和微量移液器架、紫外透射仪及凝胶成像分析系统。

表 20-1　PCR 缓冲液组成成分

组成成分	浓度
Tris-HCl	100mmol/L
KCl	500mmol/L
$MgCl_2$	15mmol/L
Triton-100	1%

三、实验步骤

（一）实验流程

PCR 反应 → 制胶 → 电泳 → 凝胶成像 → 分析

（二）操作步骤

1. 在冰浴中，依次将以下试剂加入一个无菌 0.2mL PCR 管中，配制 50μL 反应体系：1μL 模板 DNA（5μg/μL）（根据具体情况调整，一般需要 10^2~10^5 拷贝 DNA）、1μL 上游引物（10μmol/L）、1μL 下游引物（10μmol/L）、5μL10×PCR 缓冲液（pH 8.3）、1μL dNTP（10mmol/L）、1~2μL Taq DNA 聚合酶（1U/μL），用灭菌 ddH_2O 补充所需体积至 50μL。

2. 设置好 PCR 反应程序，将管中混合液混匀并稍加离心，立即置 PCR 仪上，进行扩增，程序如下：

（1）预变性：在 94℃预变性 5min。

（2）循环扩增：在 94℃变性 30s，55℃退火 30s，72℃延伸 60s，循环 30 次。

（3）保温：反应结束后，在 72℃保温 7min。

（4）结束反应：将 PCR 产物放置于 4℃待电泳检测或 –20℃长期保持。

3. 琼脂糖凝胶电泳分析 PCR 结果。

4. 电泳具体操作流程请参考第十八章实验 26。

（三）注意事项

1. 溴乙锭是一种强诱变剂，并有中度毒性，取用含有这种染料的溶液时务必佩戴手套。

2. 紫外线对人体，尤其对眼睛有危害性。为减少紫外线照射，操作时必须确保遮蔽紫外线光源。

3. 由于 PCR 实验非常灵敏，容易污染或有非特异性扩增产物，因此 PCR 实验通常设置阴性对照和阳性对照。PCR 阴性对照即在 PCR 反应体系中不加模板 DNA，以检测试剂是否污染。PCR 阳性对照要选择扩增度中等，重复性好，经各种鉴定是该产物的标本。PCR 反应是否成功，产物条带位置和大小是否合乎理论要求是一个重要的参考指标。

四、结果与讨论

（一）结果

可根据琼脂糖凝胶电泳结果对 PCR 扩增进行分析，其评判标准是扩增产物条带的位置和大小是否与预期一致（图 20-2）。

177

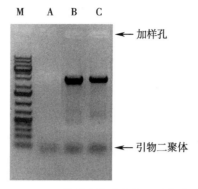

图 20-2　PCR 扩增产物琼脂糖凝胶电泳结果

注:M. DNA 分子量标准;A. 阴性对照;B. 阳性对照;C. 较成功的 PCR 扩增实验。

(二) 常见问题及处理

PCR 常见问题及处理见表 20-2。

表 20-2　PCR 常见问题及处理

问题	解析	处理方法
出现非特异性条带:PCR 扩增后出现的条带与预计大小不一致	DNA 中有 RNA 污染	用 RNA 酶处理 PCR 模板
	DNA 模板浓度过高	降低 DNA 模板浓度
	寡核苷酸引物中(C+G)含量过高	重新设计寡核苷酸引物,降低(C+G)含量
	PCR 循环次数过多	减少 PCR 循环次数
出现片状拖带或涂抹带	PCR 扩增有时会出现涂抹带或片状带或地毯样带。其原因往往是 DNA 聚合酶的量过多或质量差,dNTP 浓度过高,Mg^{2+} 浓度过高,退火温度过低,循环次数过多引起	减少 DNA 聚合酶的酶量,或调换另一来源的酶;减少 dNTP 的浓度;适当降低 Mg^{2+} 浓度;增加模板量;减少循环次数
出现假阳性条带	选择的靶序列与非目的扩增序列有同源性	重新设计引物
	靶序列或扩增产物交叉污染	操作时小心谨慎,谨防错误吸取样品;高压消毒试剂和器材,所有离心管和加样枪头等均应一次性使用;必要时,在加标本前,反应管和试剂用紫外线照射,以破坏潜在污染的核酸

(三) 讨论

1. 设计 PCR 引物需要注意哪些问题?

2. 简述退火温度对 PCR 反应的影响。

实验 30　靶基因表达的定量分析（逆转录-PCR 法）

为了检测某一基因的表达情况,常需测定其特异性 mRNA。过去常用的方法是提取 mRNA 后做滤膜点杂交或 Northern 印迹。因 mRNA 含量太低,往往不能获得成功。逆转录 PCR(reverse transcription PCR,RT-PCR)或称反转录 PCR,是将 RNA 的逆转录(reverse transcription,RT)和 cDNA 的聚合酶链式扩增反应(PCR)相结合的技术。RT-PCR 技术使 mRNA 检测的灵敏度提高了几个数量级,使一些极微量的 RNA 样品分析成为可能。RT-PCR 技术主要应用于分析基因的转录产物、获取目的基因、合成 cDNA 探针、构建 RNA 高效转录系统等。

一、实验原理

提取组织或细胞中的总 RNA,以其中的 mRNA 作为模板,采用寡聚(Oligo)(dT)或随机引物利用逆转录酶逆转录成 cDNA。再以 cDNA 为模板进行 PCR 扩增,获得目的基因或检测基因表达。

二、实验材料

（一）样品
组织或培养细胞。

（二）试剂
1. RNA 提取相关试剂　参见实验 28。
2. 逆转录 PCR 试剂盒相关试剂　包括 AMV 逆转录酶 XL(5U/μL)、10× 逆转录反应缓冲液、RNA 酶抑制剂(40U/μL)、随机引物 9mer(50pmol/μL)、去 RNA 酶 ddH$_2$O、*Ex Taq*™ HS (5U/μL)、5×PCR 反应缓冲液、dNTP 混合液(各 10mmol/L)。

（三）仪器及器材
匀浆机、低温离心机、涡旋器、恒温金属浴、PCR 扩增仪。

三、实验步骤

（一）实验流程
总 RNA 提取 → 逆转录 → PCR → 电泳鉴定 → 扫描及结果分析

（二）操作步骤
具体操作参见第十九章实验 28 操作视频。
1. 总 RNA 提取　参见实验 28。
2. 逆转录　目前有多种市售逆转录 PCR 试剂盒,其原理基本相同,操作步骤稍有不同。下面以 RNA PCR Kit(AMV)Ver3.0 为例介绍操作步骤。
（1）按表 20-3 配制逆转录反应液(总体积为 10μL)。

表 20-3　逆转录反应液组成成分

组成成分	含量 /μL
10 × RT-PCR 缓冲液	1.00
25mmol/L MgCl$_2$	2.00
10mmol/L dNTP 混合液	1.00
RNA 酶抑制剂	0.25
AMV 逆转录酶	0.50
随机引物 9mer	0.50
RNA 样品（≤1μg 总 RNA）	1.00
去 RNA 酶 ddH$_2$O	3.75

（2）将配制好的逆转录反应液轻轻混匀,离心;按以下条件进行逆转录反应:30℃,10min;45℃,25min;99℃,5min;5℃,5min。

（3）反应终止后进行 PCR 扩增,或将 cDNA 于 -20℃保存备用。

3. PCR 反应

（1）按表 20-4 配制 PCR 反应液（总体积为 40μL）。

表 20-4　PCR 反应液组成成分

组成成分	含量 /μL
上游引物（10μmol/L）	0.5
下游引物（10μmol/L）	0.5
5 × PCR 反应缓冲液	10.0
Ex Taq^{TM} HS	0.5
ddH$_2$O	28.5

（2）将此反应液加入步骤 2 逆转录结束后的 PCR 反应管中,轻轻混匀,离心。

（3）设定 PCR 程序。在适当的温度参数下扩增 28~32 个循环。

注意:为保证实验结果可靠、准确,可在 PCR 扩增目的基因时,加入一对内参（如 GAPDH）的特异性引物,同时扩增内参 DNA,作为对照。

4. 电泳鉴定　进行琼脂糖凝胶电泳,于紫外灯下观察结果。

5. 扫描及结果分析　采用凝胶成像分析系统,对电泳条带进行密度扫描,并对图像进行分析。

（三）注意事项

1. 在实验过程中,要防止 RNA 降解,保持 RNA 的完整性。在总 RNA 的提取过程中,注意避免 mRNA 断裂。

2. 随机引物 9mers 适用于长的或具有 Hairpin 构造的 RNA。包括 rRNA、mRNA、tRNA 等在内的所有 RNA 的逆转录反应都可使用本引物。用随机引物 9mers 合成的 cDNA 进行 PCR 反应时，必须使用特异性引物。

3. 为了防止非特异性扩增，必须设阴性对照。

4. 内参的设定主要用于靶 RNA 的定量。常用的内参有 3-磷酸甘油醛脱氢酶（GAPDH）、β-肌动蛋白（β-Actin）等。其目的在于避免 RNA 定量误差、加样误差以及各 PCR 反应体系中扩增效率不均一、各孔间的温度差等所造成的误差。

5. PCR 条件设定 退火温度可根据实际情况适当提高或降低（50~60℃）。延伸时间因目的基因序列长度不同而不同。cDNA 量较少时，循环次数可增加为 40~50 次。

6. PCR 不能进入平台期，出现平台效应与所扩增的目的基因的长度、序列、二级结构以及目标 DNA 起始的数量有关。因此，每一个目标序列出现平台效应的循环次数，均应通过单独实验来确定。

7. 防止 DNA 的污染

（1）采用 DNA 酶处理 RNA 样品。

（2）在可能的情况下，将 PCR 引物置于基因的不同外显子，以消除基因和 mRNA 的共线性。

8. 在实验操作过程中应注意的小技巧

（1）同时需要进行数次反应时，应先配制各种试剂的混合液，然后分装到每个反应管中；分装试剂时务必使用新的枪头，以防止样品污染。

（2）使用酶制品时，应轻轻混匀，避免起泡；分取前要小心地离心，收集到反应管底部；由于酶保存液中含有 50% 的甘油，黏度高，分取时应慢慢吸取；酶制品应在实验前从 –20℃ 中取出，放置于冰上，使用后应立即放回 –20℃ 中保存。

9. 最佳的 PCR 条件因 PCR 扩增仪的不同而不同，所以在测定样品之前，最好先用对照组确定最佳的 PCR 条件。

四、结果与讨论

（一）结果

1. 琼脂糖凝胶电泳结果 取适量 RT-PCR 产物进行琼脂糖凝胶电泳，紫外凝胶图像分析结果显示促肾上腺皮质激素释放因子（corticotropin releasing factor，CRF）、神经生长因子（nerve growth factor，NGF）和 3-磷酸甘油醛脱氢酶（GAPDH）扩增条带单一，片段大小与预期相符，条带清晰（图 20-3）。

2. 半定量分析 利用凝胶图像分析系统，计算 RT-PCR 扩增基因条带与对照（GAPDH）的灰度以及二者的比值。根据此方法，结合统计学处理，可比较实验组与对照组基因表达的差异。

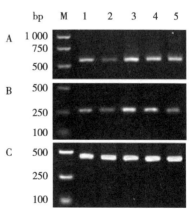

图 20-3 不同药物浓度下 CRF、NGF、GAPDH 基因表达的 RT-PCR 电泳图

注：M. DNA 分子量标准；A. CRF（546bp）；B. NGF（266bp）；C. GAPDH（452bp）；1~5. 扩增的管号。

（二）常见问题及处理

RT-PCR 常见问题及处理见表 20-5。

表 20-5　RT-PCR 常见问题及处理

问题	解析	处理方法
少量或没有 RT-PCR 产物	RNA 降解	分离无污染、高质量的 RNA；提取 RNA 的材料要尽量新鲜，防止 RNA 降解；RT 反应前，在变性胶上分析 RNA 的完整性；RNA 提取后，应储存在 100% 甲酰胺中，如果使用 RNA 酶抑制剂，加热时温度 <45℃；pH<8.0，否则抑制剂会释放所有结合的 RNA 酶；在 DTT≥0.8mol/L 时，加入 RNA 酶抑制剂，一定要有 DTT
	RNA 中包含逆转录反应的抑制剂	逆转录抑制剂包括 SDS、EDTA、甘油、焦磷酸钠、亚精胺、甲酰胺和胍盐等；将对照 RNA 和样品混合，与对照 RNA 反应比较产量，以检验是否有抑制剂；通过 70% 乙醇对 RNA 沉淀进行清洗，除去抑制剂
	用于合成 cDNA 第一链的引物退火不充分	确定退火温度适合实验中所用的引物，对于随机六聚体，建议在反应温度保温之前先在 25℃ 保温 10min；对于基因特异性引物（gene specific primer，GSP），可以试一下其他 GSP，或换用 oligo（dT）或随机六聚体确定 GSP 是反义序列
	起始 RNA 量较少	增加 RNA 的量。对于 <50ng 的 RNA 样品，可以在第一链 cDNA 合成中使用 0.1~0.5µg 乙酰 BSA
	目的序列在分析的组织中不表达	尝试其他组织
	PCR 反应失败	对两步法 RT-PCR，在 PCR 步骤中的 cDNA 模板不能超过反应体积的 1/5
产物有非特异性条带	引物和模板的非特异性退火	避免引物 3' 端含有 2~3 个 dG 或 dC；在第一链合成中使用基因特异性引物，而不是随机引物或 oligo（dT）；在开始几个循环使用较高的退火温度，然后使用较低的退火温度；使用热启动 Taq DNA 酶进行 PCR，提高反应的特异性
	基因特异性引物设计较差	遵循用于扩增引物设计的同样原则
	RNA 中有基因组 DNA 的污染	使用扩增级 DNA 酶 I 处理 RNA；设置没有逆转录的对照反应检测 DNA 污染
	形成引物二聚体	设计在 3' 端没有互补序列的引物
	镁离子浓度太高	对于每一个模板和引物组合优化镁离子浓度
	沾染外源 DNA	使用抗气雾剂的吸头和尿嘧啶-DNA 糖基化酶（uracil-DNA glycosylase，UDG）

续表

问题	解析	处理方法
产生弥散(smear)条带	第一链产物的含量过高	常规 PCR 反应步骤中减少第一链产物的量
	PCR 反应中引物过多	减少引物的用量
	循环次数过多	优化 PCR 反应条件,减少 PCR 的循环次数
	退火温度过低	提高退火温度,防止非特异性的起始及延伸
	DNase 降解 DNA 产生的寡核苷酸片段导致非特异性扩增	提取高质量 RNA,防止被 DNA 污染

(三) 讨论

1. 根据实验结果分析讨论本实验的成功经验或存在问题并提出改进方案。
2. 利用 RT-PCR 方法比较基因表达的差异时应如何设计实验?

实验 31　靶基因表达的定量分析(实时定量逆转录-PCR 法)

实时定量 PCR 技术(real time-PCR)是美国 Perkin Elmer(PE)公司 1995 年研制出的一种新的核酸定量技术。该技术是在常规 PCR 基础上加入荧光标记探针或相应荧光染料实现其定量功能,因此也称为实时荧光定量 PCR(quantitative PCR,qPCR)。

实时荧光定量 PCR 是在标准 PCR 技术基础上演变而成,常用于定量样本的 DNA 或 RNA。利用序列特异性引物,可测定特定 DNA 或 RNA 序列的拷贝数。通过检测 PCR 循环每个阶段中扩增产物的量,实现定量。如果样本中存在高丰度的特定序列(DNA 或 RNA),则在早期循环中即可观察到扩增;如果序列较少,则在晚期循环中方可观察到扩增。利用荧光探针或 DNA 结合荧光染料,采用实时荧光定量 PCR 仪检测荧光并完成 PCR 反应所需热循环,实现扩增产物的定量。

与传统 PCR 相比,real-time PCR 具有以下优点:①能够实时监控 PCR 反应进程;②能够精确测定每个循环的扩增片段数量,从而对样本中的起始材料量进行准确定量;③具有更大的检测动态范围;④在单管中实现扩增和检测,不需 PCR 后处理。

在过去数年中,real-time PCR 已成为 DNA 或 RNA 检测和定量的主要工具。

一、实验原理

实时定量 PCR 依靠荧光标记物和自动化荧光 PCR 仪器,随着 PCR 反应的进行,PCR 反应产物不断累积,荧光信号强度也等比例增加。每经过一个循环,收集一个荧光强度信号,通过荧光强度变化,实时监测产物量的变化,从而得到一条荧光扩增曲线。

一般而言,荧光扩增曲线可以分成 3 个阶段:荧光背景信号阶段、荧光信号指数扩增阶段和平台期。在荧光背景信号阶段,扩增的荧光信号被荧光背景信号所掩盖,无法判断产物量的变化。在平台期,扩增产物已不再呈指数级增加,PCR 的终产物量与起始模板量之间没有线性关系,根据最终的 PCR 产物量也不能计算出起始 DNA 拷贝数。只有在荧光信号指数扩增阶段,PCR 产物量的对数值与起始模板量之间存在线性关系,因此可以选择在这个阶段进行定量分析。

　　为定量和比较方便,在实时荧光定量 PCR 技术中引入了两个非常重要的概念:荧光阈值和 C_t 值。荧光阈值(threshold)是在荧光扩增曲线上人为设定的一个值,可以设定在荧光信号指数扩增阶段任意位置,但一般荧光阈值的缺省设置是 PCR 反应前 3~15 个循环荧光信号标准偏差的 10 倍。C_t 值是指每个反应管内的荧光信号到达设定阈值时所经历的循环次数。研究表明,每个模板的 C_t 值与该模板起始拷贝数的对数存在线性关系,起始拷贝数越多,C_t 值越小。利用已知起始拷贝数的标准品可作出标准曲线,其中起始拷贝数的对数为横坐标,C_t 值为纵坐标。因此,只要获得待测样品的 C_t 值,即可从标准曲线上计算出该样品的起始拷贝数。

　　荧光定量检测根据所用标记物不同可分为荧光染料法和荧光探针法。

　　荧光染料法所用染料包括饱和荧光染料和非饱和荧光染料。饱和荧光染料有 EvaGreen、LC Green 等;非饱和荧光染料的典型代表就是现在最常用的 SYBR Green Ⅰ。SYBR Green Ⅰ 是荧光定量 PCR 最常用的 DNA 结合染料,与双链 DNA 非特异性结合。在游离状态下,SYBR Green Ⅰ 发出微弱的荧光,但一旦与双链 DNA 结合,其荧光增加 1 000 倍。所以,一个反应发出的全部荧光信号与出现的双链 DNA 量呈比列,且会随扩增产物的增加而增加。双链 DNA 结合染料的优点:实验设计简单,仅需要 2 个引物,不需要设计探针,不需设计多个探针即可以快速检测多个基因,且能够进行熔点曲线分析,检验扩增反应的特异性,初始成本较低,通用性好。因此,国内外该方法在科研中使用比较普遍。但是,这种内嵌性染料没有序列特异性,可以结合到包括非特异性产物、引物二聚体、单链二级结构以及错误的扩增产物上,造成假阳性而影响定量的准确性,所以此法的特异性不如 Taqman 探针。

　　荧光探针法包括 Beacon 技术(分子信标技术)、Taqman 探针技术和 FRET 技术等。Taqman 探针技术是在 PCR 扩增时,加入一对引物的同时再加入一个特异性的荧光探针。该探针为一直线型寡核苷酸,两端分别标记一个荧光报告基团和一个荧光淬灭基团,探针完整时,报告基团发射的荧光信号被淬灭基团吸收,PCR 仪检测不到荧光信号;PCR 扩增(延伸阶段)时,Taq 酶的 5'-3' 外切酶活性将探针酶切降解,使报告荧光基团和淬灭荧光基团分离,从而荧光监测系统可接收到荧光信号,即每扩增一条 DNA 链,就有一个荧光分子形成,实现荧光信号的累积与 PCR 产物形成完全同步,这也是定量的基础。荧光探针法虽然和荧光染料法一样依靠引物专一性来保证产物的专一性,但荧光标记在探针上,不会受到引物二聚体的干扰,因而专一性优于荧光染料法。

二、实验材料

(一) 样品

组织或培养细胞。

(二) 试剂

1. Real-time PCR 检测试剂盒。

2. 总 RNA 提取相关试剂(参见实验 28)和逆转录相关试剂(参见实验 30)。

（三）仪器及器材

实时荧光定量 PCR 仪 7500 型等。

三、实验步骤

（一）操作步骤

1. 引物和探针设计　对比检测目的基因序列,选择好引物和探针的位置,然后设计特异性引物。引物设计可以由技术公司完成或在专业互联网站上完成(如 http://sg.idtdna.com/pages 就是用于定量引物设计的网站)。探针的设计原则是:长度尽量短,一般不超过 30bp; T_m 值应在 68~70℃之间;5'-端避免是鸟嘌呤,防止发生淬灭作用。

2. 总 RNA 提取与逆转录　参见实验 28 和实验 30。

3. 实时 PCR 操作　具体操作步骤、所用实验耗材(如 PCR 反应管等)根据所选用的仪器不同而稍有差别。下面以 ABI 公司的 7500 型实时荧光定量 PCR 仪为例介绍操作步骤。选用的试剂盒为 TaKaRa 公司的 SYBR® *Premix Ex Taq*™(Tli RNaseH Plus)实时荧光 PCR 检测试剂盒。

（1）按表 20-6 组成配制 Real-time PCR 反应液(总体积为 20μL)。

表 20-6　Rea-time PCR 反应液组成成分

组成成分	含量 /μL
SYBR Premix Ex Taq(2×)(Tli RNaseH Plus)	10.00
上游引物(10μmol/L)*	0.40
下游引物(10μmol/L)	0.40
ROX 参考染料(50×)	0.08
模板(cDNA 或 DNA)**	2.00
ddH₂O	7.12

注:*.引物终浓度范围为 0.1~1.0μmol/L;一般终浓度为 0.2μmol/L 时,就能取得良好的效果。**.根据模板溶液中 cDNA 或 DNA 的拷贝数来调整此处的体积。如果用 cDNA(逆转录反应混合物)用作模板,那么逆转录反应混合物体积不应超过 PCR 混合物体积的 10%。

（2）实时荧光 PCR 检测:混匀反应液,置于 ABI 7500 型荧光定量 PCR 仪中,经 95℃ 30s 预变性后,再经 95℃ 3s,60℃ 30s,40 个循环。

4. 绘制熔解曲线、扩增曲线,整理数据,分析结果。

（二）注意事项

1. 在进行实时荧光定量 PCR 实验之前,必须设计较为完善的实验方案,包括实验组与对照组的设立、样品的处理、PCR 引物设计、荧光标记及内参基因的选择等,都要严格进行考量,保证实验顺利进行。

2. 模板 RNA 的质量是保证实时荧光定量 PCR 结果可信度的关键。因此,要确保 RNA 的纯度和质量,应做到以下方面。①样品预处理:根据样品来源不同选择不同的抽提方法、保存方法和解冻过程。样品采集后如果无法立即处理,应在液氮中速冻后,保存于 –80℃冰箱或直接在液氮中保存。② RNA 提取：在 RNA 提取过程中，应充分去除蛋白质、DNA 等杂质，获得高纯度 RNA。用 DNA 酶处理 RNA 样品，去除基因组 DNA 对检测结果的影响，对于后续的实时荧光定量 PCR 是非常必要的。③检测 RNA 纯度：A_{260}/A_{280} 比值是判断核酸纯度的常用标准。RNA 的 A_{260}/A_{280} 比值低于 1.7 表明有蛋白质或酚污染，高于 2.0 表明可能有异硫氰酸残留。④鉴定 RNA 完整性：通过甲醛变性琼脂糖凝胶即可完成（参见第十九章）。总 RNA 电泳结果如果观察到 28S 和 18S 核糖体 RNA 的条带亮而浓，且前者条带密度大约是后者的 2 倍，则说明 RNA 完整。如果出现 DNA 污染，将会在 28S RNA 条带上方出现 DNA 条带；RNA 降解则表现为核糖体 RNA 条带的弥散。RNA 印迹和 cDNA 文库的构建等对于 RNA 完整性要求较高的后续实验，则需要通过毛细管电泳等方法对 RNA 的完整性做进一步检测。

3. 荧光定量 PCR 的引物必须以两个外显子设计，避免出现基因组 DNA 扩增。设计好的引物还要通过 "Primer-Blast" 应用程序进行对比，保证目的基因的特异性。

4. 扩增曲线和熔解曲线

（1）熔解曲线全部为单峰表明为特异性扩增。若是阴性对照的熔解曲线出现和样品中同样的峰，说明体系配制中存在污染，实验结果不可用。

（2）一般而言，荧光扩增曲线可以分成荧光背景信号阶段、荧光信号指数扩增阶段和平台期 3 个阶段，其形状是一条平滑的 S 形曲线。

5. 差异表达的计算　绝对定量法是通过标准曲线计算起始模板的拷贝数。相对定量方法则是比较经过处理的样品和未经处理的样品目标转录本或是目标转录本在不同时相的表达差异。在某些情况下，并不需要对转录本进行绝对定量，只需要给出相对基因表达差异即可。目前常用的荧光实时定量 PCR 仪输出的结果均可直接用于表达差异的计算，基本可以省略实验者用公式计算的过程，根据输出数据绘制相应的柱形图即可。

四、结果与讨论

（一）结果

ABI 7500 型荧光定量 PCR 仪检测两种 Aurora 激酶基因的表达量。PCR 仪配套的分析软件生成两种 Aurora 激酶的熔解曲线和扩增曲线（图 20-4）。以 β-actin 的表达水平作为基准，得出各组对应靶基因的相对丰度（图 20-5）。

ER20-1　Q-PCR 结果分析

（二）常见问题及处理

Real-time PCR 常见问题及处理见表 20-7。

（三）讨论

1. 如何设计实时定量 PCR 的实验流程？

2. 简述实时定量 PCR 技术的优点。

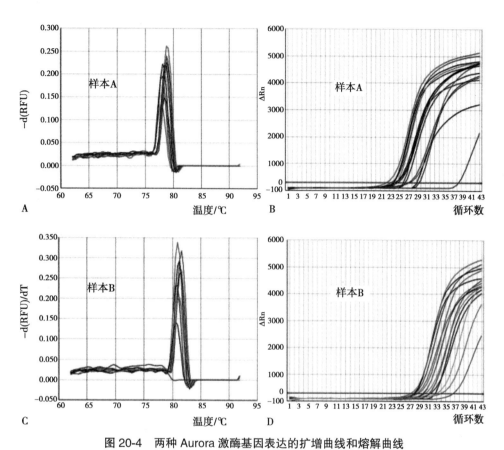

图 20-4　两种 Aurora 激酶基因表达的扩增曲线和熔解曲线

注：A. Aurora A 熔解曲线；B. Aurora A 扩增曲线；C. Aurora B 熔解曲线；D. Aurora B 扩增曲线。

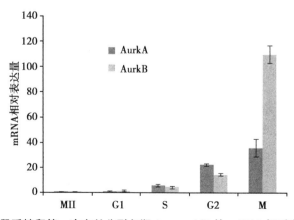

图 20-5　小鼠受精卵第一次有丝分裂各期 Aurora A/B 的 mRNA 相对表达量柱形图

表 20-7　Real-time PCR 常见问题及处理

问题	解析	处理方法
熔解曲线出现双峰	引物峰（通常是双峰中的前面一个）	降低体系中的引物量或重新设计引物
	DNA 扩增峰，原因是提取 RNA 时存在 DNA 污染	可以通过电泳验证是否存在 DNA 扩增。如果存在，要应用 DNA 酶重新消化 RNA 样品中的 DNA
	非特异扩增	优化扩增条件，如提高退火温度、缩短退火延伸时间；降低引物浓度；重新设计引物，提高扩增特异性
扩增曲线在荧光背景信号阶段出现很多拐点	体系未混匀或存在固态杂质	规范实验操作，保证扩增体系的均匀和纯净

（费小雯　王　凯　冯　晨）

第二十一章

分子克隆

分子克隆（molecular cloning）又称为基因克隆（gene cloning）、重组 DNA 技术，即在体外将各种来源的靶基因和载体 DNA 进行酶切并连接形成重组 DNA 分子，然后将重组 DNA 导入宿主细胞中进行扩增和筛选，获得大量靶基因 DNA，再将重组 DNA 导入适当的表达体系产生靶标蛋白质并纯化的过程。实现分子克隆所采用的方法与相关工作统称为基因工程（genetic engineering）。

分子克隆实验的基本步骤如下：①分离靶基因与选择载体（分、选）；②靶基因和载体分别进行酶切等处理（切）；③靶基因与载体连接成重组体（接）；④将重组 DNA 分子导入宿主细胞（转）；⑤筛选出含有重组 DNA 分子的宿主细胞（筛）；⑥扩增靶基因或靶基因的表达。通常，①～⑤被称为基因工程的上游工程，⑥则被称为基因工程的下游工程。

一、靶基因的分离与载体的选择

（一）靶基因的分离

靶基因是指待检测或待研究的基因。在分子克隆过程中，首先需要分离靶基因。靶基因的获取可通过下列多种常见方法来实现，方法的选择需依据各自特点进行，现简要介绍各方法的基本特点。

1. 化学合成　对于已知核苷酸序列的基因或由蛋白质的氨基酸序列推导的 DNA 碱基序列，均可利用本法，采用 DNA 合成仪直接合成。

2. 从基因组中直接分离　先获取基因组 DNA，采用物理或生物酶法进行切割，通过电泳或超速离心法对切割片段进行分离（见第十八章）。

3. 逆转录合成 cDNA　经典流程是以分离得到的 mRNA 为模板，在逆转录酶催化下合成 cDNA（见第二十章）。

4. 聚合酶链式反应（PCR）　作为体外扩增特异 DNA 序列的技术（见第二十章），用于分子克隆中获取靶基因，是目前应用最为广泛的方法，可直接以基因组 DNA 或逆转录合成的 cDNA 为模板，扩增获得特定靶基因。

5. 从基因组文库或 cDNA 文库中筛选

（1）基因组文库（genomic library）：指含有某种生物体几乎全部基因的随机片段所构成的重组 DNA 克隆群体。获取靶基因时，可采用核酸分子杂交等检测方法筛选出含有靶基因的转化细胞，进行扩增并提取 DNA。采用基因组文库筛选的方法获取 DNA，能克服真核生物基因组庞大复杂，而不易直接分离的困难。

（2）cDNA 文库（cDNA library）：在体外利用逆转录酶使 mRNA 逆转录获得的 cDNA 克

隆群体,可用于研究真核生物基因的结构和功能。由于 cDNA 不像基因组 DNA 那样有内含子和重复序列,可在原核生物中表达,所以在基因工程中 cDNA 文库往往比基因组文库应用更广泛。

(二)载体的选择

载体(vector)是能携带靶基因并转入宿主细胞内进行复制 / 表达的运载体。目前分子克隆中常用的载体并非天然载体,均经过人工改建。根据功能和用途不同,载体可分为克隆载体(cloning vector)和表达载体(expression vector)。研究者可根据研究目的和 DNA 片段特性,参考载体的结构及性质,选择合适的载体。

1. 克隆载体 主要用于在宿主细胞中克隆和扩增靶基因,通常以大肠埃希菌为宿主细胞,具有原核基因的复制起始点,能引导靶基因的复制和扩增,但由于克隆载体的克隆位点之前无启动子序列而不能表达靶基因的产物。常用的克隆载体有质粒载体、噬菌体载体、人工染色体等。质粒通常为非传递性的松弛型质粒,安全、可控性强,且具有快速扩增能力。

pBR322 质粒是目前应用广泛、较理想的克隆载体之一,其总长度为 4 363bp,在细菌中可具有较高的拷贝数,有多个单一的限制酶识别位点,即多克隆位点(multiple cloning site,MCS),并包含氨苄西林抗性基因(Amp^r)和四环素抗性基因(Tet^r)作为筛选标记(图 21-1)。

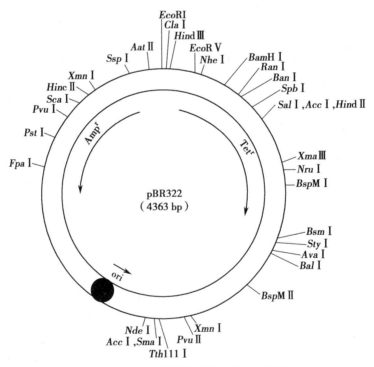

图 21-1 克隆型质粒载体 pBR322 图谱

2. 表达载体 主要用于在宿主细胞中获得靶基因的表达产物(蛋白质)。原核表达载体常用质粒载体、λ 噬菌体载体等;真核表达载体包括哺乳动物细胞表达载体[如病毒载体(逆转录病毒载体、慢病毒载体、腺病毒载体)]、酵母表达载体、昆虫表达载体等。

pET-28a(+)载体就是大肠埃希菌中表达重组蛋白功能最强大的系统之一,已用于表达各种蛋白质。pET-28a(+)载体具有一个编码 T7 基因 10 氨基端前 11 个氨基酸的区域,其后是外源片段的插入位点,起始 ATG 由 T7 基因 10 氨基端提供(图 21-2)。

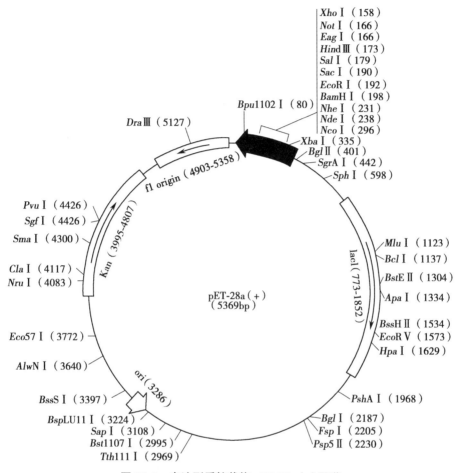

图 21-2 表达型质粒载体 pET-28a(+)图谱

原核表达时依据表达的蛋白质是否与细菌蛋白融合又可将载体分为非融合载体和融合蛋白型载体。融合载体是表达的蛋白产物 N 端由原核 DNA 编码,C 端则由目的基因编码,进而能产生融合蛋白的运载体;非融合载体则是将含有起始密码的目的基因连接到原核启动子和 SD 序列下游,直接进行基因表达的载体。

二、靶基因与载体重组连接

利用限制性核酸内切酶和其他酶类,切割并连接靶基因和载体 DNA,使靶基因插入可以自我复制的载体内,即 DNA 的体外重组连接。在进行重组连接之前,应认真设计连接方案,以得到满足克隆或表达要求的重组子。靶基因与载体的体外连接是基因克隆的重要步骤,应尽量提高靶基因与载体的连接,减少其他非重组体连接。总体来说,连接方法包括平端连接法和黏端连接法。

平端连接法：如果靶基因和载体 DNA 上没有相同的限制性酶切位点可供利用，或用不同的限制性酶切割后的黏端不能互补结合，则可用适当的酶将 DNA 突出的末端削平或补齐成 DNA 平末端，以 T$_4$ DNA 连接酶连接两个平末端。此连接反应较黏端连接更难，效率也低得多，适用于高浓度 DNA 的连接。

黏端连接法：利用一种限制酶或两种不同的限制酶切割 DNA 产生黏端，如末端间的碱基能互补配对，则极易在较低的温度下完成连接，并采用连接酶封闭缺口。本方法连接效率较高，且靶基因可以单一方向连接载体，从而实现定向克隆。此外，还常采用人工接头结合黏端连接法进行靶基因与载体 DNA 的连接。

（一）靶基因与载体的限制酶酶切与连接

运用限制性核酸内切酶进行酶切时，需要从 DNA 纯度、缓冲液、反应时间、反应体积、温度及酶本身等方面综合考虑反应条件（见第十八章实验 26）。

选择酶切过程需要根据靶基因和载体 DNA 上对应的限制酶切位点进行。在酶切过程中，只用一种限制酶进行酶切，称为单酶切。单酶切反应条件简单，但靶基因可从两个方向插入载体，还可能出现靶基因串联或自连以及载体自连。如果采用两种不同限制酶切割，则为双酶切，其反应体系需同时满足两种内切酶的反应条件。双酶切后靶基因 DNA 产物只能以单方向插入载体，理论上重组效率更高。因此，目前双酶切更多被用于靶基因和载体的酶切以实现定向连接。

（二）PCR 产物与 T 载体的 TA 克隆

PCR 产物的 TA 克隆是目前克隆 PCR 产物最简便、快捷的方法。因 PCR 采用的 Taq DNA 聚合酶会在 PCR 产物的 3' 端加上一个 A 尾，而由 EcoR V 作用产生的线性化 T 载体在 3' 端拥有一个 T 可与之互补，所以 T 载体可以与 PCR 产物直接连接。TA 克隆不需要把 PCR 产物做平端处理，不需要在 PCR 扩增产物两端加接头，即可直接进行克隆，因而大大提高了 PCR 产物的连接、克隆效率。

三、重组 DNA 的转化

重组 DNA 分子需要导入合适的受体细胞（宿主），随之生长、繁殖才能得以复制、扩增和表达。受体细胞可分为原核细胞（如大肠埃希菌）和真核细胞（如酵母菌、哺乳动物细胞等）两类。目前应用最普遍的是大肠埃希菌系统。

重组 DNA 的分子性质不同、宿主不同，导入宿主的具体方法也不同。以下方法可供选择：转化（transformation）、转染（transfection）、电转化法（electrotransformation）或电穿孔法（electroporation）、显微注射技术、基因枪技术和脂质体介导法等。将重组 DNA 导入大肠埃希菌的方法主要有氯化钙转化法和电穿孔转化法两种。酵母细胞为宿主多采用高压电脉冲穿孔法。而将重组 DNA 导入动物细胞的选择则更多，常用的方法包括脂质体转染、病毒载体体外包装后感染、显微注射、基因枪等，但基因转移的效率较低。

其中，氯化钙转化法是将宿主细菌至于在低温、低渗（0℃，0.1mol/L CaCl$_2$）溶液中，菌体细胞局部失去细胞壁或细胞壁溶解，外来的靶基因 DNA 可形成抗 DNA 酶的羟基-钙磷酸复合物黏附于细胞表面，经 42℃短暂热冲击处理，DNA 复合物易进入细胞而实现转化。将转化处理过的细菌在选择性培养基(含适当抗生素)中培养,转化成功的细菌可在抗性培养基上生长形成菌落。

四、阳性重组体的筛选和鉴定

转化方法通常效率不高,只有很少一部分大肠埃希菌能接收到重组质粒,因此转化后的大肠埃希菌细胞需进一步筛选出含有重组质粒的阳性克隆。目前实验室中常用的筛选策略可分为直接筛选和间接筛选。

(一)阳性重组体的直接筛选

直接筛选是指通过对外源 DNA 片段或重组质粒的检测分析来筛选重组体,包括表型筛选、核酸的直接鉴定和核酸杂交等。

1. 表型筛选　质粒载体通常含有抗性标记位点,通过转化接收了重组质粒的细菌能够获得在含有相应抗生素的环境中生存的能力,从而可以被方便地挑选出来作为候选阳性克隆进行下一步鉴定。

此外,一些质粒携带编码 β-半乳糖苷酶 α 片段的基因 *LacZ*。当该基因片段被外源 DNA 插入后,重组质粒不再编码 β-半乳糖苷酶的 α 片段。当其被导入 β-半乳糖苷酶缺陷型菌株后,大肠埃希菌无法生成具有活性的 β-半乳糖苷酶,而无法分解培养基中的底物 X-gal 产生白色菌落。但没有插入外源 DNA 的质粒被导入缺陷型菌株后,编码 α 片段,与菌株基因组表达的 β-半乳糖苷酶的 ω 片段结合,产生有活性的 β-半乳糖苷酶,分解 X-gal 产生蓝色菌落。因此,白色菌落可被筛选出来进一步鉴定。这种通过产物颜色来鉴别阳性重组体的方法被称为蓝白斑筛选或 α 互补筛选。

2. 核酸的直接鉴定筛选　利用特异小片段核酸探针,采用核酸分子杂交(DNA 杂交、RNA 杂交和菌落原位杂交等),通过放射自显影或酶化学法检测来筛选插入外源基因的重组体。目前常用的核酸鉴定方法包括质粒提取及限制酶酶切鉴定、PCR 扩增目的基因和 DNA 测序等。

(二)阳性重组体的间接筛选

间接筛选方法主要是通过鉴定外源基因编码的产物(包括 mRNA 或蛋白质)来筛选重组质粒,在实验室已有特异性针对外源基因编码多肽的抗体后,可以通过 Western 印迹、ELISA、免疫沉淀技术等检测插入 DNA 片段所表达的肽段或蛋白质,实现对重组体表达产物的筛选。该方法操作简便,灵敏度高,但是抗体制备难度大,较难获得。

五、克隆基因的表达和鉴定

大多数情况下,基因工程的目标是获取外源目的基因的表达产物以应用于科研或临床治疗,所以,使目的基因在宿主细胞的翻译系统中顺利表达是基因工程非常重要的一步。目的基因必须连接在表达载体中才能在宿主细胞中表达。真核基因既能选择在真核宿主细胞中表达,也能在原核宿主细胞中表达,但实际操作中需要根据外源目的基因表达蛋白的结构特点和理化性质来选取合适的表达载体和宿主细胞。

（一）克隆基因的表达

外源基因表达系统可以分为原核表达系统和真核表达系统。经典的原核表达系统是大肠埃希菌表达体系。大肠埃希菌由于基因组结构简单,基因表达的调控特点已研究清楚,能够对其遗传学及生理学特性进行人为改造,且具有容易培养、繁殖迅速、操作简单以及外源基因表达效率高的优点,是目前应用最广泛的原核表达体系。

大肠埃希菌中基因表达通常采用负阻遏调节方式,为保证高效获取表达产物,实验或生产中常应用诱导表达的方法,外源基因的高效表达往往需要诱导剂的诱导。异丙基-β-D-硫代半乳糖苷(IPTG)是常用的诱导剂,其化学结构与β-半乳糖相似,本身十分稳定,不会被细菌分解。用于诱导表达的质粒含有大肠埃希菌乳糖操纵子序列,IPTG与调节基因编码的阻遏蛋白结合,使大肠埃希菌操纵子开放,实现基因产物的高效表达。

实践中,大肠埃希菌表达系统也表现出一些不足。例如,表达真核基因时缺乏目的基因的转录后和翻译后加工机制,不能正确折叠真核基因表达的多肽;由于对密码子的选择性偏好,一些真核基因在原核表达体系较难表达;有时大肠埃希菌细胞的蛋白酶类会识别并降解真核基因的表达产物;大肠埃希菌表达的外源蛋白容易形成不溶性包涵体(inclusion body),进一步分离纯化的变性条件不利于蛋白质的生物活性。所以对于表达真核外源基因,以酵母和昆虫为代表的真核表达系统较原核表达系统具备较大优势。首先,真核表达系统表达的多肽能够被正确折叠加工,形成二级结构;其次,表达的外源蛋白能够被宿主细胞进行糖基化或磷酸化等翻译后修饰,更接近真核蛋白的空间构象和理化性质。但同时,真核表达系统也有宿主细胞培养难度大、时间耗费长、成本昂贵、操作烦琐等缺点。因此在实际科研或生产时,需要根据目的基因表达蛋白的特点和已有设备选择合适的表达体系。

（二）克隆基因表达产物的鉴定

为了保证外源基因表达的正确,对表达产物的鉴定是必要的。Western印迹可利用特异抗体对外源表达蛋白的识别与结合,灵敏、准确地鉴定出表达产物是否为目的蛋白。但是,抗体制备难度较大,所需时间长,制作成本高,不可能广泛应用。现代实验室在鉴定基因工程产物时主要采用将外源基因导入带有标签基因的质粒载体并共同表达的方法,标签基因是指通过自身序列或编码产物来指示目的基因或目的蛋白位置的一段核苷酸序列,通常很短,位于外源基因的N端或C端,通过自身的特性可以方便地被检测出来。常用的标签基因包括绿色荧光蛋白(green fluorescent protein,GFP),其编码产物能够在荧光显微镜下被检测出,通常用来标记基因产物的细胞定位;组氨酸标签(His-tag)也是常用的标记基因,由编码6~9个His的DNA序列构成,分子量较小,位于外源表达蛋白的N端或C端,不影响表达蛋白的生物活性。His侧链残基可以在特定环境中结合到某些过渡态金属离子上,如镍(Ni)离子和钴(Co)离子,在外界环境变化后又可以从这些离子上脱离,故可利用这种金属螯合性质采用亲和层析分离纯化蛋白产物,即外源基因在适合表达系统中表达含His-tag的融合蛋白,收集的表达产物经过Ni-螯合柱,融合蛋白被吸附到螯合柱中,随后被咪唑洗脱出来,收集的融合蛋白纯品可进一步酶切除去标签,达到分离纯化靶蛋白的目的。此外,携带标签的融合蛋白也易于使用标签抗体通过免疫印迹方法在体外被检测出来,由于标签抗体已基本商业化,这样就避免了每次检测都要制备不同抗体的烦琐程序和昂贵成本。

实验 32 PCR 产物的 TA 克隆

一、实验原理

因 PCR 过程中 Taq DNA 聚合酶会在 PCR 产物的 3' 端加上一个腺苷残基（A），而线性化的 T 载体在 3' 端拥有一个 T 可与之互补，所以 T 载体可以与 PCR 产物直接连接，大大提高了 PCR 产物的连接、克隆效率。TA 克隆的优点是快速和不依赖限制性核酸内切酶；缺点是无法定向克隆。pGEM-T（easy）载体和 pMD18-T 载体应用最为广泛。

pMD18-T 载体是一种高效克隆 PCR 产物的专用载体，在 pUC18 载体基础上改建而成，即在 pUC18 载体的多克隆位点处的 *Xba* I 和 *Sal* I 识别位点之间插入 *Eco*R V 识别位点，用 *Eco*R V 进行酶切后形成 3' 端 T 尾的线性化的 T 载体，故利用 T 与 A 的互补，使 PCR 产物与 T 载体连接。同时，pMD18-T 载体中含有一个氨苄西林抗性基因（*Amp*r）和一段 β-半乳糖苷酶基因（*lacZ* 基因），可用于 *Amp* 平板筛选或蓝白斑筛选（图 21-3）。

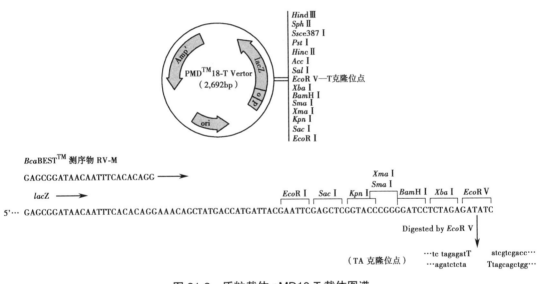

图 21-3 质粒载体 pMD18-T 载体图谱

靶基因 PCR 产物与 T 载体重组连接后，需转化到大肠埃希菌的感受态细胞（CaCl₂ 法制备）进行克隆。CaCl₂ 法制备感受态细胞的基本原理：细菌在低温、低渗（4℃，0.1mol/L CaCl₂）溶液中，局部失去细胞壁或细胞壁溶解，外来 DNA 可形成抗 DNA 酶的羟基-钙磷酸复合物，黏附于细胞表面，经 42℃ 短暂热冲击处理，DNA 复合物易进入细胞，从而实现靶基因经质粒 DNA 的转化。

转化处理过的细菌在选择性培养基（含适当抗生素）中培养，转化成功的细菌可在 *Amp*r 培养基上生长形成菌落。鉴定采用 α-互补法（即蓝白斑筛选），白色菌落是带有重组质粒的细菌。

二、实验材料

（一）样品

PCR 产物（Taq DNA 聚合酶催化的 PCR 产物），pMD18-T 载体，单菌落或冻存菌种（大肠埃希菌）。

（二）试剂

1. 10× 连接酶缓冲液。
2. T_4 DNA 连接酶（2U/μL）。
3. 灭菌双蒸水（ddH₂O）。
4. LB 液体培养基（见附录 A）。
5. LB 固体培养基（见附录 A）。
6. 0.1mol/L CaCl₂ 溶液。
7. 氨苄西林（Amp）　100mg/mL（-20℃保存），使用浓度为 50~100μg/mL。

（三）仪器及器材

恒温水浴箱、微量移液器、超净工作台、恒温摇床、台式离心机、可见光分光光度计。

三、实验步骤

（一）实验流程

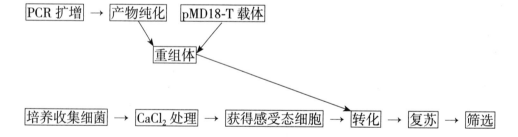

（二）操作步骤

1. PCR 扩增靶基因（见第二十章实验 29）。
2. PCR 产物的纯化　可以采用酚/氯仿抽提、乙醇沉淀或市售试剂盒进行纯化。
3. PCR 产物与 T 载体连接　按表 21-1 在无菌离心管中建立连接反应。将液体混匀，在 16℃水浴 1~4h，收集含重组 DNA 的反应液备用。
4. 感受态细胞制备
（1）宿主细菌小量培养：从 37℃培养 12~16h 的平板中用无菌牙签挑取一个单菌落，转到含有 3mL LB 培养基的试管内，在 37℃振摇过夜。
（2）新鲜扩大培养：次日，取菌液 0.5mL 转入含 50mL LB 培养基的烧瓶中，于 37℃剧烈振摇（200~300r/min）培养 2~3h，待 A_{600} 值达 0.3~0.4 时将烧瓶取出，立即置冰浴 10~15min。

表 21-1　连接体系组成成分

组成成分	体积 /μL
PCR 产物（0.1~0.3pmol）	1
pMD18-T 载体（50ng/μL）	1
10× 连接酶缓冲液	2
T_4 DNA 连接酶（2U/μL）	1
ddH_2O	15

（3）收集细菌：将细菌转移到一个 50mL 的无菌离心管，在 4℃离心 4 000g×10min，收集细菌。弃去培养液，将管倒置于滤纸上 1min，使最后残留的培养液流尽。

（4）$CaCl_2$ 处理：加入 10mL 冰预冷的 0.1mol/L $CaCl_2$ 重悬菌体，置冰浴 30min。于 4℃离心 4 000g×10min，弃去上清液，倒置于滤纸上 1min。

（5）加 4mL 用冰预冷的 0.1mol/L $CaCl_2$ 重悬菌体（重悬时操作要轻）。于 4℃的冰箱中放置 12~24h，用于转化。

5. 转化

（1）无菌状态下取感受态细胞液 100μL，置于无菌微量离心管中。取步骤 3 中靶基因与 T 载体连接后的重组体反应液 5μL，轻轻旋转以混合内容物，在冰上放置 30min。

（2）42℃热休克 90s，不摇动试管，转冰浴速冷 1~2min。

（3）细菌复苏：每管加 400μL 无抗生素的 LB 培养基，37℃摇床（100~150r/min），温和振摇 45~60min。使细菌复苏并表达质粒的抗性基因。

6. Amp 平板筛选　取菌液 0.1mL 均匀铺于含 Amp 的 LB 固体培养平板上，静置 20min，于 37℃恒温箱中倒置放置培养 12~16h，即可生长出质粒转化成功的单菌落。

（三）注意事项

1. PCR 产物与载体 DNA 的摩尔比为 2∶1~10∶1。DNA 纯度对连接效果影响较大，因此，PCR 后可用产物回收试剂盒纯化 DNA。

2. 连接反应的温度超过 16℃会抑制 DNA 环化。如果连接效果不佳，可以延长反应时间，进行过夜反应。

3. 转化实验中应防止杂菌和其他外源 DNA 的污染，否则会影响转化率或转入杂 DNA。常同时设立阳性对照（含有感受态细胞和已知量的超螺旋质粒 DNA），以估计转化效率；设立阴性对照（管内只有感受态细胞），以消除可能的污染及便于查明的原因。

4. 如果转化实验阴性对照出现克隆菌落，可能的原因有：①感受态细胞被有抗生素抗性的菌株污染；②选择性平板失效；③选择性平板被某种具有抗生素抗性的菌株污染。如果阳性对照没有克隆菌落长出，说明感受态细胞或转化缓冲液有问题。

5. 控制细菌生长密度在 $5×10^7$ 个 /mL 左右为最佳（测 A_{600}=0.3~0.4），密度过高、不足均会使转化率下降。

6. 用于转化的质粒主要是共价闭环 DNA，转化率与外源 DNA 的浓度在一定范围内成正比。

7. 在检测 Amp 抗性时,转化菌的铺板密度应较低,培养时间不超过 20h。铺板密度过高或培养时间过长可能会导致抗 Amp 的卫星菌落产生。抗 Amp 菌落的增加与平皿上所加细菌数的增加并无线性比例关系,这可能是因为被抗生素杀死的细胞释放生长抑制物质的缘故。

四、结果与讨论

(一)结果

1. 实验结果

(1)靶基因与 T 载体连接实验:可取反应液进行琼脂糖凝胶电泳,同时以载体酶切片段、PCR 产物和 DNA 分子量标准为参照,进行分析。通常情况下直接将连接产物转化细菌,不需电泳检测。

(2)转化实验:接种菌液的 LB 固体培养基经恒温培养后,可看到有大量的单菌落生长,说明质粒转化比较成功,由于质粒中含有抗性基因,受体菌在平板上生长良好。

2. 常见问题及处理　见表 21-2 和表 21-3。

表 21-2　连接实验常见问题及处理

问题	解析及处理
PCR 产物	
如含有抑制连接的成分	将 PCR 产物和连接反应对照混合,观察是否存在抑制效应。如果有抑制成分存在,可重新纯化 PCR 产物
产物不含 3'-A 末端,不能连接	有的 DNA 聚合酶不能产生 3'-A 末端,可重新选择合适的 Taq DNA 聚合酶
T 载体	
T 末端缺失	会表现出蓝色菌落数多于白色菌落数;应避免核酸外切酶污染,引起 T 末端降解
T4 DNA 连接酶和缓冲液	
活性降低	注意商品化连接酶的保存和缓冲液的稀释比例
反应时间	
连接反应时间不足	可 16℃水浴过夜

表 21-3　转化实验常见问题及解析

问题	解析
无菌落生长	①连接反应失败,未形成重组质粒;②重组子过大,不易进入细菌实现转化;③感受态细胞状态不佳、已死亡或热休克时间过长;④转化后复苏时,LB 液体培养基中加入了 Amp,导致细菌无法生长
菌落较少	①感受态细胞保存时间较长,转化效率降低;②操作不当,导致感受态细胞部分死亡;③操作过程未在低温下进行,导致转化效率不高
菌落太多	①接种时菌液中细菌数过多;②涂板时未涂匀,导致局部细菌数过多

（二）讨论

1. 转化实验中为什么要设置阳性对照和阴性对照？
2. 为了获得具有高活性的感受态大肠埃希菌，需要在制备过程中注意哪些细节？
3. 以 Amp 抗性进行宿主细胞大肠埃希菌筛选时，为什么培养时间不宜过长？

实验 33 靶基因的亚克隆

亚克隆是指从一个载体中分离靶基因片段克隆到另一个载体。具体流程是采用限制性酶切或 PCR 等方法，从已经克隆的 DNA 中获得该克隆 DNA 序列，再克隆到新的载体（如表达载体）中。分子克隆通常先采用克隆载体在原核细胞中进行靶基因克隆，然后将靶基因亚克隆至表达载体，以分析、获得基因表达产物。本实验介绍从克隆载体（pBR322）分离靶基因，并克隆到 pET-28a（+）原核表达载体，进行亚克隆的实验原理与操作。

一、实验原理

含重组克隆载体的质粒提取、酶切的原理和操作可参考第十八章实验 26。

亚克隆过程中，选择相应限制性核酸内切酶来分别酶切靶基因和表达载体 DNA，均可得到线性 DNA 用于重组。根据靶基 DNA 和载体的具体情况，可选择单酶切或双酶切。在亚克隆时，常在前期设计中利用 PCR 突变或引物上添加相关酶切位点。尽量首选双酶切/不对称相容末端连接，以保证定向克隆的效果，次选单酶切/对称性黏性相容性末端连接。而平末端连接效率较低，通常很少采用。

酶切产物（靶基因片段）的回收：电泳所用琼脂糖主链常导入羟乙基修饰。这种琼脂糖凝胶可在 65℃熔化成液体，在 30℃凝成凝胶。由于双链 DNA 的解链温度大多高于 65℃，所以利用高纯度的低熔点琼脂糖凝胶在 65℃熔化时 DNA 并不变性，在凝胶成液态时用饱和酚抽提，DNA 可从上层水相中获得。该法的优点是对于某些应用（如限制性内切酶消化、连接反应、探针标记等）可直接用含 DNA 片段的熔化的凝胶条，不需要进一步抽提纯化或洗脱纯化。目前有商品化的硅胶树脂吸附法 DNA 回收试剂盒，也可选择此方法进行 DNA 回收，并参照说明书进行操作。

二、实验材料

（一）样品

含靶基因的 pBR322 克隆载体的大肠埃希菌（*E.coli*）；pET-28a（+）原核表达载体。

（二）试剂

1. 10× 限制性内切酶缓冲液。
2. *Bam*H Ⅰ（10U/μL）。
3. *Eco*R Ⅰ（10U/μL）。
4. 双蒸水（无 DNA 酶的 ddH$_2$O）。
5. EDTA.Na$_2$（pH 8.0） 100mmol/L。
6. 低熔点琼脂糖。

7. TE 缓冲液　10mmol/L Tris.Cl, 1mmol/L EDTA, pH 8.0。

8. 平衡酚　0.1mol/L Tris·Cl 饱和液, pH 8.0。

9. 氯仿 / 异戊醇（24：1）。

10. 10mol/L 乙酸铵（NH_4Ac）。

11. 无水乙醇和 70% 乙醇。

12. 10× 连接酶缓冲液。

13. T4 DNA 连接酶（2U/μL）。

（三）仪器及器材

恒温水浴锅、微波炉、电泳仪、电泳槽、凝胶成像系统、涡旋混合器、台式离心机、微量移液器。

三、实验步骤

（一）实验流程

（二）操作步骤

1. 含靶基因的 pBR322 克隆载体质粒 DNA 的提取和鉴定　参见第十八章实验 26。

2. 靶基因和载体酶切

（1）获得分离的靶基因或载体, 在灭菌离心管中按表 21-4 进行反应, 37℃水浴 1~2h。

表 21-4　酶切体系组成成分（总体积 20μL）

组成成分	体积 /μL
含靶基因的 pBR322 载体 DNA（1μg）	10
*Bam*H Ⅰ（10U/μL）	1
*Eco*R Ⅰ（10U/μL）	1
10× 限制酶缓冲液	2
ddH_2O（无 DNA 酶）	6

（2）取出一定反应液进行凝胶电泳, 鉴定酶切效果（参见第十八章）, 决定终止反应时间。

（3）终止反应: 酶切后需终止反应时, 可加入 EDTA 至终浓度 10mmol/L, 终止反应。若 DNA 酶解后仍需进行下一步反应（如连接、内切酶反应等）, 可用酚 / 氯仿抽提, 然后乙醇沉淀, 纯化 DNA。

3. 琼脂糖凝胶电泳回收靶基因片段

（1）电泳: 在 4℃下进行低熔点琼脂糖凝胶电泳, 防低熔点凝胶溶化。

（2）切胶：在凝胶成像仪中用解剖刀切割相应位置,收集目标 DNA 的凝胶条,放入离心管,加 2 倍体积 TE 缓冲液,在 70℃保温 10min 以熔化凝胶（琼脂糖的百分含量应降至 0.4% 以下）。

（3）酚处理：冷却至室温时,加入等体积平衡酚,充分混匀后以 4 000g 离心 10min,有机相与水相交界面为白色的低熔点琼脂糖粉末。

（4）氯仿 / 异戊醇抽提：回收水相,等体积氯仿 / 异戊醇抽提一次。

（5）NH_4Ac 和乙醇沉淀 DNA：上层水相转至新的离心管中,加入 0.2 倍体积的 10mol/L NH_4Ac 和 2 倍体积的乙醇,混匀后于室温放置 10min,于 4℃下 12 000g 离心 10min,沉淀核酸。

（6）漂洗 DNA：弃上清液,沉淀 DNA 用 70% 乙醇漂洗一次,以 12 000g 离心 5min,弃去上清液。

（7）室温下蒸发乙醇,DNA 溶于适量蒸馏水中,保存备用。

4. 靶基因和表达载体 pET-28a（+）酶切　操作同前,反应终止后纯化 DNA。

5. 靶基因和表达载体 pET-28a（+）连接

（1）按表 21-5 进行连接反应,在 16℃孵育 1~12h。

表 21-5　连接体系组成成分（总体积 10μL）

组成成分	体积 /μL
靶基因片段	1（0.4μg）
表达载体 pET-28a（+）DNA	1（0.1μg）
10×连接酶缓冲液	2
T4 DNA 连接酶（2U/μL）	1
ddH₂O（无 DNA 酶）	5

（2）将含重组子的反应液保存备用。该反应液可用于转化宿主细胞,进行阴性重组体的筛选、鉴定（质粒提取、酶切鉴定或 DNA 测序）及靶基因的表达。

（三）注意事项

1. 制备、回收、纯化目的 DNA 片段时,应避免外来 DNA 污染。

2. 电泳过程中,当溴酚蓝迁移至足够距离时,在长波紫外灯下观察目的片段的具体位置,用清洗过的刀片切下宽度适当的胶块。切胶时,可在胶下垫一个新的塑料手套,防止污染。切胶勿使用短波紫外线（254nm）,以免引起 DNA 的断裂或形成 TT 二聚体,前者会使连接与转化等实验失败,后者可能造成基因突变。为了提高 DNA 片段的回收效率,切胶时应尽量去除多余的胶块。

3. 回收的 DNA 片段纯度较高,可直接用于 DNA 测序、克隆实验,同时也可以直接进行各种酶促反应。

4. 实验操作要轻柔,特别在处理较大片段时应防止机械剪切作用对 DNA 的破坏,如吸取液体、转动离心管等操作均应缓慢、轻柔。

5. 大多数限制酶均于 50% 甘油缓冲液 –20℃保存。酶解反应中甘油浓度超过 5% 会抑制限制酶活性,因此加酶量应准确限制小于总体积的 1/10。

6. 加入大量(2~5 倍)的内切酶有助于缩短反应时间,但酶量不能过分加大,因许多内切酶过量本身会导致识别顺序的特异性下降。

7. DNA 连接反应一般采用靶基因 DNA 与载体 DNA 的摩尔比为 2∶1~10∶1。

8. 在黏端连接反应中,将具有相同黏端的靶基因片段克隆至具有匹配的相同黏端的线性质粒载体时,需采用碱性磷酸酶处理去除载体的 5'-P 以抑制质粒的自身连接和环化。

9. 不同厂家生产的 T4 DNA 连接酶反应条件稍有不同,但其产品说明书上均有最适反应条件,包括对不同末端性质 DNA 分子连接的 T4 DNA 连接酶的用量、作用温度、时间等;同时提供有连接酶缓冲液,其中多已含有要求浓度的 ATP,应避免高温放置和反复冻融使其分解。

四、结果与讨论

(一)结果

1. 靶基因 DNA 片段回收　酶切反应结束后,回收得到的 DNA 片段可用琼脂糖凝胶电泳检测分子量大小是否符合预期,同时可采用紫外分光光度计检测浓度与纯度、综合分析实验是否成功、估算回收效率。

2. 与表达载体重组连接　连接反应后,可取反应液进行琼脂糖凝胶电泳,同时以载体酶切片段、靶基因酶切片段和 Marker 为参照,观察连接反应产物。靶基因 DNA 与载体 DNA 分别酶切后所得到的产物应为分子量一大一小两个预期的 DNA 片段。

3. 重组体的鉴定　DNA 测序结果分析参见视频。

ER21-1　测序结果说明

4. 常见问题及处理　见表 21-6、表 21-7。

表 21-6　DNA 片段回收常见问题及处理

问题	解析	处理方法
回收率低	熔胶不完全	尽量将胶切成小块,并确保熔胶彻底
	清洗液乙醇含量不足	按比例添加乙醇
酶切效果不佳	酶活性降低,存放或使用不当	参照说明书使用,必要时设立阳性对照
	清洗液去除不彻底,回收产物中残留乙醇或盐等	用乙醇再次沉淀回收,并确保 DNA 溶液体积不超过酶切反应总体积的 10%
回收产物电泳条带不清晰	DNA 分子断裂	切胶、混合等操作尽量动作轻柔
	其他 DNA 分子污染	使用新配制的琼脂糖胶和电泳缓冲液
	DNA 分子降解	胶块若不能及时回收,应于 4℃ 保存,避免 DNA 降解

表 21-7 酶切反应常见问题及处理

问题	解析	处理方法
DNA 完全未被酶切	内切酶失活	检查内切酶活性、存放条件等
	反应条件不适宜	检查反应缓冲液浓度等
	DNA 纯度不高	重新纯化,乙醇沉淀
	酶切位点被修饰	换用对修饰改变不敏感的同裂酶
DNA 酶切不完全	内切酶活性降低	检查内切酶活性、存放条件等
	反应条件不适宜	检查反应缓冲液浓度等
	DNA 纯度不高	重新纯化,乙醇沉淀
	酶切位点被修饰	换用对修饰改变不敏感的同裂酶
	DNA 黏端退火	电泳前 DNA 存于 65℃ 10min
无预期酶切片段	内切酶活性降低	检查内切酶活性、存放条件等
	反应条件不适宜	检查反应缓冲液浓度等
	DNA 纯度不高	重新纯化,乙醇沉淀
	酶切位点被修饰	换用对修饰改变不敏感的同裂酶
	DNA 黏端退火	电泳前 DNA 存于 65℃ 10min
DNA 片段数目多于预期	存在内切酶污染	检查内切酶纯度
	含有其他杂质 DNA	纯化 DNA

(二)讨论

1. 采用凝胶回收的方式获得靶基因 DNA 时,为了保证 DNA 完整性,需注意哪些方面?

2. 如果要大量表达某种人源性目的蛋白质,在设计实验时,如何利用克隆载体和表达载体的各自优势以提高蛋白质的表达效率?

实验 34 组氨酸标签融合蛋白的诱导表达与鉴定

本实验将携带目的基因的 pET 重组质粒转入原核表达系统(如大肠埃希菌 BL21 菌株),IPTG 诱导带组氨酸标签的目的基因表达后,将融合蛋白经过 Ni-NTA 琼脂糖珠吸附、洗脱后,达到分离纯化的目的。目的蛋白获取后可以通过 SDS-PAGE 进行鉴定。

一、实验原理

含有靶基因的表达载体转化到宿主细胞中,可利用宿主细胞的转录和翻译体系进行表达,原核表达系统通常使用 IPTG 诱导表达目的蛋白。

表达组氨酸标签(His-tag)的融合蛋白是目前基因工程中最普遍的外源基因表达方式,组氨酸标签由 6~9 个 His 构成,较短的氨基酸序列对其标记的目的蛋白结构影响较小。利用固定金属离子亲和层析(immobilized metal ion affinity chromatography,IMAC)可以将带有 His 标签的外源蛋白富集在镍离子螯合介质(Ni-NTA media)中,再利用高浓度咪唑(imidazole)洗脱或改变 pH 条件洗脱 His-融合蛋白,达到分离纯化的目的。1987 年,Hochuli 等人进一步发现使用氮川三乙酸(nitrilotriacetic acid,NTA)作为配基的填料螯合金属镍离子(Ni-NTA),之后利用 IMAC 对带有 His 标签的融合蛋白进行纯化成为应用广泛的蛋白质研究常用技术。

在收集和纯化大肠埃希菌细胞表达的外源目的蛋白时,要根据目的蛋白本身的结构和生化性质选取合适的纯化方法才能够达到理想的效果。带有 His 标签的融合蛋白表达收集后,通过电泳技术对裂解细胞后的离心上清液进行检测,当融合表达蛋白形成可溶性蛋白产物时,直接将上清液通过 Ni-NTA 树脂或琼脂糖珠纯化回收;有时融合表达蛋白由于没有恰当的折叠修饰会形成不溶性包涵体,由于包涵体没有生物活性,不能直接应用,此时应用适当浓度的尿素或盐酸胍等强变性剂溶解位于沉淀中的包涵体后再将溶解产物通过 Ni-NTA 介质纯化回收,随后进一步通过复性等步骤恢复生物活性,以满足科研生产需要。

二、实验材料

(一)样品

1. 携带目的基因和组氨酸标签的重组 pET 质粒。
2. 重组表达大肠埃希菌 BL21 菌株感受态细胞　感受态细胞制备见本章实验 32。

(二)试剂

1. LB 培养液、LB 琼脂固体培养基。
2. 诱导剂 IPTG　储存浓度为 1mol/L。
3. Ni-NTA 琼脂糖珠。
4. 10× 磷酸盐缓冲液(PBS)　使用前稀释为 1×PBS(1L),pH 7.4,组成见表 21-8。

表 21-8　10×PBS 组成成分(1L)

组成成分	用量 /g
NaCl	80.0
KCl	2.0
$Na_2HPO_4 \cdot 12H_2O$	35.8
K_2HPO_4	2.4

5. 裂解缓冲液(pH 8.0)　组成见表 21-9,加超纯水到 950mL,调 pH 到 8.0,继续用超纯水定容至 1L。

表 21-9　裂解缓冲液组成成分

组成成分	终浓度	储存浓度	用量
Na_2HPO_4	50mmol/L	1mol/L	50mL
NaCl	0.3mol/L	1mol/L	300mL
PMSF	1mmol/L	1mol/L	1mL
尿素	6mol/L		360g

6. 平衡缓冲液(pH 8.0) 组成见表 21-10,加超纯水到 950mL,调 pH 到 8.0,再用超纯水定容至 1L。

表 21-10 平衡缓冲液组成成分

组成成分	终浓度	储存浓度	用量
Na$_2$HPO$_4$	50mmol/L	1mol/L	50mL
NaCl	0.5mol/L	1mol/L	500mL

7. 清洗缓冲液(pH 6.3) 组成见表 21-11,加超纯水到 950mL,调 pH 到 6.3,再用超纯水定容至 1L。

表 21-11 清洗缓冲液组成成分

组成成分	终浓度	储存浓度	用量
Na$_2$HPO$_4$	50mmol/L	1mol/L	50mL
NaCl	0.5mol/L	1mol/L	500mL
尿素	6mol/L		360g

8. 稀释缓冲液(pH 4.5) 组成见表 21-12,加超纯水到 950mL,加入相应浓度的 imidazole,调 pH 到 4.5,再用超纯水定容至 1L。

表 21-12 稀释缓冲液组成成分

组成成分	终浓度	储存浓度	用量
Na$_2$HPO$_4$	50mmol/L	1mol/L	50mL
Tris Base	10mmol/L	1mol/L	10mL
NaCl	0.1mol/L	1mol/L	100mL
尿素	6mol/L		360g

9. 配制 SDS-PAGE 所需试剂 参见第八章实验 6。

(三)器材
超净工作台、微量移液器、恒温摇床、台式低温高速离心机、细胞超声破碎仪、垂直板电泳槽及电泳仪。

三、实验步骤
(一)实验流程
重组蛋白的诱导表达 → 菌体收集 → 细胞裂解 → Ni-NTA 结合 → 洗脱 → 电泳鉴定

（二）操作步骤

1. 带有组氨酸标签的外源基因的诱导表达

（1）将携带目的基因的 pET 重组质粒转化进大肠埃希菌 BL21 菌株感受态细胞,转化后的菌液涂布在含有 Amp 的 LB 固体培养平板中筛选(感受态制备、转化和筛选方法参见本章实验 32),用无菌牙签将筛选出的阳性单克隆挑出,在 3mL 含 Amp 的 LB 培养液中于 37℃振荡培养过夜,第二天按照 1∶100 的比例将培养饱和的菌体接入 20mL LB 培养液,于 37℃振荡培养 3~5h 至 $A_{600}≈0.5$。

（2）外源基因的诱导表达:取 1mL 菌液于 4℃保存作为诱导前对照,剩余菌液加 IPTG 至终浓度为 1mmol/L,继续于 37℃振荡培养 3~5h。

2. 阳性细菌的收集,裂解

（1）分别将诱导前后的菌液加入无菌、无酶微量离心管中,以 13 000r/min 于室温离心 30s,弃去上清液,用 300μL 预冷的 1× 磷酸盐缓冲液(PBS)将沉淀轻轻吹打均匀。

（2）将溶于 PBS 的菌液在冰上超声破碎 6~10s,随后在预冷的低温高速离心机中以 13 000r/min 于 4℃离心 5min,将上清液转入一个新的无菌、无酶离心管内。

（3）加入 1mL 含有 6~8mol/L 尿素或 6mol/L 盐酸胍的裂解缓冲液,轻轻吹打均匀。

（4）在冰上超声破碎 6~10s,随后在预冷的低温高速离心机中以 13 000r/min 在 4℃离心 15min,收集上清液到新的无菌无酶离心管内,放入 4℃冰箱备用。诱导前的裂解产物作为诱导前对照,诱导后的裂解产物即为纯化前粗提取物。在进行此步前,应用不含尿素的裂解缓冲液将细胞裂解后离心,取上清液进行 SDS-PAGE(见第八章实验 6)。表达产物若是可溶性蛋白,直接将细胞裂解产物进行 Ni-NTA 吸附和洗脱,并保证所有缓冲液中不含尿素等强变性剂;表达产物为不溶性包涵体,则需在缓冲液中加入适当浓度的尿素进行变性处理。

3. Ni-NTA 吸附和洗脱

（1）按照 1∶1 比例用平衡缓冲液稀释 Ni-NTA 琼脂糖珠,加 50μL 稀释后 Ni-NTA 琼脂糖珠到一个无菌、无酶离心管中,分别用 1.5mL ddH₂O 和 1.5mL 平衡缓冲液清洗 3 次,每次清洗时分别用 ddH₂O 或平衡缓冲液和吸附琼脂糖珠混合,以 3 500r/min 在室温离心 3min,倾倒上清液。

（2）留 40μL 粗提取物到一个新的无菌、无酶离心管内备电泳检测,将剩余粗提取物加入清洗后的 Ni-NTA 琼脂糖珠中,在 4℃孵育 1h。

（3）以 3 500r/min 在室温离心 3min,倾倒上清液,保留 40μL 上清液备电泳检测。

（4）用 1mL 清洗缓冲液清洗 3 次,每次清洗时,将 1mL 清洗缓冲液与 Ni-NTA 吸附琼脂糖珠充分混合,3 500r/min 室温离心 3min,倾倒上清液。最后一次清洗的上清液保留 40μL 备电泳检测。

（5）用 1mL 含 10mmol/L 咪唑的清洗缓冲液清洗 2 次(清洗方法如上),最后一次清洗的上清液保留 40μL 备电泳检测。

（6）用 100μL 含 100mmol/L 咪唑的稀释缓冲液清洗 2 次(清洗方法如上),最后一次清洗的上清液保留 40μL 备电泳检测。

（7）最后用 25~40μL 含 250mmol/L 咪唑的稀释缓冲液清洗 2 次(清洗方法如上),最后稀释的纯化产物保留在 4℃冰箱内备电泳检测。

4. 电泳鉴定　分别取诱导前对照和诱导后粗提取物各 5μL,其余清洗和稀释的上清液各 15μL,与等体积上样缓冲液混合,进行 SDS-PAGE 分离蛋白。通过考马斯亮蓝染色分析诱导融和蛋白的条带大小和深浅,完成对目的蛋白的鉴定。

(三)注意事项

1. 如果目的蛋白表达水平较低,可扩大培养量至 100mL 的 LB 培养液收集菌体。

2. 为了尽量避免在吸取 Ni-NTA 琼脂糖珠时破坏其表面结构,可以用灭菌后的剪刀处理枪头尖部,扩大其接触面积。

3. 不可将 Ni-NTA 琼脂糖珠和提取物的混合液暴露在还原剂和螯合剂中。

4. 以包涵体形式表达目标蛋白,采用变性剂可从 6mol/L 尿素开始尝试,依次为 6~8mol/L 尿素、6mol/L 盐酸胍,直至蛋白纯化效果最佳为好。

四、结果与讨论

(一)结果

1. 融合蛋白诱导表达和纯化前后电泳图分析　见图 21-4。

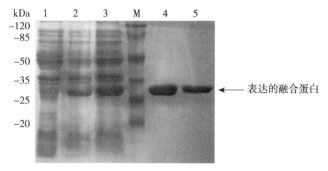

图 21-4　融合蛋白诱导表达和纯化前后的电泳图
注:1. 诱导前;2、3. 诱导后;4、5. 纯化后;
M. 蛋白质分子量标准(marker)。

2. 常见问题及处理　见表 21-13。

表 21-13　常见问题及处理

问题	解析	处理方法
目的蛋白质条带诱导表达前后浓度无明显变化	目的蛋白诱导表达失败	检查 IPTG 浓度是否合适,必要时更换表达系统
目的蛋白区域条带弱	目的蛋白表达水平低	扩大细菌培养体系
纯化后目的蛋白以外的杂带较多	目的蛋白以外的杂蛋白与 Ni-NTA 存在非特异性结合	可提高稀释缓冲液中起始咪唑浓度
纯化后目的蛋白质条带弱	洗脱条件过于温和	增加咪唑浓度,降低 pH

（二）讨论

1. 在洗脱过程中分别用不同浓度咪唑处理的目的是什么？

2. 缓冲液中尿素的作用是什么？

3. Ni-NTA 琼脂糖珠在接触粗提取物前为什么要用平衡缓冲液多次清洗？

4. 在实验室已装配有 His 标签抗体的情况下,是否有更准确的鉴定目的蛋白的方法？

（商　亮　史　磊）

第六篇

设计性实验与生物信息学实验

设计性实验是在学生学习并掌握相关基础知识、基本方法和基本操作技能的基础上，结合已有实验条件，自行设计实验方案和技术路线，独立组织实施并完成的一种实验。目的在于调动学生的主动性、积极性和创造性，培养学生提出问题、分析问题和解决问题的综合能力。设计性实验通常是给定实验目的和实验条件，激发学生的创新思维和创新意识，要求学生结合所学知识，从兴趣出发进行自主选题并独立完成。本篇重点介绍设计性实验的基本程序和各类实验设计的基本思路。

生物信息学是计算科学与生物学（生命科学）结合产生的领域，本篇还将重点介绍对序列数据进行分析的基本生物信息学方法。

第二十二章
设计性实验的基本程序

生物化学与分子生物学设计性实验要求实验者在充分理解实验基本原理、掌握常规生物化学与分子生物学实验基本技术和方法的基础上,综合运用所掌握的基础理论、实验技能以及各种实验方法,自主选题,自行设计实验方案,准备实验材料,选用配套仪器设备,独立进行实验,记录实验数据并进行数据整理和分析,最后写出比较完整的实验报告或学术论文。

设计性实验一般可分为以下类型:

1. 完全自主型实验设计　由实验者自选题目,确定内容、材料、方法等,自行设计实验方案。

2. 指定型(有限性)实验设计　在给定的一个实验范围或基本要求或一个大的实验题目下,自行命题,自定所需材料、仪器、动物等,自行设计实验方案。

3. 改进、补充型实验设计　对原有实验方案进行改良或补充,完善或改进原有实验方案,或增加新的有创意的实验方案。

设计性实验在一定程度上可以理解为一个小的科研课题的模拟,着眼于培养实验者的实验设计思维方法,加强实际动手操作能力,激发创新精神,为科研实验(科研课题)的研究奠定基础。

设计性实验的基本程序包括以下 4 个步骤:

选题定题 → 实验设计 → 实验实施 → 实验总结

第一节　选题定题

一、选题的原则

1. 实用性　即实验(或课题)要有一定的实用价值。选题要符合社会与科学发展的需要。在讨论实用性时,要正确看待理论与实践、基础与应用、远期效果与近期效果、理论研究与总结经验的辩证关系。

2. 可行性　实验(或课题)必须具备一定的主客观条件才有可能完成。选题时要充分分析完成本实验必要的客观条件是否具备,包括实验仪器、设备、实验对象来源、时间、经费等;同时,要正确评价实验者的知识结构、实验操作能力、思维能力及个人素质等是否具备。

3. 先进性　选题要坚持先进性原则。首先,要清楚已取得的进展及存在的问题;其次,要把继承和创新结合起来。实验设计、科学研究是在前人取得研究成果的基础上进行的,不继承前人的理论观点、思维方法和研究成果,就谈不上创造,也就无先进可言。而科学研究还应在前人尚未问津、没有解决的问题上进行探索;不突破前人的观点、学说和方法,只是重复,就会无所作为。

选题的先进性主要是指:前人或他人尚未研究过,既往文献没有报道过;前人或他人对某一课题虽做过研究,但现在提出新问题、新理论,对前人的研究有所发展或补充。

归纳起来,先进性又称创新性,创新性实验的表现形式包括新见解、新观点、新思想、新设计、新概念、新理论、新手段等。

4. 科学性　选题时应有科学的理论依据和一定的事实根据。为保证选题依据的科学性必须做到:以事实为依据,从实际出发,实事求是;不能与已确认的基本科学规律和理论相矛盾。

二、选题的基本程序

1. 发现和提出问题　进行科学研究最重要的是会提出问题,提出一个问题远比解决一个问题重要。在基础研究或临床实践工作中,经常会碰到不清楚或没有解决的问题,这些问题会在脑海里先显现出来,然后试图解释或解决这些问题时,就提出了初始意念。问题提出与探索的过程见图 22-1。

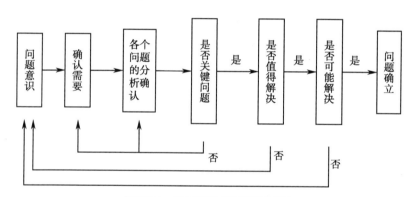

图 22-1　问题提出与探索的过程

2. 文献查阅　围绕提出的问题,查阅国内外相关文献,掌握该问题的国内外研究进展。

3. 提出假说　通过文献查阅,对初始意念显现时提出的新问题进行系统分析,在一定科学理论依据或事实的基础上,提出未证实或未完全证实的答案和解释或推理,这个过程就是提出假说的过程。

4. 提出验证假说的实验方案　验证假说就是在推理指导下进行实验和调查,即提出可行的实验方案来检验假说能否成立。

5. 确定题目　在假说已经形成、实验方案已经确定的基础上,即可凝练、确定实验(或课题)的题目。题目应简明扼要,一般应包括实验对象、实验因素和实验效应 3 个要素。示例如下:

题目:烧烤食品的烟雾对大鼠肺功能的影响。

实验因素:烧烤食品的烟雾。

实验对象:大鼠。

实验效应:肺功能的影响。

第二节　实 验 设 计

一、实验设计的要素

(一)实验对象

实验对象选择得合适与否直接关系到实验实施的难度,以及对实验新颖性和创新性的评价。医学实验的对象通常包括动物和人体,有些实验可采用真核细胞或细菌等。

一个完整的实验设计所需实验材料的总数称为样本含量。要根据特定的设计类型估算出较合适的样本含量。样本量过大或过小都有弊端。

(二)实验因素

实验因素是指作用于实验对象及对实验结果产生影响的因素。

1. 处理因素　指外部施加给实验对象的因素,如某种成分的剂量、浓度、作用时间等。当因素较多,且分别有多个水平、相互影响时,要注意采用正交设计。

2. 干扰因素　指实验对象自身的因素,如人的年龄、性别、体重,又如动物的窝别或批次等;在实验对象分组时,需要对这些因素进行控制,以降低这些因素对实验效应的干扰。

3. 其他未加控制的综合因素(实验误差)　最好通过一些预实验,初步筛选实验因素,对处理因素进行标化,确定各因素的水平,并充分考虑多因素之间的相互作用,以免实验设计过于复杂而难以完成。

(三)实验效应

实验因素作用于实验对象后出现的效应即实验效应。实验效应是反映实验因素作用强弱的标志,必须通过具体指标来体现。指标要尽可能多地选择客观性强的指标。对一些半客观或主观指标,一定要事先确定读取数值的严格标准。同时,还要考虑指标的灵敏度与特异性、精确性等。只有这样,才能对实验结果进行准确分析,从而大大提高实验结果的可信度。

二、实验设计的原则

从统计学的要求考虑,实验设计的主要原则包括:随机(randomization)、对照(control)、重复(replication)及均衡(balance)原则。此外,实验设计还要综合考虑弹性原则(实验计划时间进度富有弹性)、最经济原则(选择最优方案以最小的投入获得最大的效益)以及专业上需要考虑的一些原则。

(一)对照原则

通常一个实验应设置实验组和对照组。实验组是接受实验因素处理的对象组;对照组是不接受实验因素处理的对象组。至于哪个作为实验组,哪个作为对照组,一般随机决定。理论上讲,由于实验组与对照组的无关因素的影响是相等的、被平衡了的(即可减少或消除实验误差),故实验组与对照组的差异可认定是来自实验因素的效果,这样的实验结果是可信的。

对照组的设计包括多种形式,可根据实验目的和内容加以选择。

1. 空白对照　又称为正常对照(或阴性对照)。空白对照组不加任何处理因素。

2. 自身对照　对照与实验在同一实验对象上进行。例如,同一实验对象用药前后的对比。

3. 组间对照　也称为相互对照,是指几个实验组之间相互对照,而不单独设对照组。例如,用几种药物治疗某疾病,比较这几种药物的治疗效果。

4. 标准对照　通常指将实验组结果与标准值或正常值对比。实验设计时通常可采用公认(或效果确切,能得出阳性结果)的方法作为参照。在方法学评价时,标准对照(或阳性对照)有重要意义。

实验对照原则是设计和实施实验的准则之一。设置实验对照,既可排除无关变量的影响,又可增加实验结果的可信度和说服力。

(二) 随机原则

随机是指实验样本是在实验对象的总体中随机抽取的,它们被抽取的机会是均等的。如果在同一实验中存在多个处理因素,则各因素作用顺序的机会也是均等的。简单地说,随机原则的概念包括随机抽样(总体中每个个体有相同的机会被抽到样本中来)、随机分组(每个实验对象分配到各实验组或对照组的机会均等)、随机实验顺序(每个实验对象接受处理的先后顺序相同)。

随机化的方法有很多,如随机数字表法、随机排列表法、抽签法等,具体可参考统计学专业教材。

通过随机化,一方面尽量使抽取的样本能够代表总体,减少抽样误差;另一方面使各组样本的条件尽量一致,消除或减少组间人为误差,从而使实验因素产生的效应更加客观,便于得出正确的实验结论。

(三) 重复原则

重复原则即控制某种因素的变化幅度,在相同实验条件下做多次独立重复实验,观察其对实验结果影响的程度。任何实验都必须能够重复,反映待测因素(或条件)对实验结果的影响是具有客观规律的,这也是具有科学性的标志。一般认为,重复 5 次以上的实验才具有较高的可信度。

上述随机性原则虽然要求随机抽取样本,这能够在相当大的程度上抵消非处理因素所造成的偏差,但不能消除它的全部影响。重复的原则就是为解决这个问题而提出的。

(四) 均衡原则

均衡是指在相互比较的各组间(实验组与对照组、实验组与实验组间),除了考虑施加的处理因素条件一致(实验前后一致,实验过程中不随意改变)外,其余因素特别是可能影响实验结果的干扰因素要尽量相同。例如,动物实验要求各组间动物的数量、种系、性别、年龄、体重、毛色等要尽量一致,实验仪器、药品、时间等方面也应一致,这样才能有效减少实验误差。

三、实验设计的内容

(一)实验题目

题目是实验设计的出发点和归结点,也是实验内容的集中体现,应该简单明了,反映出实验对象、实验因素与实验效应之间的关系。

(二)实验目的

实验目的即回答"为什么要做",应简单说明设计本实验的理论根据和实验依据,还应包括本实验拟解决的问题以及相应的意义。

(三)实验内容与原理

实验内容与原理即回答"想要怎么做",需围绕实验题目及目的阐述实验研究的主要内容及原理。

(四)实验材料

主要包括 3 个方面。

1. 实验样品　如动物、细菌、细胞、血清等。
2. 试剂及配制　应明确所需各种试剂的名称、浓度及配制的方法等。
3. 仪器及器材　应明确所需仪器及器材的名称、规格及使用方法等。

(五)实验方法(操作步骤)

在介绍具体的操作步骤前,建议给出整个实验的流程图(参考第二十三章等相关内容),然后详细写明实验的每一步骤,包括相应的检测指标及对指标进行处理分析的方法。在操作步骤后,一般需要考虑实验的进度安排。

(六)可行性分析

可行性分析即回答"为什么能做",根据选题的可行性及科学性等原则。可行性分析应包括以下主要内容:①实验设计的理论依据与事实根据;②实验设计者及团队的研究背景,如知识结构、理论与实验技术水平等;③实验仪器设备、实验对象来源、时间、经费等。

(七)预期实验结果

根据实验设计分析可能的实验结果与结论。

(八)参考文献

以学术论文的标准著录格式列出主要的参考文献。

(九)经费预算

应尽可能列出详细的预算,主要包括实验材料的消耗。

四、实验设计的注意事项

（一）指标的选择

指标可分为计数指标和计量指标、主观指标和客观指标等。指标应符合以下基本条件：

1. 依据性　选定的现成指标必须有文献依据，自己创立的指标必须经过专门的实验鉴定。

2. 可行性　符合实验者技术和实验条件（设备）实际。

3. 客观性　最好选择可用具体数值或图形表达的指标，少用主观指标（易受主观因素的影响而造成较大的误差）。

4. 特异性　能特异地反映某特定现象，不易与其他现象混淆。

5. 灵敏性　保证测量结果的检出。

6. 重现性　能较真实地反映实际情况，偏差小。

（二）统计处理

实验结果的数据需要采用相应的统计学方法进行处理，判断实验结果差异的显著性。

（三）量效关系

实验中施加的处理因素与实验结果存在内在联系时，二者之间不仅表现出一般的因果关系，而且会表现出一定的量效关系（即多个水平的处理因素可以得到不同的实验效果或结果）。实验设计时要注意考虑量效关系。

量效关系可以是线性，也可以是非线性；可以是正性，也可以是负性。量效关系曲线可以提供一些有意义的线索。

第三节　实 验 实 施

一、实验方案的确定

开展实验前，需要在实验设计书的基础上，进一步确定、细化实验方案。

1. 根据实验规模和实验室情况，选择合适的实验流程并给出清晰的技术路线图。

2. 在实验记录本上写出每个实验步骤的具体操作方法及注意事项要点等。

3. 根据实验者的时间安排，确定实验的进度，具体到每天每小时。

4. 针对可能出现的问题准备至少一套备选实验方案，以保证实验的顺利进行。

二、实验材料的准备

实验材料主要包括样品、试剂、仪器与器材。

1. 注意实验样品的采集及处理，具体可参见相关专业书的内容。克隆 DNA 的载体或宿主菌可以从一些公共服务机构，如美国标准菌种保藏所（American Type Culture Collection, ATCC; www.atcc.org）等获取。一些尚未商品化且自己不能制备的实验材料（如质粒克隆等），可以通过信函寻求外单位馈赠（通常向论文的通讯作者寻求帮助）。

2. 根据实验方案,列出实验所需化学试剂、酶、培养基、DNA 及相关试剂盒等清单,并确定试剂等的用量、购买量,可从商家处购买。有些试剂要从国外进口,时间周期长,要提前订购。

3. 确定实验所需仪器设备是否可用,熟悉实验室的仪器与器材的使用规范及操作注意事项。

三、实验展开

在确定详细实验计划后,必须进行预实验,确定实验材料、试剂、仪器、时间进度等是否与设计相符。若发现问题,可及时调整实验方法,甚至更换实验方案(启用备选方案)。若预实验结果问题较严重、难以实现预期目的,则需要考虑重新设计实验。当一切就绪后,即可开展正式实验。

四、实验记录

实验过程中应详细记录以下内容:

1. 主要实验条件,作为总结实验时进行核对和查找成败原因的参考依据。

2. 实验中观察到的现象。

3. 原始实验数据的记录(注意有效数字的应用)。

第四节　实　验　总　结

实验结束后,首先对实验中所得到的一系列实验数据,采取适当的处理方法进行整理、分析(包括统计学处理),以叙述式、表格式、简图式或综合应用,对实验结果进行描述,并对结果进行恰当说明。要重视实验结果的分析讨论。讨论是从实验结果出发,从理论上对其进行分析、比较、阐述、推论和预测。

讨论应包括以下基本内容:

1. 用已有的专业知识理论对实验结果进行讨论,从理论上对实验结果的各种资料、数据、现象等进行综合分析、解释、说明,重点阐述实验中出现的一般规律与特殊性规律之间的关系。

2. 实验结果提示的新问题,指出结果与结论的理论意义及其大小。

3. 对实践的指导与应用价值。

4. 实验中遇到的问题、差错和教训,与预想不一致的原因,解决方法,提出在今后实验中需要注意和改进的地方。

5. 实验目的是否达到。在实验结果和理论分析的基础上,经过推理,归纳规律,得出结论。结论要严谨、精练,表达要准确,与实验目的相呼应。

在此基础上,撰写实验报告或学术论文。关于科研论文的撰写,因篇幅的原因在此不赘述,可参见相应专业杂志稿约的要求。

（郭　　睿）

第二十三章

研究型实验设计的基本思路

本章主要介绍生物化学中核酸、蛋白质、酶等各类分子的研究型实验设计基本路线与设计要点。

第一节 核酸研究实验设计

核酸研究的基本过程包括核酸的抽提、分离纯化,然后进行核酸的性质、结构、功能等方面的研究。

核酸提取 → 性质分析 → 结构分析 → 功能研究 → 应用

一、核酸研究基本路线

核酸研究的实质是采用基因操作(gene manipulation)技术对基因的结构与功能进行系列研究。基因操作技术一般指所有涉及 DNA 或 RNA 操作的技术,其核心是基因工程和基因工程相关技术,主要包括 DNA 的"切"(用限制性内切酶切割 DNA)、"连"(用 DNA 连接酶连接两个 DNA 片段)、"转"(将 DNA 转化、转染受体细胞等基因转移技术)、"扩"(目的 DNA 在宿主 / 载体系统进行扩增或体外 PCR 扩增)、"杂"(DNA 的 Southern 杂交、RNA 的 Northern 杂交等)等。

基因操作的技术流程包括:①基因的分离(基因组 DNA/ 总 RNA 的抽提、纯化,目的基因扩增);②基因的拷贝数分析;③基因的结构(序列)分析及改造;④基因的克隆;⑤基因的表达及鉴定;⑥基因功能的分析(图 23-1)。

二、核酸研究实验设计要点

(一) 核酸的分离纯化

真核生物 DNA 大多(95%)存在于细胞核中,其他(5%)存在于细胞器中,如线粒体 DNA、叶绿体 DNA。RNA 主要存在于细胞质中(约占 75%),有 10% 分布于细胞核中,15% 在细胞器中。

1. 材料的选择 核酸分离纯化前首先要考虑选择适当的材料(样品),这关系到实验的成败。例如,有些材料中核酸含量很低或不稳定,易被破坏、变性;同一材料在不同生长期所含核酸含量也不同,如 mRNA 的表达量。

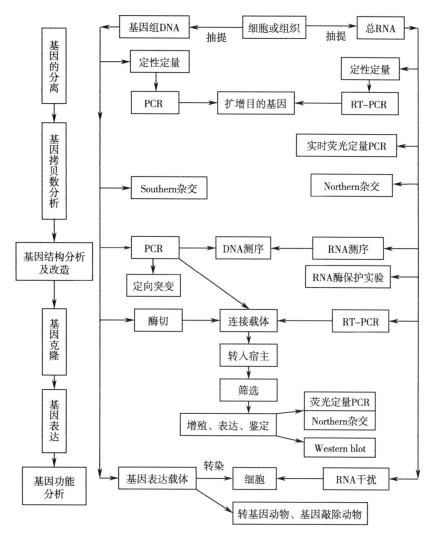

图 23-1 基因操作技术流程图

材料选择的基本原则包括:①材料来源丰富,成本低;②目的核酸含量高,稳定性好;③组织单一,容易分离、提取和纯化,工艺简单等。在实验过程,应中根据具体情况,在全面考虑的基础上,抓住主要矛盾来决定取舍。

2. 分离纯化的基本过程

(1)细胞破碎:方法选择的总原则是不影响核酸的结构和功能,即尽可能避免靶核酸的变性或失活。

细胞破碎的方法可分为机械法、物理法、化学法和酶学破碎法。机械破碎法包括研磨、匀浆等;物理法是利用温度、压力、渗透压、超声波等物理因素作用力进行破碎,包括压榨法、超声波法、冻融法、低渗裂解法等;化学法利用化学试剂破坏细胞膜结构进行破碎,包括有机溶剂法、表面活性剂法;酶学破碎法(酶解法)是通过外加酶作用于细胞,破坏细胞外层结构。

细胞破碎的具体方法及其适用范围、主要特点见表 23-1。

表 23-1　细胞破碎主要方法的比较

细胞破碎方法	适用范围	主要特点
研磨法	细菌、酵母及部分植物、动物组织	条件较温和,适于实验室
匀浆法	细菌、酵母及大多数植物、动物组织	条件剧烈,需保持低温
压榨法	细菌、酵母及植物组织	条件温和,细胞破碎较彻底
超声波法	细菌和酵母菌悬液	操作简便,实验室适用
冻融法	培养细胞	适于提取非常稳定的蛋白质
低渗裂解法	红细胞、细菌	操作简便,通用性差
有机溶剂法	细菌、酵母	注意保持目的蛋白质的稳定性
表面活性剂法	组织、培养细胞	注意保持目的蛋白质的稳定性
酶解法	细菌、酵母	选择性好,通用性差

（2）抽提:加入抽提液,在温和条件下抽提核酸。核酸一般可溶于水、稀酸或碱溶液,但不溶于乙醇、丙酮、丁醇等有机溶剂,因此可采用不同溶剂分离核酸。抽提的原则是少量多次。

（3）分离纯化 DNA 或 RNA:用蛋白变性剂（如苯酚、氯仿等）、去垢剂（如 SDS）或蛋白酶处理使蛋白质沉淀,再通过离心方法除去蛋白质,使核酸与蛋白质分离,保留在水相（上清液）中。随后,在水相中加入无水乙醇将其沉淀出来。最后,通过层析或超速离心分离纯化所需核酸。在 DNA 提取过程中常加入 RNase A 降解 RNA。提取 RNA 时则加入 DNase I 处理 RNA 样品,以去除基因组 DNA 的污染。

（4）鉴定:提取基因组 DNA 或总 RNA 后通常需要进行电泳、测定紫外吸收值,进行定性、定量及纯度分析。

（二）基因的分离

从分离纯化的核酸中获取目的基因常用方法包括:①利用限制性核酸内切酶对基因组 DNA 进行切割,经电泳或超速离心法进行分离;②从基因组 DNA 中经 PCR 扩增得到;③以总 RNA 为模板进行 RT-PCR 扩增得到等。

扩增得到目的基因后通常需要进行电泳、测定紫外吸收值,对目的基因进行定性、定量检测。

（三）基因的拷贝数分析

基因的种类及拷贝数分析常可采用 Southern 杂交（根据探针信号出现的位置和次数判断基因拷贝数）或实时荧光定量 PCR 技术（通过被扩增基因数量上的差异推测模板基因拷贝数差异）。

（四）基因的结构分析及改造

基因的结构主要是一级结构即序列分析,可以采用直接分析法,如 DNA 序列测定（由生物公司完成）。RNA 的结构分析也可以采用 RNA 测序方法（也是通过类似逆转录后对 cDNA 测序）,以及利用 RNA 酶保护实验（RNase protection assay,RPA）来估计 mRNA 的一级结构。具体实验方法参见相关专业书籍。

基因的改造是指通过改变碱基序列使基因的一级结构发生改变。基因改造最常用的技术是基因定点突变，即改变基因序列中的特定碱基。目前普遍用的是利用 PCR 技术进行基因突变的方法：以双链 DNA 为模板，经热变性后与含突变碱基的引物退火延伸，将突变碱基引入 DNA 序列中。

（五）基因的克隆

基因克隆又称为分子克隆、DNA 克隆，采用的是重组 DNA 技术，其基本步骤可概括"分、切、接、转、筛"，具体实验方法及原理详见第二十一章相关内容。

（六）基因的表达及鉴定

将目的基因克隆在表达载体后导入相应表达系统，即原核表达系统（最常用的是大肠埃希菌表达系统）或真核表达系统（如酵母表达系统、哺乳动物细胞表达系统等），获得相应的表达产物，即蛋白质。

基因表达的鉴定主要从两个水平进行：RNA 水平可采用半定量 RT-PCR、荧光定量 PCR 方法，以 Northern 杂交做确证；蛋白质水平可采用免疫印迹（即 Western blot）等方法。

（七）基因功能的分析

基因的功能可通过基因表达产物的功能或活性来推测，但更准确的方法是将基因放回到生命体中进行研究。

1. 分子水平　基因功能研究在进行 DNA 水平和 RNA 水平验证后，需要进行蛋白质水平的研究。对于 DNA 结合蛋白，还需要进行蛋白质与 DNA 共分析层面的研究。随着二代测序技术和蛋白组学结合，产生了 Chip-seq（chromatin immunoprecipitation sequencing）技术。该方法通过染色质免疫共沉淀技术（ChIP，又称结合位点分析法），特异性地富集目的蛋白结合的 DNA 片段；然后对其进行纯化与文库构建进行高通量测序。最后通过将获得的数百万条序列标签精确定位到基因组上，获得全基因组范围内与组蛋白、转录因子等互作的 DNA 区段信息。

2. 细胞水平　主要通过将基因转染细胞，直接在细胞水平研究基因的功能。其关键是构建基因转染细胞模型。根据目的不同，对转染细胞的要求也不同。若只需要短暂表达目的基因，就不需要对转染细胞进行筛选，即瞬时转染。瞬时转染后一般目的基因的表达在48~72h 达到高峰。以后由于基因转染细胞数量有限（未进行大量扩增），转染细胞很快成为非优势生长而消失。要获得持续表达目的基因的细胞株，必须进行稳定转染，如通过慢病毒表达系统，对转染细胞进行压力选择（如抗药性筛选）下培养，不含目的基因的细胞在选择中死亡，获得目的基因的细胞生存下来并获得稳定表达目的基因的细胞株。若需要调控目的基因的表达、避免基因转染后对细胞产生毒性，可以选择含诱导型启动子的表达载体，使目的基因在转染细胞内保持关闭状态，当加入诱导剂后，目的基因才开始表达。此为可诱导表达。

3. 动物模型水平　在动物模型水平上进行基因功能研究时，通常将目的基因克隆到合适的载体上，通过特定技术，如转基因技术（transgenic technology）或基因打靶（gene targeting）技术，使目的基因转移到受体细胞染色体上，然后在转基因动物模型或基因敲除动物模型上研究。基本策略包括基因敲除(gene knock-out)和基因敲入(gene knock-in),前者为定向移除特定基因;后者为定向移入基因。近年来发展迅速的基因编辑新技术 CRISPR/Cas9,便是在向导 RNA(guide RNA,gRNA)和 Cas9 蛋白参与下,对目的基因组 DNA 进行精确剪切,从而实现基因编辑的目的。

三、核酸研究实验设计题目

题目:真核细胞核酸的提取鉴定、定量及碱性磷酸酶基因的克隆与表达(注:核酸包括基因组 DNA 和 RNA)。

真核细胞中核酸(基因组 DNA 和 RNA)均与蛋白质以核蛋白形式存在,DNA 主要存在于细胞核。DNA 可溶于水及高盐溶液(如 1mol/L NaCl),但在低盐溶液(如 0.14mol/L NaCl)中溶解度很低。用有机溶剂抽提,DNA 可溶于水相,加乙醇可使其沉淀;RNA 可溶于碱性溶液,调节溶液 pH 至中性、加乙醇可使其沉淀。组织细胞中还含有脂溶性及酸溶性小分子物质。RNA 酶广泛存在于细胞中。

第二节 蛋白质研究实验设计

不同类型的细胞都含有成千上万不同的蛋白质,细胞中的蛋白质一般以复杂的混合形式存在。因此,蛋白质研究的基本过程首先是提取蛋白质、进行粗分离,然后进行蛋白质的纯化、性质、结构与功能等方面的研究。

蛋白质提取 → 分离 → 纯化 → 性质、结构与功能研究 → 应用

一、蛋白质研究基本路线

蛋白质研究可以单个蛋白质或所提取的全部蛋白质(蛋白质组)为研究对象。蛋白质研究的基本路线如图 23-2 所示。

1. 单个蛋白质的研究 首先,直接将目的蛋白质从蛋白质提取液中分离纯化出来,得到高纯度的目的蛋白质样品;或采用各种蛋白质分离纯化方法将其他杂质蛋白质从蛋白质提取液中依次除去。然后再研究目的蛋白质的各种理化性质、结构与生物学功能,结构与功能之间的相互关系。

2. 全部蛋白质(蛋白质组)的研究 采用双向电泳(two dimensional electrophoresis,2-DE)等高分辨率的蛋白质分离手段,进一步利用质谱(mass spetrometry,MS)等高效率的蛋白质鉴定技术,从整体上对各种条件下的蛋白质谱进行分析,研究相关重要蛋白质的功能,建立蛋白质组数据库,以从整体水平阐述蛋白质在生物机体中的生物学意义及其作用机制。

二、蛋白质研究实验方法

(一) 蛋白质的提取

蛋白质的提取及分离纯化过程中最关键的问题是保持目的蛋白的活性。

1. 细胞破碎 细胞内的蛋白质游离于细胞质中,或与细胞器紧密结合,或分布于细胞核中,所以提取时必须先破碎细胞,使蛋白质释放出来。细胞破碎方法选择的总原则是避免目的蛋白质变性或失活。

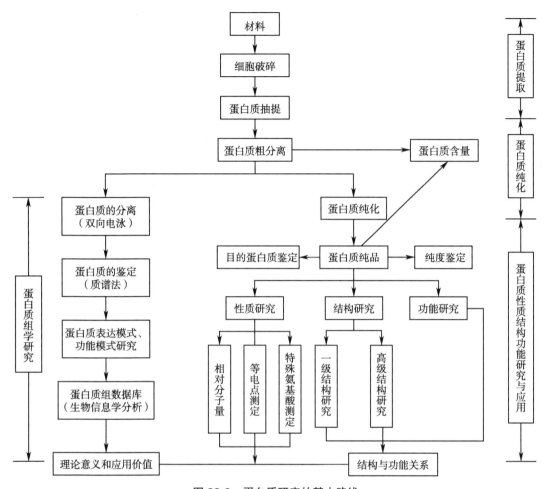

图 23-2 蛋白质研究的基本路线

2. 蛋白质的抽提 细胞破碎后,加入抽提液在温和条件下进行少量多次抽提。大部分蛋白质都溶于水、稀盐、稀酸或碱溶液,少数与脂质结合的蛋白质则溶于乙醇、丙酮、丁醇等有机溶剂中。因此,可采用不同溶剂提取各种蛋白质。

蛋白质提取的注意事项包括:①提取液温度一般采用低温(如4℃左右);②提取液的pH应选择在目的蛋白质等电点两侧的稳定范围内;③提取液中需加入离子强度较低的中性盐溶液保护蛋白质活性;④提取液中应加入还原剂(如β-巯基乙醇)、金属离子螯合剂(如EDTA)、蛋白酶抑制剂等成分以保护目的蛋白质的稳定性;⑤提取液用量通常是原材料体积的1~5倍,提取时需要均匀搅拌,以利于蛋白质的溶解。

(二) 蛋白质含量的测定

蛋白质含量测定的方法有很多,其原理主要根据蛋白质的物理性质(如紫外吸收、折射率、比重等)来计算,也可用化学方法(如定氮、双缩脲反应、Folin-酚试剂反应等)来测定。化学方法的原理大致可分为两类:①测定含氮量,再换算出样品溶液的蛋白质含量;②在蛋白质溶液中加入某化学试剂使蛋白质溶液呈色,再利用比色法(分光光度法)来测定。蛋白质含量测定方法的主要优缺点比较及其具体实验原理及操作参见第七章相关内容。

（三）蛋白质的分离纯化

蛋白质分离纯化的方法可根据蛋白质的理化性质差异来选择,具体方法的原理及操作参见相关专业书籍。下面简要介绍蛋白质分离纯化方法选择的策略。

1. 按照蛋白质分子大小　如透析、超滤、凝胶过滤层析。

2. 利用蛋白质溶解度差异　盐析、有机溶剂沉淀法、等电点沉淀法、选择性沉淀法（根据蛋白质对温度、重金属盐、生物碱试剂等敏感性不同进行选择性沉淀或利用蛋白质与配体之间的特异性结合而纯化目的蛋白）。

3. 根据蛋白质所带电荷差异　如 PAGE、毛细管电泳、等电聚焦、离子交换层析、层析聚焦。

4. 依据对蛋白质选择性吸附力强弱　如羟基磷灰石柱层析、疏水作用层析。

5. 其他　如亲和层析、高效液相色谱、微量结晶法。

（四）蛋白质纯度鉴定

目前主要采用等电聚焦、毛细管电泳、SDS-PAGE、凝胶过滤层析、高效液相色谱、质谱法、结晶法等进行蛋白质纯度鉴定。这些方法的结果分析图谱中只呈现一个条带或一个峰代表该蛋白质样品是纯的。

（五）蛋白质的化学性质研究

1. 蛋白质相对分子量测定　常用方法有 SDS-PAGE（详见第八章实验 6）以及超速离心法、凝胶过滤法、渗透压法、化学组成测定、毛细管电泳法、质谱法。

2. 蛋白质的等电点测定　可采用等电聚焦法（常用 PAGE 等电聚焦、毛细管等电聚焦电泳等）。

3. 蛋白质中特殊氨基酸的鉴定　蛋白质分子中的某些氨基酸具有一些特殊的呈色反应,利用这些反应可以很简单地鉴定出这些特殊氨基酸,如半胱氨酸与硝普盐反应呈红色等。

4. 目的蛋白质的鉴定　主要可采用 SDS-PAGE、蛋白质印迹（Western blot）、酶联免疫吸附法（ELISA）、免疫共沉淀、高效液相色谱和质谱法。

（六）蛋白质结构分析

1. 蛋白质一级结构测定　主要可采用化学分析法（即蛋白质一级结构序列分析）和推导法（通过测定编码蛋白的核苷酸序列来推测相应蛋白质的氨基酸序列）。

2. 蛋白质空间结构测定　主要方法包括圆二色散法（circular dichroism,CD）、X-射线衍射法、核磁共振（nuclear magnetic resonance,NMR）法、荧光光谱法以及蛋白质结构预测（生物信息学方法:从蛋白质的氨基酸序列来预测其三维空间结构）。

（七）蛋白质功能研究

1. 蛋白质的化学修饰　主要包括对蛋白质分子侧链基团和主链结构两方面的改变。结构的改变导致其生物学活性的改变。因此,蛋白质的化学修饰是研究蛋白质结构与功能关系的重要手段。蛋白质侧链基团的化学修饰主要可通过选择性试剂或亲和标记试剂与蛋白质分子侧链上特定功能基团发生化学反应来实现。

2. 蛋白质与蛋白质的相互作用 研究方法主要有酵母双杂交法、噬菌体展示技术、化学交联法、标签-融合蛋白系统筛选。

3. 蛋白质工程 对现有蛋白质加以定向改造、设计,生产新型蛋白质。研究的基本途径为:设计预期新结构,确定相应氨基酸序列,转译成核苷酸序列,然后通过生物合成(从基因到蛋白质)或人工合成,形成新的蛋白质。这个过程称为反向生物学。

4. 蛋白组学研究 蛋白组学(proteomics)是在整体蛋白质水平上研究特定条件下细胞内全部蛋白质的表达模式(蛋白质谱)、功能模式以及蛋白质与蛋白质的相互作用规律。蛋白组学研究的基本路线如图 23-3 所示。

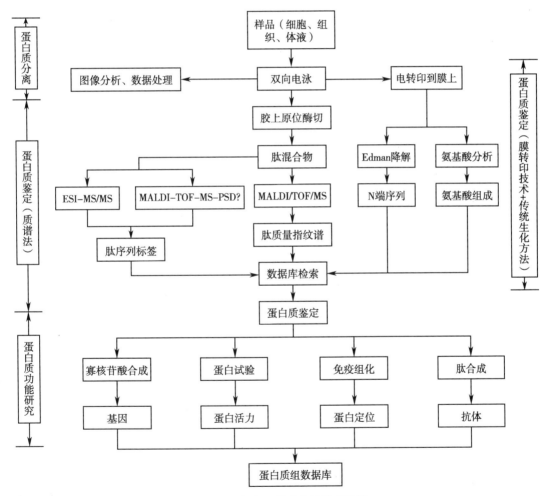

图 23-3 蛋白组学研究的技术路线

ESI:电喷雾离子化(electrospray ionozation);MS:质谱(mass spetrometry);MALDI/TOF/MS:基质辅助激光解析电离飞行时间质谱(matrix-assisted laser-desorption ionozation time of flight mass spetrometry);MALDI-TOF-MS-PSD:基质辅助激光解析电离飞行时间质谱源后衰变技术(matrix-assisted laser-desorption ionozation time of flight mass spectrometry post source decay)。

三、蛋白质研究实验方法选择

实验方法选择的主要依据是所设计实验目的、实验材料特点以及目的蛋白已知主要理化性质、操作简便性等。

对于性质不太清楚的蛋白质,设计实验方案时一般需要选用两种或两种以上不同实验方法从多个不同原理、层面来进行比较研究、相互验证。要充分考虑每个方法的原理、适用范围及其主要特性来合理安排,取长补短、相互补正。

蛋白质的分离纯化一般先选用粗放、快速、有利于缩小样品体积和简化后续工序的方法(如沉淀法、超滤法);后期实验时再选用精确、费时和需样品少的方法(如层析、电泳等)。

在测定蛋白质相对分子量时,一般选用凝胶过滤和SDS-PAGE同时进行测定。凝胶过滤所测定的是天然完整蛋白质的相对分子量;而SDS-PAGE则是测定变性后的失活蛋白质不同亚基的相对分子量。通过这两种方法同时测定一种蛋白质,则可以大致判断该蛋白质的亚基种类及其相对分子量。

应尽量选择操作简便、所需仪器设备简单的实验方法。例如,蛋白质含量测定一般选用考马斯亮蓝法和Folin-酚试剂法,而不选用凯式定氮法;沉淀法一般结合等电点选用盐析法。

四、蛋白质实验设计案例与实践

1. 实验设计案例分析

(1)题目:牛乳中酪蛋白的提取、分离纯化及其性质研究。

(2)实验设计技术路线:见图23-4。

2. 实验设计实践

题目:大鼠脑组织中某蛋白的提取、分离纯化与定量测定。

已知:该蛋白的分子量约为17kDa,等电点为3.9~4.1,耐一定高温,在90℃加热3~4min后仍然能保持80%活性。该蛋白含有较多的疏水性残基,与Ca^{2+}结合后可以暴露出疏水基团。

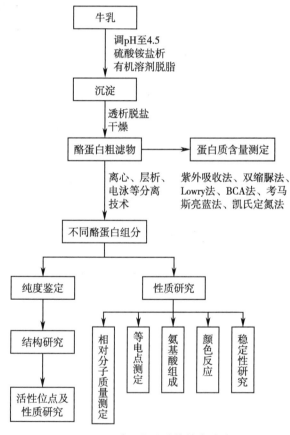

图 23-4 酪蛋白实验的技术路线

第三节 酶学研究实验设计

一、酶学研究基本路线

酶是对其特异底物起高效催化作用的蛋白质。化学本质为蛋白质的酶是机体内催化各种代谢反应的最主要的催化剂,也是本部分酶学研究的主要对象。酶学研究主要包括酶学理论、酶工程和酶应用研究 3 个部分。酶学研究的基本路线见图 23-5。

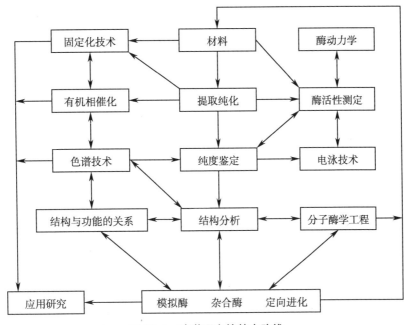

图 23-5　酶学研究的基本路线

二、酶学研究实验设计要点

酶学研究的基本过程与蛋白质研究基本一致,略有不同,主要包括以下步骤:

$\boxed{\text{酶蛋白提取}} \rightarrow \boxed{\text{分离纯化}} \rightarrow \boxed{\text{纯度鉴定}} \rightarrow \boxed{\text{酶活性测定}} \rightarrow \boxed{\text{酶动力学分析}}$

(一) 原材料及处理

1. 酶的来源　主要来源于微生物发酵产酶、植物产酶、动物培养技术产酶,其中微生物材料是酶的最重要来源。因为微生物种类丰富、生活周期短、易培养,大多数商品酶或用于生产的酶都来自微生物。植物产酶,特别是利用植物细胞培养技术产酶研究也取得了较大的进展。利用动物细胞培养技术产酶(如胶原酶、尿激酶等)则相对成本高、培养条件较严格,不是酶的主要来源。

除了动物和植物体液中的酶和微生物胞外酶,大多数酶都存在于细胞内,呈区域化分布,分布在细胞核、线粒体、溶酶体、微粒体、过氧化体等亚细胞器及细胞质中。例如,琥珀酸脱氢酶分布于线粒体;过氧化氢酶分布于过氧化物酶体。因此,取材时要考虑酶的区域化分布,如研究线粒体酶时要分离线粒体作为取酶材料。

2. 原材料的处理　根据不同材料进行相应处理。

以微生物为材料提取酶时,可采取两种处理方法。①胞外酶的处理:微生物菌体可将胞外酶分泌到培养基中,收集微生物菌体的培养基进行离心处理去除沉淀(菌体成分);②胞内酶的处理:大多数酶是胞内酶,需要破碎细胞膜或细胞壁(破壁)。尤其是酵母细胞壁很难被破碎,增大了酶提取的成本和难度(细胞破碎的具体方法参见本章第一节)。

对于植物材料,必须破细胞壁、脱脂,并注意植物品种及生长发育状况的变化(不同状态所含生物大分子的量变化很大)、季节性变化。

采用动物组织时,必须选择有效成分含量丰富的脏器组织为原材料,先进行绞碎、脱脂等处理。动物中有些酶以酶原形式存在,如胰蛋白酶以胰蛋白酶酶原存在于动物的胰脏中,提取后要采取相应措施激活酶原。

研究对象为生物活体时,要根据实验目的选材。例如,探讨某个生物个体的发育、生长、发病等一系列生命现象与某种或几种酶的关系时,实验设计的重中之重是考虑在哪个生命阶段、哪个亚细胞器及什么生长环境下取材。又如,临床肝功能检测的一个重要指标是丙氨酸转氨酶的活性测定,材料须来自患者空腹时的血液,而不是任何时候的血液。

预处理好的材料若不立即进行实验,应冷冻保存;对于易降解的生物大分子,应该选用新鲜材料制备。

(二)酶的提取

酶的提取是将目的酶从细胞或其他含酶原料中提取出来,即采用适当的溶剂或溶液对含酶原料进行处理,使酶充分溶解到溶剂或溶液中。保持酶的活性是其中的关键问题。

1. 根据酶的溶解特性选择溶剂或溶液。

(1)易溶于水和稀盐溶液的酶提取时常用稀盐和缓冲系统的水溶液。酶在该溶液中稳定性好、溶解度大。非极性较强、易溶于有机溶剂的酶提取时则可采用有机溶剂。

(2)稀盐溶液,如0.15mol/L的NaCl等中性盐可促进酶的溶解(即盐溶作用),并可通过盐离子与蛋白质部分结合,保护蛋白质不易变性。缓冲液常采用0.02~0.05mol/L的磷酸盐和碳酸盐的等渗盐溶液。用稀酸或稀碱提取时,要防止过酸或过碱引起蛋白质构象的不可逆变化。一般碱性蛋白质用偏酸性提取液,而酸性蛋白质则用偏碱性提取液提取。

(3)一些和脂质结合较牢固的蛋白质和酶,不溶于水、稀盐溶液、稀酸或稀碱,可用乙醇、丙酮和丁醇等具有一定亲水性以及较强亲脂性的有机溶剂,但必须在低温条件下操作。丁醇提取法特别适合一些与脂质结合紧密的蛋白质和酶的提取,该方法的温度和pH选择范围较广,也适合动植物及微生物材料。

2. 提取酶时,缓冲液为保持酶的活性提供了良好的环境;在测定酶活性时,还应该添加一些激活剂等为酶提供最佳的反应条件。

3. 溶剂或溶液的通常用量是原材料体积的1~5倍。提取时需要均匀搅拌,以利于酶溶解。若体积过大,可造成酶浓度稀释,不利于后续纯化步骤实施,酶也容易失活。

4. 提取的温度要根据有效成分的性质来确定。温度高利于酶蛋白溶解,缩短提取时间;但温度过高会使蛋白质变性失活。酶的提取一般采用低温(5℃以下)操作。

(三)酶的分离纯化与纯度鉴定

酶的分离纯化是指将酶的粗提液逐步进行处理,使目的酶与杂蛋白分离。具体方法可参考蛋白质的分离纯化。

分离纯化酶时要测定酶的活性、蛋白质浓度,求比活性,并注意分析纯化方法的效率,如提取效率和纯化倍数。

酶的纯度鉴定常采用电泳、超速离心法、高效液相色谱等方法分析,目前一般采用

PAGE、等电聚焦、毛细管电泳技术。纯的酶在分析结果时表现为只出现一条区带或单一的对称峰等。

（四）酶活性测定及酶动力学分析

酶活性测定是贯穿于实验全过程的最重要的内容，要求准确、方便和快捷。主要有三类方法进行检测：①直接测定法，即对底物或产物的含量变化进行直接检测；②间接测定法，即利用非酶辅助反应对底物或产物的变化进行间接检测；③偶联测定法，即不直接检测原始反应的底物或产物，通过偶联其他酶（或称辅助酶），并对此酶促反应产物进行直接检测，间接反映待测酶反应的底物或产物变化量。

酶动力学分析通常包括以下方面：①底物浓度对酶活性的影响；②pH对酶活性的影响；③温度对酶活性的影响；④金属离子对酶活性的影响；⑤NaCl对酶活性的影响；⑥EDTA对酶活性的影响；⑦其他影响因素（如巯基修饰剂）对酶活性的影响。

三、酶学实验设计案例与实践

1. 实验设计案例分析

（1）题目：淀粉酶的提取、活性测定及酶动力学分析。

（2）实验设计技术路线：见图23-6。

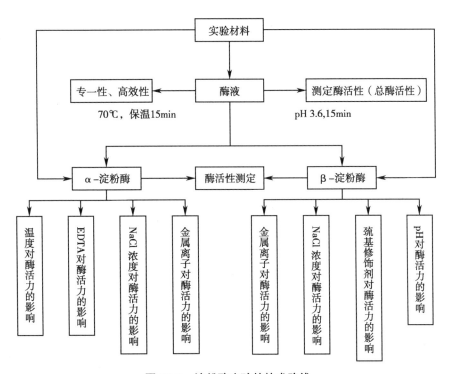

图23-6　淀粉酶实验的技术路线

2. 实验设计实践

题目：①猪胰蛋白酶的提纯、结晶及酶动力学分析；②鸡蛋清溶菌酶的提取、酶活性测定、结晶及相对分子量测定。

第四节 糖类脂类及维生素实验设计

一、糖类化合物实验设计

糖又称为碳水化合物,化学本质属于多羟基醛或多羟基酮及其聚合物和衍生物。人体内的糖类化合物主要包括单糖、寡糖、多糖和糖复合物。单糖根据碳原子数可分为己糖、戊糖、丙糖等;根据所带基团,又可分为醛糖(如葡萄糖)或酮糖(如果糖)。寡糖中最常见的是双糖,如麦芽糖、蔗糖、乳糖。多糖主要包括糖原、淀粉和纤维素。糖复合物主要包括糖蛋白、蛋白聚糖、糖脂。

(一)糖类实验的基本过程与设计要点

糖类化合物实验的基本过程包括糖的提取,定性、定量测定,然后进行糖的结构分析、功能研究及应用等过程。

糖的提取与纯化 → 定性、定量测定 → 结构分析 → 功能研究 → 应用

1. 糖的提取与纯化 除纤维素及部分糖复合物等外,大多糖类化合物可溶于水,用热水煮、95% 乙醇沉淀法可提取糖类化合物(提取过程中一般可按正交实验法优化提取条件,包括提取温度、时间、料液比等);同时还要采用蛋白酶法、Sevag 法、有机溶剂变性法等去除初提物中的主要杂质——蛋白质。例如,第十五章实验 20 肝糖原的提取过程中,加入低浓度的三氯醋酸使蛋白质变性,破坏肝组织中的酶且沉淀蛋白质,从而使糖原与蛋白质等其他成分分离开来。

根据研究目的,提取的粗品还需经过 DEAE-Sephadex A-25、Sephadex G-200 等柱层析方法纯化。

糖复合物(如糖蛋白、糖脂)的提取与纯化可按蛋白质、脂类相应的提取原则与方法进行。糖蛋白样品纯化后可进行糖链释放。糖链释放一般有化学释放和酶释放两种方法。化学法主要有肼解法和 β_2 消除法。进一步需要将糖链水解成单糖,以进行各组分的定性、定量分析。

2. 糖的定性定量测定 先将糖类化合物用酸水解成单糖,再利用单糖的还原性进行定性、定量测定。定性分析的目的是确定所测得的糖属于戊糖还是己糖,醛糖还是酮糖。单糖的还原性受碳原子数量、羟基多少、羟基方位不同而造成的碳原子构型差异等因素的影响。可以采用硝基试剂法、铜试剂法、硫酸或盐酸处理后的比色法等进行定性、定量测定。具体方法可参见相关专业书籍,此处不展开阐述。例如实验 20 中,肝糖原的测定是采用蒽酮-硫酸法,利用分光光度技术的原理进行的。

3. 糖结构分析 继基因组学和蛋白质组学之后,糖组学(glycomics)正成为生命科学研究中又一新的前沿和热点。糖组学是以特定时空表达的或特定生理、病理状态下表达的糖组为研究对象,从整体水平上分析糖类物质组成与活动规律的科学。糖链的结构、功能及其调控规律是糖组学中重要的研究内容之一。糖链长短不一,以不同的形式存在于糖蛋白与脂蛋白中,参与着重要的生命活动过程。

糖链的结构分析也可分为一级结构测定及二级结构分析。这里主要介绍糖链一级结构

的测定。一级结构测定的常用方法包括：①物理学方法,如红外光谱法、核磁共振等;②化学方法,如甲基化反应、水解反应、肼解反应等;③生物学方法,如糖苷酶水解、免疫学方法等。具体内容及选择方法见表 23-2。

表 23-2　糖链一级结构测定的内容及常用方法

内容	常用方法
相对分子量测定	凝胶过滤、质谱法、蒸汽压法等
单糖组成与比例	部分酸水解、完全水解、纸层析、薄层层析、气相色谱
D-或 L-构型分析	红外光谱法
单糖残基的连接顺序	选择性酸水解、糖苷酶顺序水解、核磁共振
糖苷键的 α-或 β-构象	红外光谱法、糖苷酶水解、核磁共振
羟基被取代情况	甲基化反应-气相色谱、过碘酸氧化、质谱法、核磁共振
糖链与非糖部分连接方式	单糖与氨基酸组成、稀酸水解法、肼解反应

4. 功能研究与应用　糖类化合物中,多糖类物质在免疫调节、抗病毒、抗肿瘤、抗氧化和清除自由基等方面发挥着重要作用,因此,可利用一些模型(如细胞或动物模型等),根据相应内容设计实验进行研究。另外,对于糖蛋白等糖复合物,可根据相应类型物质,如蛋白质的功能设计实验。

（二）糖类的实验设计

题目:多糖的提取及其抗氧化性的研究。

可供选择的物质:包括芦荟、熟地黄、苦瓜、玉竹等。

要求:包括定性定量测定。

二、脂类及维生素实验设计

（一）脂类的实验设计

1. 脂类的提取　脂类不溶于水,其提取需要采用有机溶剂萃取法、溶解度法、皂化法、机械压榨法等一些特殊技术。

（1）有机溶剂萃取法:是脂类提取的常用方法。分离时常用非极性溶剂(如氯仿、苯、乙醚等)提取非极性疏水结合的脂类。实验中常在有机溶剂中加入醇,作为组合剂,如氯仿-甲醇(2∶1,*V/V*)混合液,组织中的内源水参与构成这个提取试剂的第三个组成:氯仿∶甲醇∶水(1∶2∶0.8,*V/V/V*)。

（2）溶解度法:根据所提取脂类在不同溶剂中的溶解度差异进行分离。

（3）皂化法:碱作用于甘油三酯,使其水解成溶于水的脂肪酸钠或钾(即肥皂和甘油)的过程,得到的皂化液再经酸化处理即分离出脂肪酸。

（4）机械压榨法:提取油脂时采用物理压力将油从破碎的细胞中挤压出来。

2. 脂类的分离分析

（1）层析的方法:如硅胶柱层析、离子交换层析、薄层层析等。

（2）高效液相色谱（high-performance liquid chromatography，HPLC）、气相色谱分析。

3. 脂类的结构测定　主要测定烃链长度和双键位置，可采用合适的试剂与脂类反应，进行质谱分析。

4. 实验设计题目　大豆磷脂的制备与精制。

（二）维生素的实验设计

维生素实验的基本内容包括维生素的提取纯化、定性定量测定、功能研究等。对样品中维生素进行分析可分为以下步骤。①维生素释放：用酸、碱处理或酶分解法；②维生素提取：溶剂萃取；③纯化：排除干扰物质（因为维生素常与其他物质结合），可采用薄层层析、柱层析、高效液相色谱等；④定性定量测定：根据样品情况（一般含量较低）结合方法的特点，选择适当的方法。⑤最后，可结合该维生素的功能进行抗氧化等实验并可与其他抗氧化物质进行比较。

（李　凌　余海浪　林贯川）

第二十四章
生物信息学实验的基本方法

一、生物信息学的概念

生物信息学（bioinformatics）是计算科学与生物学（生命科学）相结合产生的学科，主要对生物信息的采集、处理、存储、传播、分析和解释等各方面进行研究，通过综合利用生物学、计算科学和信息技术来揭示大量并且复杂的生物数据所包含的奥秘。

二、生物信息学的研究对象

生物信息学的研究对象有很多，一般来说只要有生物学意义的都是这一学科的研究对象，大致可以分为核酸、蛋白质和其他三类。

1. 核酸　包括测序及应用、基因序列注释、基因预测、核酸序列比对、核酸数据库、比较基因组学、宏基因组学、基因进化、RNA 结构预测等。

2. 蛋白质　包括蛋白质数据库、蛋白质序列比对、蛋白质的二级、三级结构预测、蛋白质分子相互作用、分子对接、蛋白质组学等。

3. 其他对象　如代谢网络、大数据挖掘、算法开发、计算进化生物学、生物多样性等。

三、生物信息学常用数据库

生物信息学常用数据库可分成三大类，即核酸数据库、蛋白质数据库和专用数据库。下面介绍较常用的几个数据库。

（一）核酸数据库

GenBank 与欧洲分子生物学实验室（European Molecular Biology Laboratory，EMBL）核酸序列数据库（EMBL-DNA）、日本 DNA 数据库（DNA Data Bank of Japan，DDBJ）是世界三大 DNA 数据库，共同构成了国际核酸序列数据库。这 3 个组织每天交换、更新数据和信息，因此 3 个库的数据实际上是相同的。

1. GenBank　隶属于美国国家生物技术信息中心（National Center for Biotechnology Information，NCBI），是提供所有公开 DNA 序列的最大数据库。GenBank 的核酸序列可公开存取，每条记录都有编码区（sequence coding，CDS）特征的注释，还包括氨基酸的翻译。

2. EMBL-DNA　由欧洲生物信息中心（European Bioinformatics Institute，EBI）于 1982 年建立，可进行核酸序列检索及序列相似性查询。

3. DDBJ　由日本国立遗传学研究所于 1986 年建立,是亚洲唯一的核酸序列数据库。

（二）蛋白质数据库

1. Unipr（http://www.pir.uniprot.org）　其名称是 Universal Protein 的英文缩写。Unipr 是信息最丰富、资源最广的蛋白质数据库。它整合了 Swiss-Prot、TrEMBL 和 PIR-PSD 三大数据库的资源,数据主要来自基因组测序项目完成后获得的蛋白质序列。

2. PDB（Protein Data Bank）　它是全世界唯一存储生物大分子 3D 结构的数据库。这些生物大分子除了蛋白质以外,还包括核酸以及核酸和蛋白质复合物,只有通过实验方法获得的三级结构才会被收入其中。PDB 最早是 1971 年由美国 Brookhave 国家实验室创建的,目前每周更新一次数据,收录的结构已经超过 10 万个,其中 90% 以上是蛋白质结构。

（三）专用数据库

1. KEGG　即京都基因与基因组百科全书（Kyoto Encyclopedia of Genes and Genomes）,是系统分析基因功能的数据库。这个数据库是日本京都大学生物信息学中心的 Kanehisa 实验室于 1995 年建立的。它将基因组的信息与基因功能联系起来,目的在于揭示生命现象的奥秘。

2. OMIM　即人类孟德尔遗传在线（Online Mendelian Inheritance in Man）,是一个关于人类基因和遗传紊乱的数据库。它主要着眼于可遗传的或遗传性的基因疾病,包括文本信息和相关参考信息、序列记录、图谱和相关其他数据库。

3. Genecards　即人类基因数据库。该数据库可在研究某疾病相关基因时,提供与该基因相关的表达、功能、遗传信息、通路、蛋白质等多项信息。

实验 35　BLAST 分析 DNA 序列相似性及引物的设计

一、实验原理

BLAST（basic local alignment search tool）是一套在蛋白质数据库或 DNA 数据库中进行相似性比较的分析工具。目前有 5 种 BLAST 比对方式,通常根据查询序列的类型（蛋白或核酸）来决定选用。① BLASTP 是蛋白序列到蛋白库中的一种查询。库中存在的每条已知序列将逐一同每条所查序列做一对一的序列比对。② BLASTX 是核酸序列到蛋白库中的一种查询。先将核酸序列翻译成蛋白序列（一条核酸序列会被翻译成可能的六条蛋白）,再对每一条做一对一的蛋白序列比对。③ BLASTN 是核酸序列到核酸库中的一种查询。库中存在的每条已知序列都将同所查序列做一对一的核酸序列比对。④ TBLASTN 是蛋白序列到核酸库中的一种查询。与 BLASTX 相反,它是将库中的核酸序列翻译成蛋白序列,再同所查序列做蛋白质与蛋白质的比对。⑤ TBLASTX 也是核酸序列到核酸库中的一种查询,将库中的核酸序列和所查核酸序列都翻译成蛋白序列后进行比对。

Primer-BLAST 是 BLAST 自带的一个非常好用的 PCR 引物设计工具,只需要提交模板序列,系统就会自动设计好引物。因为是在线搜索,它同时也能从序列比对搜索的角度保证筛选出的引物特异性。

二、实验材料

具有互联网连接和网页浏览器的电脑和 DNA 序列。

三、实验步骤与结果

ER24-1 BLAST 操作

(一) *p53* 基因 BLAST 比对分析

登录 NCBI 主页(https://www.ncbi.nlm.nih.gov/),在右侧搜索(Search)引擎点击 BLAST,
进入界面(https://blast.ncbi.nlm.nih.gov/Blast.cgi),选择"核酸-核酸"(nucleotide BLAST)比对
方式(图 24-1)。

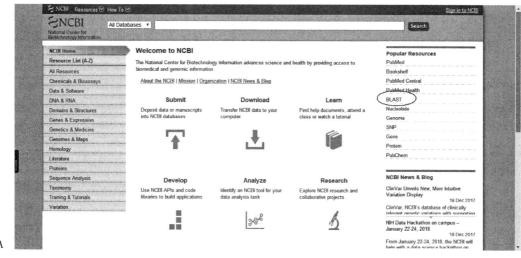

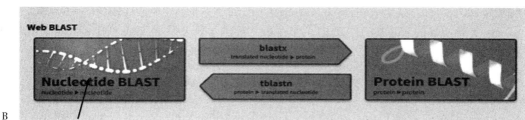

图 24-1　登录 BLAST

注:A. NCBI 主页;B. BLAST 界面。

1. 人 *p53* 基因序列 BLAST 分析　如图 24-2 所示,有两种提交序列的方式,一种是直接将 DNA 序列(以人的 *p53* 基因序列为例)复制后粘贴至搜索框内(图 24-2A);另一种方式是选择打开一个本地文件,然后下拉页面,点击提交(图 24-2B)。

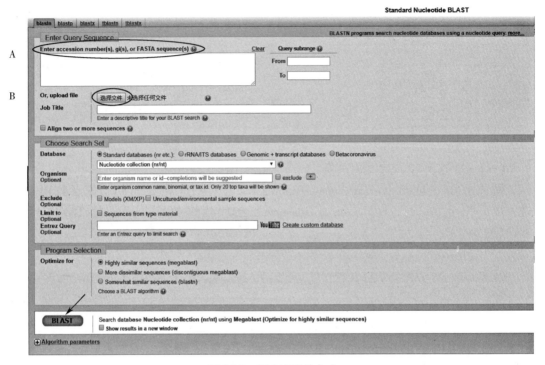

图 24-2　提交序列的方式

注:A. 直接提交序列;B. 选择序列文件提交。

2. 大鼠和小鼠的 *p53* 基因序列 BLAST 分析　勾选图 24-3 圈内选项(Align two or more sequences)时(图 24-3A),就会出现双序列比较的提交框。在图 24-3B 中分别提交大鼠和小鼠的 *p53* 基因序列,点击 BLAST(图 24-3B)。

图 24-4A 中"Graphic Summary"标注的是分值 200 及以上的区段;图 24-4B 中给出的是第 1~1 500 个碱基序列比对结果,可见大鼠 *p53* 基因与小鼠 *p53* 基因相似性(identities)为 1 302/1 500(87%)。结果表明,大鼠 *p53* 基因与小鼠 *p53* 基因相似性比较高。

3. 人和小鼠的 *p53* 基因序列 BLAST 分析　重复 2 的操作,在双序列比较的提交框中提交人 *p53* 基因序列。BLAST 结果如图 24-5 所示,可见人的 *p53* 基因和小鼠的 *p53* 基因相似性较低。

(二) 用 Primer-BLAST 设计引物

登录 BLAST 界面(https://blast.ncbi.nlm.nih.gov/Blast.cgi),在"Specialized searches 选择 Primer-BLAST"(图 24-6)。

输入 PCR 模板 DNA 序列,设置 PCR 引物的相关参数(遵循引物设计的原则,见第二十章),提交(图 24-7)。系统选出的可用引物及详细信息见图 24-8。

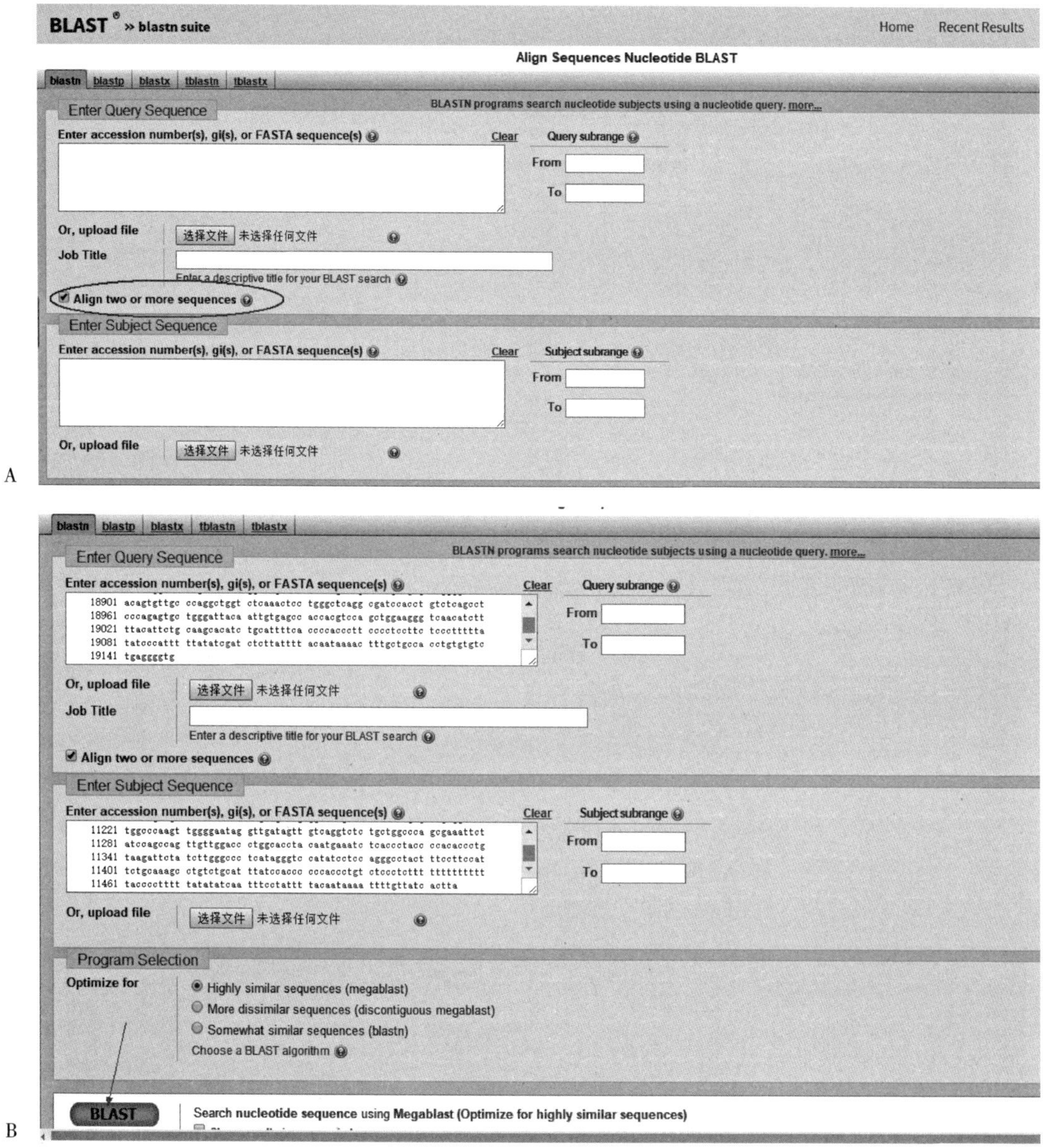

图 24-3 大鼠和小鼠 *p53* 基因序列 Blast 分析操作

注：A. 多序列比对界面；B. 多序列提交界面。

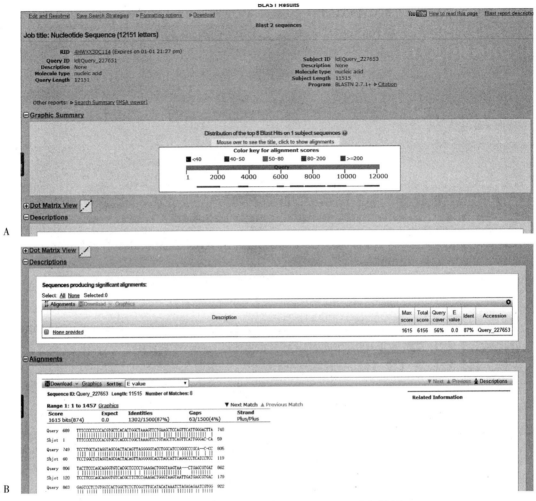

图 24-4　大鼠和小鼠 *p53* 基因序列 BLAST 分析结果

注:A. BLAST 序列比对图示;B. 局部比对的序列。

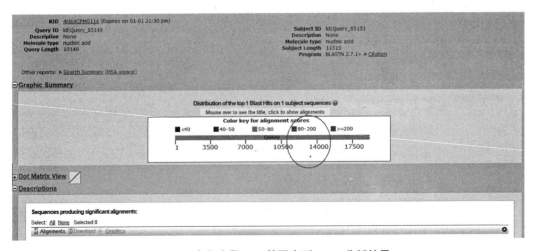

图 24-5　人和小鼠 *p53* 基因序列 Blast 分析结果

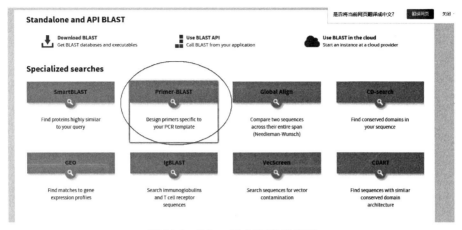

图 24-6 Prime-BLAST 选择界面

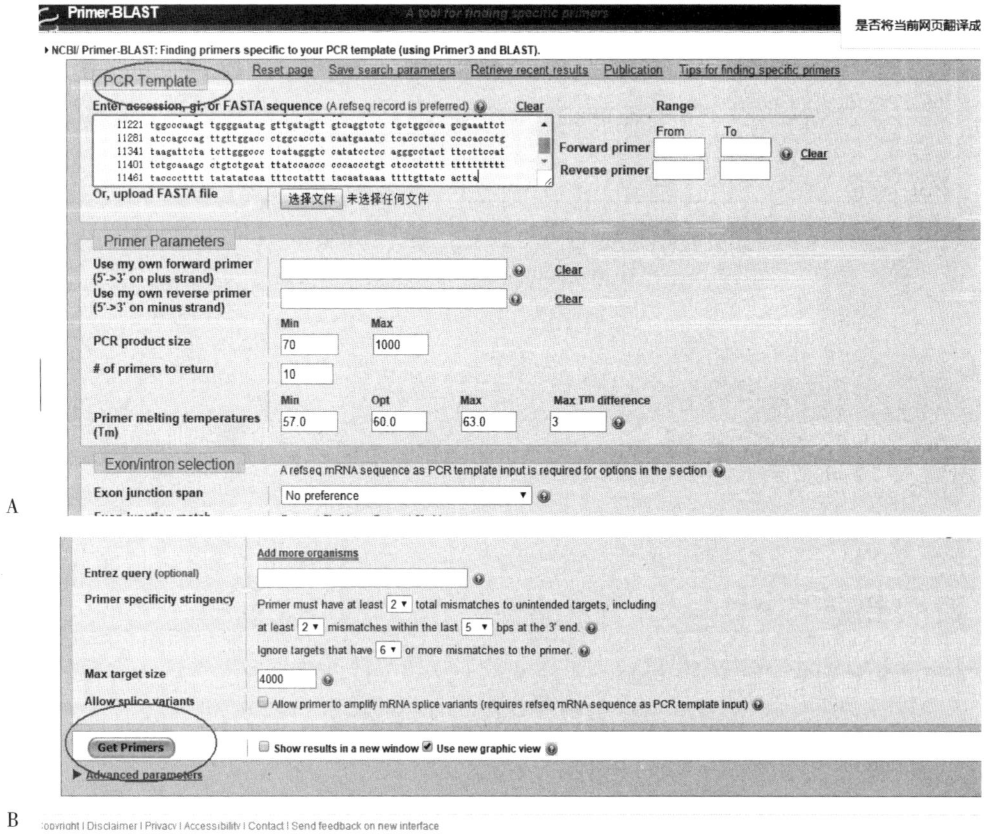

图 24-7 Prime-BLAST 操作界面

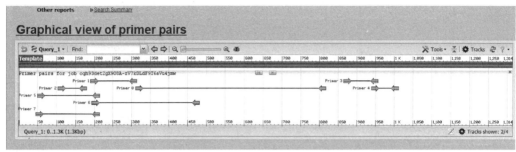

A

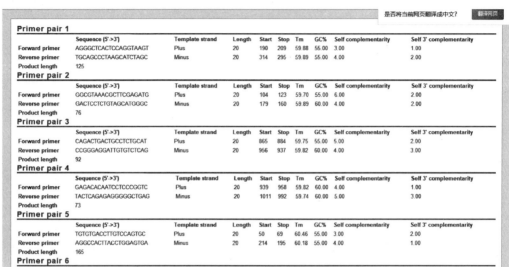

B

图 24-8 Prime-BLAST 设计的引物

注:A. 系统选出的可用引物;B. 引物详细信息。

ER24-2 PCR 引物设计

四、讨论

1. 比较人的 *p53* 基因与小鼠或大鼠的 *p53* 基因相似性的差异。

2. 简述物种间序列的差异大小与物种分化的时间的关系。

（张 旭 嵇玉佩）

附录

生物化学实验试剂的配制、保存及常用数据表

附录 A
生物化学实验试剂的配制与保存

一、化学试剂的纯度分级及配制注意事项

（一）化学试剂纯度分级
化学试剂纯度分级见附表 A-1。

附表 A-1　化学试剂分级表

标准和用途	一级试剂	二级试剂	三级试剂	四级试剂
国内标准	保证试剂或优级纯（G.R.，绿色标签）	分析纯试剂（A.R.，红色标签）	化学纯试剂（C.P.，蓝色标签）	实验试剂（L.R.，化学用，黄色标签）
国外标准	A.R. G.R.	C.P. PURISS	L.R. E.P.	P.
特点及用途	纯度高、杂质含量低，适用于研究和标准溶液配制	纯度较高、杂质含量较低，适用于定性和定量分析	质量略低于二级试剂，用途近二级试剂	纯度较低，用于一般定性实验

　　G.R.：保证试剂（guaranteed reagent）；A.R.：分析纯试剂（analytial reagent）；C.P.：化学纯试剂（chemical pure）；L.R.：实验试剂（laboratory reagent）；P.：纯（Pure）；PURISS 特纯（purissimum，纯度 ≥ 98.5%）；E.P.：超纯（extrapure）。

（二）化学试剂配制的一般注意事项
1. 称量要精确，特别是在配制标准溶液、缓冲液时，更应注意严格称量。有特殊要求的，要按规定进行干燥、恒重、提纯等。
2. 一般溶液都应用蒸馏水或去离子水（即离子交换水）配制，有特殊要求的除外。
3. 化学试剂根据其质量分为各种规格（品级），除上述化学试剂的分级外，还有一些规格，如纯度很高的光谱纯、层析纯，纯度较低的工业用、药典纯（相当于四级）等。配制溶液时，应根据实验要求选择不同规格的试剂。
4. 试剂应根据需要量配制，一般不宜过多，以免积压浪费，过期失效。
5. 试剂（特别是液体）一经取出，不得放回原瓶，以免因量器或药勺不清洁而污染整瓶试剂。取固体试剂时，必须使用洁净、干燥的药勺。
6. 配制试剂所用的玻璃器皿要清洁。存放试剂的试剂瓶应清洁、干燥。
7. 试剂瓶上应贴标签，写明试剂名称、浓度、配制日期及配制人。
8. 试剂用后，用原瓶塞塞紧。注意，瓶塞不得沾染其他污物或沾污桌面。

9. 有些化学试剂极易变质,变质后不能继续使用。

(三)易变质和需要特殊方法保存的试剂

易变质和需要特殊方法保存的试剂见附表 A-2。

附表 A-2　易变质及需要特殊方法保存的试剂

试剂特殊保存类型	注意事项	试剂名称
需要密封	易潮解吸湿	氧化钙、氢氧化钠、氢氧化钾、碘化钾、三氯乙酸
	易失水风化	结晶硫酸钠、硫酸亚铁、含水磷酸氢二钠、硫代硫酸钠
	易挥发	氨水、氯仿、醚、碘、麝香草酚、甲醛、乙醇、丙酮
	易吸收 CO_2	氢氧化钾、氢氧化钠
	易氧化	硫酸亚铁、醚、醛类、酚、抗坏血酸和所有还原剂
	易变质	丙酮酸钠、乙醚和许多生物制品(常需冷藏)
需要避光	见光变色	硝酸银(变黑)、酚(变淡红)、氯仿(产生光气)、茚三酮(变淡红)
	见光分解	过氧化氢、氯仿、漂白粉、氰氢酸
	见光氧化	乙醚、醛类、亚铁盐和所有还原剂
特殊方法保存	易爆炸	苦味酸、硝酸盐类、过氯酸、叠氮钠
	剧毒	氰化钾(钠)、汞、砷化物、溴
	易燃	乙醚、甲醇、乙醇、丙醇、苯、甲苯、二甲苯、汽油
	腐蚀	强酸、强碱

对于需要密封的化学试剂,可以先加塞塞紧,然后再用蜡封口。有些试剂平时还需要保存在干燥器内。干燥剂可以用生石灰、无水氯化钠和硅胶,一般不宜用硫酸。需要避光保存的试剂可置于棕色试剂瓶内或用黑纸包裹试剂瓶。

二、常用试剂及缓冲液的配制

(一)常用试剂的配制

1. 0.5mol/L EDTA 溶液(pH 8.0)　称量 93.06g EDTA-Na·2H₂O,置于 500mL 烧杯中,加入约 400mL 蒸馏水,在磁力搅拌器上充分搅拌,用 NaOH 调节溶液 pH 至 8.0(约 10g NaOH 固体颗粒),加蒸馏水定容至 500mL,分装后,经高温高压灭菌,于室温保存备用。

2. 10mol/L 醋酸铵溶液　称量 77.1g 醋酸铵,置于 100~200mL 烧杯中,加入约 30mL 去离子水搅拌溶解,加去离子水将溶液定容至 100mL。使用 0.22μm 滤膜过滤除菌,密封瓶口,于室温保存。注意:醋酸铵受热易分解,不能采取高温高压灭菌。

3. 2mol/L NaOH 溶液　量取 80mL 去离子水置于 100~200mL 塑料烧杯中(NaOH 溶解过程中大量放热,有可能使玻璃烧杯炸裂)。称取 8g NaOH,小心地逐渐加入烧杯中,边加边搅拌,待 NaOH 完全溶解后,用去离子水将溶液体积定容至 100mL。将溶液转移至塑料容器中后,室温保存。

4. 2.5mol/L HCl 溶液　用量筒量取 21.6mL 浓盐酸（11.6mol/L），置于烧杯中，用 60mL 去离子水稀释浓盐酸，待冷却后，用去离子水将溶液体积定容至 100mL，均匀混合，于室温保存。

5. 5mol/L NaCl 溶液　称取 292.2g NaCl 置于 1L 烧杯中，加入约 800mL 去离子水后搅拌溶解，加去离子水将溶液定容至 1L 后，适量分成小份，经高温高压灭菌后，于 4℃保存。

6. 20%（W/V）葡萄糖溶液　称取 20g 葡萄糖，置于 100~200mL 烧杯中，加入约 80mL 去离子水后，搅拌溶解，加去离子水将溶液定容至 100mL，经高温高压灭菌后，于 4℃保存。

7. 焦碳酸二乙酯（diethyl pyrocarbonate，DEPC）处理水　加 100μL DEPC 于 100mL 蒸馏水中，使 DEPC 的体积分数为 0.1%。于 37℃温育至少 12h，然后在 15 psi 条件下，高压灭菌 20min，使残余的 DEPC 失活。DEPC 会与胺起反应，不可用 DEPC 处理 Tris 缓冲液。

8. TE 缓冲液（用于悬浮和储存 DNA）

（1）成分及其终浓度：10mmol/L Tris-HCl，1mmol/L EDTA。

（2）配制 100mL 溶液各成分的用量：水 1mL，1mol/L Tris-HCl（pH 7.4~8.0，25℃）200μL，0.5mol/L EDTA（pH 8.0）98.8mL。

9. 磷酸盐缓冲液（PBS）　含 137mmol/L NaCl、2.7mmol/L KCl、10mmol/L Na_2HPO_4、2mmol/L KH_2PO_4。称量 8g NaCl、0.2g KCl、1.42g Na_2HPO_4、0.27g KH_2PO_4 置于 1L 烧杯中，加入约 800mL 去离子水，充分搅拌溶解，再滴加浓 HCl，将 pH 调节至 7.4，然后加入去离子水将溶液定容至 1L，经高温高压灭菌后，于室温保存。

注意：上述 PBS 中无二价阳离子，如需要，可在配方中补充 1mmol/L $CaCl_2$ 和 0.5mmol/L $MgCl_2$。

（二）常用缓冲液的配制

1. 磷酸氢二钠-柠檬酸缓冲液　Na_2PO_4 相对分子质量为 141.98，0.2mol/L 溶液为 28.40g/L；$Na_2HPO_4 \cdot 2H_2O$ 相对分子质量为 178.05，0.2mol/L 溶液为 35.61g/L；$C_6H_8O_7 \cdot H_2O$ 相对分子质量为 210.14，0.1mol/L 溶液为 21.01g/L。配制方法见附表 A-3。

附表 A-3　磷酸氢二钠-柠檬酸缓冲液配制成分

pH	0.2mol/L Na_2HPO_4/mL	0.1mol/L 柠檬酸/mL	pH	0.2mol/L Na_2HPO_4/mL	0.1mol/L 柠檬酸/mL
2.2	0.40	19.60	5.2	10.72	9.28
2.4	1.24	18.76	5.4	11.15	8.85
2.6	2.18	17.82	5.6	11.60	8.40
2.8	3.17	16.83	5.8	12.09	7.91
3.0	4.11	15.89	6.0	12.63	7.37
3.2	4.94	15.06	6.2	13.22	6.78
3.4	5.70	14.30	6.4	13.85	6.15
3.6	6.44	13.56	6.6	14.55	5.45
3.8	7.10	12.90	6.8	15.45	4.55

续表

pH	0.2mol/L Na₂HPO₄/ mL	0.1mol/L 柠檬酸 / mL	pH	0.2mol/L Na₂HPO₄/ mL	0.1mol/L 柠檬酸 / mL
4.0	7.71	12.29	7.0	16.47	3.53
4.2	8.28	11.72	7.2	17.39	2.61
4.4	8.82	11.18	7.4	18.17	1.83
4.6	9.35	10.65	7.6	18.73	1.27
4.8	9.86	10.14	7.8	19.15	0.83
5.0	10.30	9.70	8.0	19.45	0.55

2. 柠檬酸-氢氧化钠-盐酸缓冲液　配制方法见附表 A-4。

附表 A-4　柠檬酸-氢氧化钠-盐酸缓冲液配制成分

pH	钠离子浓度 / (mol·L⁻¹)	柠檬酸 /g (C₆H₈O₇·H₂O)	氢氧化钠 /g (NaOH 97%)	盐酸 /mL (HCl 浓)	最终体积 / L
2.2	0.20	210	84	160	10
3.1	0.20	210	83	116	10
3.3	0.20	210	83	106	10
4.3	0.20	210	83	45	10
5.3	0.35	245	144	68	10
5.8	0.45	285	186	105	10
6.5	0.38	266	156	126	10

使用时,可以每升中加入 1g 酚,若最后 pH 有变化,再用少量 12.5mol/L(50%)NaOH 溶液或浓盐酸调节,于冰箱中保存。

3. 柠檬酸-柠檬酸钠缓冲液(0.1mol/L)　柠檬酸(C₆H₈O₇·H₂O)相对分子质量为 210.14,0.1mol/L 溶液为 21.01g/L;柠檬酸钠(Na₃C₆H₅O₇·2H₂O)相对分子质量为 294.12,0.1mol/L 溶液为 29.41g/L。配制方法见附表 A-5。

附表 A-5　柠檬酸-柠檬酸钠缓冲液(0.1mol/L)配制成分

pH	0.1mol/L 柠檬酸 / mL	0.1mol/L 柠檬酸钠 / mL	pH	0.1mol/L 柠檬酸 / mL	0.1mol/L 柠檬酸钠 / mL
3.0	18.6	1.4	5.0	8.2	11.8
3.2	17.2	2.8	5.2	7.3	12.7
3.4	16.0	4.0	5.4	6.4	13.6
3.6	14.9	5.1	5.6	5.5	14.5

pH	0.1mol/L 柠檬酸 /mL	0.1mol/L 柠檬酸钠 /mL	pH	0.1mol/L 柠檬酸 /mL	0.1mol/L 柠檬酸钠 /mL
3.8	14.0	6.0	5.8	4.7	15.3
4.0	13.1	6.9	6.0	3.8	16.2
4.2	12.3	7.7	6.2	2.8	17.2
4.4	11.4	8.6	6.4	2.0	18.0
4.6	10.3	9.7	6.6	1.4	18.6
4.8	9.2	10.8			

4. 磷酸盐缓冲液

（1）磷酸氢二钠-磷酸二氢钠缓冲液（0.2mol/L）：$Na_2HPO_4 \cdot 2H_2O$ 相对分子质量为 178.05，0.2mol/L 溶液为 35.61g/L；$Na_2HPO_4 \cdot 12H_2O$ 相对分子质量为 358.22，0.2mol/L 溶液为 71.64g/L；$NaH_2PO_4 \cdot H_2O$ 相对分子质量为 138.01，0.2mol/L 溶液为 27.6g/L；$NaH_2PO_4 \cdot 2H_2O$ 相对分子质量为 156.03，0.2mol/L 溶液为 31.21g/L。配制方法见附表 A-6。

附表 A-6　磷酸氢二钠-磷酸二氢钠缓冲液（0.2mol/L）配制成分

pH	0.2mol/L Na_2HPO_4/mL	0.2mol/L NaH_2PO_4/mL	pH	0.2mol/L Na_2HPO_4/mL	0.2mol/L NaH_2PO_4/mL
5.8	8.0	92.0	7.0	61.0	39.0
5.9	10.0	90.0	7.1	67.0	33.0
6.0	12.3	87.7	7.2	72.0	28.0
6.1	15.0	85.0	7.3	77.0	23.0
6.2	18.5	81.5	7.4	81.0	19.0
6.3	22.5	77.5	7.5	84.0	16.0
6.4	26.5	73.5	7.6	87.0	13.0
6.5	31.5	68.5	7.7	89.5	10.5
6.6	37.5	62.5	7.8	91.5	8.5
6.7	43.5	56.5	7.9	93.0	7.0
6.8	49.0	51.0	8.0	94.7	5.3
6.9	55.0	45.0			

（2）磷酸氢二钠-磷酸二氢钾缓冲液（1/15mol/L）：$Na_2HPO_4 \cdot 2H_2O$ 相对分子质量为 178.05，1/15mol/L 溶液为 11.876g/L；KH_2PO_4 相对分子质量为 136.09，1/15mol/L 溶液为 9.078g/L，配制方法见附表 A-7。

附表 A-7　磷酸氢二钠-磷酸二氢钾缓冲液（1/15mol/L）配制成分

pH	1/15mol/L Na₂HPO₄/mL	1/15mol/L KH₂PO₄/mL	pH	1/15mol/L Na₂HPO₄/mL	1/15mol/L KH₂PO₄/mL
4.92	0.10	9.90	7.17	7.00	3.00
5.29	0.50	9.50	7.38	8.00	2.00
5.91	1.00	9.00	7.73	9.00	1.00
6.24	2.00	8.00	8.04	9.50	0.50
6.47	3.00	7.00	8.34	9.75	0.25
6.64	4.00	6.00	8.67	9.90	0.10
6.81	5.00	5.00	8.18	10.00	0.00
6.98	6.00	4.00			

5. 磷酸二氢钾-氢氧化钠缓冲液（0.05mol/L）　0.2mol/L KH₂PO₄ 和 0.2mol/L NaOH，加水稀释至 20mL。配制方法见附表 A-8。

附表 A-8　磷酸二氢钾-氢氧化钠缓冲液（0.05mol/L）配制成分

pH（20℃）	0.2mol/L KH₂PO₄/mL	0.2mol/L NaOH/mL	pH（20℃）	0.2mol/L KH₂PO₄/mL	0.2mol/L NaOH/mL
5.8	5	0.372	7.0	5	2.963
6.0	5	0.570	7.2	5	3.500
6.2	5	0.860	7.4	5	3.950
6.4	5	1.260	7.6	5	4.280
6.6	5	1.780	7.8	5	4.520
6.8	5	2.365	8.0	5	4.680

6. 巴比妥钠-盐酸缓冲液（18℃）　巴比妥钠盐相对分子质量为 206.18，0.04mol/L 溶液为 8.25g/L。配制方法见附表 A-9。

附表 A-9　巴比妥钠-盐酸缓冲液（18℃）配制成分

pH	0.04mol/L 巴比妥钠溶液/mL	0.2mol/L 盐酸/mL	pH	0.04mol/L 巴比妥钠溶液/mL	0.2mol/L 盐酸/mL
6.8	100	18.40	8.4	100	5.21
7.0	100	17.80	8.6	100	3.82
7.2	100	16.70	8.8	100	2.52
7.4	100	15.30	9.0	100	1.65
7.6	100	13.40	9.2	100	1.13

pH	0.04mol/L 巴比妥钠溶液 / mL	0.2mol/L 盐酸 / mL	pH	0.04mol/L 巴比妥钠溶液 / mL	0.2mol/L 盐酸 / mL
7.8	100	11.47	9.4	100	0.70
8.0	100	9.39	9.6	100	0.35
8.2	100	7.21			

7. Tris-HCl 缓冲液（0.05mol/L 25℃）　0.1mol/L 三羟甲基氨基甲烷（Tris）溶液（50mL）与 0.1mol/L 盐酸（用量见附表 A-10）混匀后,加水稀释至 100mL。三羟甲基氨基甲烷[NH_2-C $(CH_2OH)_3$]相对分子质量为 121.14,0.1mol/L 溶液为 12.114g/L。Tris 溶液可从空气中吸收二氧化碳,实验中应注意将瓶盖盖严。

附表 A-10　Tris-HCl 缓冲液（25℃）配制中盐酸用量

pH	盐酸 /mL	pH	盐酸 /mL
7.1	45.7	8.1	26.2
7.2	44.7	8.2	22.9
7.3	43.4	8.3	19.9
7.4	42.0	8.4	17.2
7.5	40.3	8.5	14.7
7.6	38.5	8.6	12.4
7.7	36.6	8.7	10.3
7.8	34.5	8.8	8.5
7.9	32.0	8.9	7.0
8.0	29.2	9.0	5.7

8. TE 缓冲液　按附表 A-11 配制,经高温高压灭菌后,于室温保存。

附表 A-11　TE 缓冲液配制成分

pH	TE 缓冲液组成	10× 储存液浓度及体积 /mL	备注
7.4	10mmol/L Tris-HCl（pH 7.4） 1mmol/L EDTA（pH 8.0）	1mol/L,10mL 0.5mol/L,2mL	加 ddH₂O 定容至 1 000mL
7.6	10mmol/L Tris-HCl（pH 7.6） 1mmol/L EDTA（pH 8.0）	1mol/L,10mL 0.5mol/L,2mL	加 ddH₂O 定容至 1 000mL
8.0	10mmol/L Tris-HCl（pH 8.0） 1mmol/L EDTA（pH 8.0）	1mol/L,10mL 0.5mol/L,2mL	加 ddH₂O 定容至 1 000mL

9. 硼酸-硼砂缓冲液（0.2M 硼酸根）　硼砂（$Na_2B_4O_7 \cdot 10H_2O$）相对分子质量为 381.43，0.05mol/L 溶液为 19.07g/L；硼酸（H_3BO_3）相对分子质量为 61.84，0.2mol/L 溶液为 12.37g/L。硼砂易失结晶水，必须在带塞的瓶中保存。配制方法见附表 A-12。

附表 A-12　硼酸-硼砂缓冲液配制成分

pH	0.05mol/L 硼砂 / mL	0.2mol/L 硼酸 / mL	pH	0.05mol/L 硼砂 / mL	0.2mol/L 硼酸 / mL
7.4	1.0	9.0	8.2	3.5	6.5
7.6	1.5	8.5	8.4	4.5	5.5
7.8	2.0	8.0	8.7	6.0	4.0
8.0	3.0	7.0	9.0	8.0	2.0

10. 甘氨酸-氢氧化钠缓冲液（0.05mol/L）　0.2mol/L 甘氨酸和 0.2mol/L NaOH（用量见附表 A-13），加水稀释至 200mL。甘氨酸相对分子质量为 75.07，0.2mol/L 溶液为 15.01g/L。

附表 A-13　甘氨酸-氢氧化钠缓冲液（0.05mol/L）配制成分

pH	0.2mol/L 甘氨酸 / mL	0.2mol/L NaOH/ mL	pH	0.2mol/L 甘氨酸 / mL	0.2mol/L NaOH/ mL
8.6	50	4.0	9.6	50	22.4
8.8	50	6.0	9.8	50	27.2
9.0	50	8.8	10.0	50	32.0
9.2	50	12.0	10.4	50	38.6
9.4	50	16.8	10.6	50	45.5

11. 硼砂-氢氧化钠缓冲液（0.05mol/L 硼酸根）　0.05mol/L 硼砂和 0.2mol/L NaOH（用量见附表 A-14），加水稀释至 200mL。硼砂 $Na_2B_4O_7 \cdot 10H_2O$ 相对分子质量为 381.43，0.05mol/L 硼酸根溶液（0.2mol/L 硼砂）为 19.07g/L。

附表 A-14　硼砂-氢氧化钠缓冲液（0.05mol/L 硼酸根）配制成分

pH	0.05mol/L 硼砂 / mL	0.2mol/L NaOH/ mL	pH	0.05mol/L 硼砂 / mL	0.2mol/L NaOH/ mL
9.3	50	6.0	9.8	50	34.0
9.4	50	11.0	10.0	50	43.0
9.6	50	23.0	10.1	50	46.0

12. 碳酸钠-碳酸氢钠缓冲液（0.1mol/L） Ca^{2+}、Mg^{2+} 存在时不得使用。$Na_2CO_3 \cdot 10H_2O$ 相对分子质量为 286.2,0.1mol/L 溶液为 28.62g/L。$NaHCO_3$ 相对分子质量为 84.0,0.1mol/L 溶液为 8.40g/L。配制方法见附表 A-15。

附表 A-15　碳酸钠-碳酸氢钠缓冲液（0.1mol/L）配制成分

pH		0.1mol/L Na$_2$CO$_3$/mL	0.1mol/L NaHCO$_3$/mL
20℃	37℃		
9.16	8.77	1	9
9.40	9.12	2	8
9.51	9.40	3	7
9.78	9.50	4	6
9.90	9.72	5	5
10.14	9.90	6	4
10.28	10.08	7	3
10.53	10.28	8	2
10.83	10.57	9	1

（三）常用电泳缓冲液的配制

1. 电泳缓冲液的配制　见附表 A-16。

附表 A-16　电泳缓冲液的配制

缓冲液	工作液	储存液（1L）
Tris-乙酸（TAE）	1×： 0.04mol/L Tris-乙酸（TAE）	50×： 242g Tris 碱 57.1mL 冰乙酸 100mL 0.5mol/L EDTA（pH 8.0）
Tris-磷酸（TPE）	1×： 0.09mol/L Tris-磷酸 0.002mol/L EDTA	10×： 108g Tris 碱 15.5mL 85% 磷酸（1.679g/mL） 40mL 0.5mol/L EDTA（pH 8.0）
Tris-硼酸（TBE）[a]	0.5×： 0.045mol/L Tris-硼酸 0.001mol/L EDTA	5×： 54.0g Tris 碱 27.5g 硼酸 20mL 0.5mol/L EDTA（pH 8.0）
碱性缓冲液[b]	1×： 50mmol/L NaOH 1mmol/L EDTA	1×： 5mL 10mol/L NaOH 2mL 0.5mol/L EDTA（pH 8.0）

续表

缓冲液	工作液	储存液（1L）
Tris-甘氨酸 c	1×： 25mmol/L Tris 碱 250mmol/L 甘氨酸 0.1% SDS	5×： 15.1g Tris 碱 94.0g 甘氨酸（电泳级、pH 8.3） 50mL 10%SDS（电泳级）

注：a. TBE 浓溶液长时间存放后会形成沉淀物，为避免这一问题，可在室温下用玻璃瓶保存 5× 溶液，若出现沉淀，则予以废弃。以往都以 1×TBE 作为使用液（即 1∶5 稀释储存液）进行琼脂凝胶电泳。但 0.5× 的工作液已具备足够的缓冲容量。目前几乎所有的琼脂糖凝胶电泳都以 1∶10 稀释的储存液作为工作液。进行聚丙烯酰胺电泳使用的 1×TBE 浓度，是琼脂糖凝胶电泳时使用液浓度的 2 倍。聚丙烯酰胺凝胶垂直槽的缓冲液槽较小，故通过缓冲液的电流量通常较大，需要使用 1×TBE 以提供足够的缓冲容量。b. 碱性电泳缓冲液应现用现配。c. Tris-甘氨酸缓冲液用于 SDS 聚丙烯酰胺凝胶电泳。

2. 电泳上样缓冲液（loading buffer）的配制

（1）6× 上样缓冲液（DNA 电泳用）：称取溴酚蓝 25mg，加去离子水 6.7mL，混匀。加入二甲苯氰 FF25mg，混匀。再加入 3.3mL 甘油，充分混匀。将制得的溶液分装，于 –20℃保存。

（2）5×SDS-PAGE 上样缓冲液：量取 1mol/L Tris-HCl 12.5mL（pH 6.8），SDS 5.0g，溴酚蓝 250mg，甘油 25mL，β-巯基乙醇 25mL，置于 10mL 塑料离心管中，加入去离子水充分混匀，定容至 50mL，然后分装，于 –20℃保存。

（四）常用储存液的配制

1. **10% 过硫酸铵**　称取 1.0g 过硫酸铵，用水溶解后，稀释至 10mL。过硫酸铵溶液最好新鲜配制，也可于 4℃冰箱保存 1~2 周。

2. **20%SDS 溶液**　称取 20.0g 固体 SDS（十二烷基磺酸钠，分子量 288.44Da），加 70mL 蒸馏水于 42℃水溶解，加蒸馏水定容至 100mL。

3. **3mol/L NaAc 溶液（pH 5.2）**　称取 24.61g 无水乙酸钠，加入 250mL 烧杯中，加入 80mL 蒸馏水，混合，使其溶解，再用冰乙酸（分子量 60.05Da）调 pH 至 5.2，加蒸馏水定容至 100mL，高压灭菌 20min 后，置 4℃冰箱备用。

4. **3mol/L NaAc 溶液（pH 7.0）**　配制步骤基本同 3mol/L NaAc 溶液（pH 5.2），只是用冰乙酸调 pH 至 7.0。

5. **1mol/L CaCl₂ 溶液**　称取 55.5g 无水氯化钙（分子量 110.99Da），加 300mL 蒸馏水，充分溶解后，用蒸馏水定容至 500mL，高压灭菌后于 4℃保存。

6. **1mol/L KAc 溶液（pH 7.5）**　称取 9.82g 乙酸钾，加 90mL 蒸馏水，混合溶解，用 2mol/L 乙酸调 pH 至 7.5，再用蒸馏水定容至 100mL，以 0.22μm 滤膜过滤后，于室温保存。

7. **溴乙锭（EB）溶液**

（1）**10mg/mL EB 溶液**　戴手套，谨慎称取溴乙锭（分子量 394.33Da）约 200mg，放于棕色试剂瓶内，加蒸馏水 20mL，充分搅拌使之完全溶解至澄清红色，分装储于 4℃冰箱备用（EB 是 DNA 的诱变剂，亦是极强的致癌物）。

（2）**1mg/mL EB 溶液**　戴手套，吸取 10mg/mL EB 溶液 10mL 于棕色试剂瓶内，加入 90mL 重蒸水，轻轻摇匀，置 4℃冰箱储存备用。

8. Tris 饱和酚溶液(pH 8.0)

(1) 液化酚贮存于 –20℃,用前从冰箱中取出,使其温度升至室温,然后在 68℃水浴使之熔化。加羟基喹啉至终浓度为 0.1%。羟基喹啉是一种抗氧化剂,是 RNA 酶的不完全抑制剂及金属离子的弱螯合剂。其黄颜色有助于方便地识别有机相。

(2) 将等体积缓冲液(通常是 0.5mol/L Tris-Cl,pH 8.0,室温)加到熔化的酚中。用磁力搅拌器搅拌混合物 15min,然后放入分液漏斗,静置,待两相分开后,放出下层黄色酚液,弃上层(水相)。

(3) 再加入等体积的 0.1mol/L Tris-Cl(pH 8.0)到酚中,用磁力搅拌器搅拌 15min 后,关掉搅拌器,按步骤(2)所述除去上层水相。重复抽提过程,直到酚相的 pH 大于 7.8(用 pH 试纸测定)。

(4) 酚达到平衡后,加入 0.1 体积的含有 0.2% 有 β-巯基乙醇的 0.1mol/L Tris-Cl(pH 8.0)。这种形式的酚溶液可装在棕色试剂瓶中并处于 100mmol/L Tris-Cl(pH 8.0)之下,于 4℃可保存长达 1 个月。

注:如果溶液黄色消失或呈粉红色,则不能使用。

9. 30% 丙烯酰胺溶液(分离蛋白凝胶母液)　称取 29.0g 丙烯酰胺、1.0g N,N-亚甲基双丙烯酰胺,加 80mL 双蒸水,于 37℃加热溶解后,用双蒸水定容到 100mL,用定性滤纸过滤后,用棕色瓶分装,于 4℃保存。

10. 24mg/mL IPTG 溶液　称量 1.2g IPTG 置于 50mL 离心管中,加入 40mL 灭菌水,充分混合溶解后,定容至 50mL。用 0.22μm 滤膜过滤除菌后,小份分装(1mL/ 份),于 –20℃保存。

11. 20mg/mL X-gal 溶液　称取 1.0g X-gal 置于 50mL 离心管中,加入 40mL DMF(N,N-二甲基甲酰胺),充分混合溶解后,定容至 50mL。小份分装(1mL/ 份)后,于 –20℃保存。

三、细菌培养基和抗生素的配制

(一)细菌培养基的配制

1. LB 培养基　分别称取 10.0g 蛋白胨、5.0g 酵母提取物、10.0g NaCl,置于 1L 烧杯中,加入约 800mL 去离子水,充分搅拌溶解,滴加 5mol/L NaOH(约 0.2mL),调节 pH 至 7.0,高温高压灭菌后,于 4℃保存。

2. LB/Amp 培养基　配制 LB 培养基(方法同前),加入 15.0g/L 琼脂,然后进行高温高压灭菌,再将培养基冷却至 50~60℃,加入 1mL 氨苄西林(100mg/mL),混合均匀,于 4℃保存。

3. TB 培养基

(1) 配制磷酸盐缓冲液(0.17mol/L KH_2PO_4、0.72mol/L K_2HPO_4)100mL:分别溶解 2.31g KH_2PO_4 和 12.54g K_2HPO_4 于 90mL 去离子水中,搅拌溶解后,加去离子水定容至 100mL,高温高压灭菌。

(2) 分别取 12.0g 蛋白胨、24.0g 酵母提取物、4mL 甘油,置于 1L 烧杯中,加入约 800mL 去离子水,充分搅拌溶解,加去离子水将培养基定容至 1L 后,高温高压灭菌。待溶液冷却至 60℃以下时,加入 100mL 上述灭菌磷酸盐缓冲液,于 4℃保存。

4. TB/Amp 培养基

(1) 配制 100mL 磷酸盐缓冲液(0.17mol/L KH_2PO_4,0.72mol/L K_2HPO_4),方法同上。

（2）分别取 12.0g 蛋白胨、24.0g 酵母提取物、甘油 4mL，置于 1L 烧杯中。加入约 800mL 去离子水，充分搅拌溶解，加去离子水将培养基定容至 1L 后，高温高压灭菌。待溶液冷却至 60℃以下时，加入 100mL 上述灭菌磷酸盐缓冲液和 1mL 氨苄西林（100mg/mL），均匀混合后，于 4℃保存。

5. SOB 培养基

（1）配制 250mmol/L KCl 溶液：在 90mL 去离子水中溶解 1.86g KCl 后，定容至 100mL。

（2）配制 2mol/L MgCl$_2$ 溶液：在 90mL 去离子水中溶解 19g MgCl$_2$ 后，定容至 100mL，高温高压灭菌。

（3）分别称取 20.0g 蛋白胨、5.0g 酵母提取物、0.5g NaCl，置于 1L 烧杯中，加入约 800mL 去离子水，充分搅拌溶解，再量取 10mL 250mmol/L KCl 溶液，加入烧杯中，滴加 5mol/L NaOH 溶液（约 0.2mL），调节 pH 至 7.0，然后加入去离子水，将培养基定容至 1L，经高温高压灭菌后，于 4℃保存。使用前加入 5mL 灭菌的 2mol/L MgCl$_2$ 溶液。

6. SOC 培养基

（1）配制 1mol/L 葡萄糖溶液：将 18g 葡萄糖溶于 90mL 去离子水中，充分溶解后定容至 100mL，用 0.22μm 滤膜过滤除菌。

（2）向 100mL SOB 培养基中加入 2mL 除菌的 1mol/L 葡萄糖溶液，均匀混合，于 4℃保存。

7. 一般固体培养基

（1）按照液体培养基配方准备好液体培养基，在高温高压灭菌前，加入下列试剂中的一种：7g/L 琼脂（配制顶层琼脂用）、15g/L 琼脂（铺制平板用）、7g/L 琼脂糖（配制顶层琼脂糖用）、15g/L 琼脂糖（铺制平板用）。

（2）高温高压灭菌后，戴手套取出培养基，摇动容器，使琼脂或琼脂糖充分混匀（此时培养基温度很高，须小心烫伤）。

（3）待培养基冷却至 50~60℃时，加入热不稳定物质（如抗生素），摇动容器，充分混匀。

（4）铺制平板（30~35mL 培养基 /90mm 培养皿）。

8. LB/Amp/X-gal/IPTG 平板培养基　分别称取 10.0g 蛋白胨、5.0g 酵母提取物、10.0g NaCl，置于 1L 烧杯中，加入约 800mL 去离子水，充分搅拌溶解。滴加 5mol/L NaOH 溶液（约 0.2mL）调节 pH 至 7.0。加去离子水将培养基定容至 1L 后，加入 15.0g 琼脂。高温高压灭菌后，冷却至 60℃左右。加入 1mL 氨苄西林（100mg/mL）、1mL IPTG（24mg/mL）、2mL X-gal（20mg/mL）后均匀混合，铺制平板（30~35mL 培养基 /90mm 培养基），于 4℃避光保存平板。

9. TB/Amp/X-gal/IPTG 平板培养基

（1）配制 100mL 磷酸盐缓冲液（0.17mol/L KH$_2$PO$_4$，0.72mol/L K$_2$HPO$_4$），方法同前。

（2）分别取 12.0g 蛋白胨、24.0g 酵母提取物、4mL 甘油，置于 1L 烧杯中，加入约 800mL 去离子水，充分搅拌溶解，再加去离子水将培养基定容至 1L，然后加入 15.0g 琼脂。高温高压灭菌后，冷却至 60℃左右，加入 100mL 上述灭菌磷酸盐缓冲液、1mL 氨苄西林（100mg/mL）、1mL IPTG（24mg/mL）、2mL X-gal（20mg/mL）后，均匀混合。铺制平板（30~35mL 培养基 /90mm 培养基），于 4℃保存平板。

10. 保存培养基

（1）液体培养基：生长在平板上或液体培养的细菌可在 30%（V/V）无菌甘油的 LB 培养基中保存。制备成一份 1mL 的含有甘油的 LB 培养基。为确保甘油均匀分布，需要涡旋振荡。作为一种替代方法,细菌也可保存在 LB 冷冻缓冲液中。

LB 冷冻缓冲液成分:36mmol/L KH₂PO4(无水的),13.2mmol/L KH₂PO4,1.7mmol/L 柠檬酸钠,0.4mmol/L MgSO₄·7H₂O,6.8mmol/L 硫酸铵,4.4%(*V/V*)甘油,用 LB 配制。

(2)穿刺培养物:使用容量为 2~3mL 并带有螺旋盖和橡皮圈的玻璃小瓶,加入相当于约 2/3 容量的熔化 LB 琼脂,旋上盖子,但不拧紧。高温高压灭菌 20min 后,取出试管,冷却至室温,然后拧紧盖子,于室温保存备用。

(二)抗生素的配制
抗生素溶液的配制方法如附表 A-17 所示。

附表 A-17 抗生素溶液的配制

抗生素类型	贮存液 [a]/ (mg·mL⁻¹)	贮存温度 (℃)	工作液浓度 /(µg·mL⁻¹)		工作液浓度范围 / (µg·mL⁻¹)
			严紧型质粒	松弛型质粒	
氨苄西林	50(溶于水)	−20	20	60	25~200
羧苄西林	50(溶于水)	−20	20	60	25~100
氯霉素	34(溶于乙醇)	−20	25	170	10~100
卡那霉素	10(溶于水)	−20	10	50	25~170
链霉素	10(溶于水)	−20	10	50	10~50
四环素 [b]	5(溶于乙醇)	−20	10	50	10~50

注:[a]. 以水为溶剂的抗生素贮存液,应用 0.22µm 滤器过滤除菌;用乙醇溶解的抗生素溶液无须除菌处理,所有抗生素贮存液都应放于不透光的容器中保存。[b].Mg²⁺ 是四环素的拮抗剂,对于四环素为筛选抗性的细菌,应使用不含镁盐的培养基(如 LB 培养基)。

(三)细菌培养物的保存
1. 甘油保存法
(1)将要保存菌种接种于 LB 液体培养至对数生长期(肉眼见培养体系内浑浊即可)。
(2)配制 30% 甘油,高温高压灭菌 20min,常温保存即可(一般是现用现配)。
(3)无菌条件下,将菌液与 30% 甘油等体积混合于离心管中,颠倒混匀,甘油终浓度为 15%。拧紧管帽,并用封口膜封口,于 20℃下可保存 2~3 年,−70℃可保存更长时间。
2. 平板保存法 在新平板底部贴圆形标签纸或用记号笔画线,使许多菌落接种于一个平皿上也能区分。用灭菌牙签挑上一个单菌落,接到平皿上,于 37℃过夜培养后在 4℃保存。为防止培养皿蒸发干燥,可用封口膜封口。
3. 穿刺培养保存法 穿刺培养基不加抗生素,因此不能保存携带质粒的菌株。玻璃瓶内装 2/3 量的培养基,灭菌,于室温下冷却凝固。接种针火焰灭菌后,挑取待保藏菌种的菌落,垂直刺入培养基中,直到瓶底,然后沿着原线拉出,在 37℃培养 48h。盖紧瓶盖,在小瓶和盖上做好标记,并用封口膜封口,于室温下避光保存。用石蜡封口密封性更好。

(周宏博 张春晶)

附录 B
常用数据表

一、常用蛋白质相对分子质量标准数据

常用蛋白质相对分子质量标准数据见附表 B-1。

附表 B-1 常用蛋白质相对分子质量标准数据 /Da

蛋白质分子量标准（高）		蛋白质分子量标准（低）		蛋白质分子量标准（宽）	
肌球蛋白（兔肌）	212 000	磷酸化酶 b（兔肌）	97 200	肌球蛋白（兔肌）	212 000
β-半乳糖苷酶（E. Coli）	116 000	血清白蛋白（牛）	66 409	β-半乳糖苷酶（E. Coli）	116 000
磷酸化酶 b（兔肌）	97 200	卵清蛋白（鸡蛋白）	44 287	磷酸化酶 b（兔肌）	97 200
血清白蛋白（牛）	66 409	碳酸酐酶（牛）	29 000	血清白蛋白（牛）	66 409
卵清蛋白（鸡蛋清）	44 287	胰蛋白酶抑制剂（大豆）	20 100	卵清蛋白（鸡蛋白）	44 287
		溶菌酶（鸡蛋清）	14 300	碳酸酐酶（牛）	29 000
				胰蛋白酶抑制剂（大豆）	20 100
				溶菌酶（鸡蛋清）	14 300
				抑肽酶（牛）	6 500

二、氨基酸的主要参数

氨基酸的主要参数见附表 B-2。

附表 B-2 20 种氨基酸的主要参数

中文名	英文名	三字符	单字符	相对分子质量 /Da	等电点	极性
甘氨酸	Glycine	Gly	G	75	5.97	疏水性
丙氨酸	Alanine	Ala	A	89	6.00	疏水性
缬氨酸	Valine	Val	V	117	5.96	疏水性
亮氨酸	Leucine	Leu	L	131	5.98	疏水性
异亮氨酸	Isoleucine	Ile	I	131	6.02	疏水性
甲硫氨酸	Methionine	Met	M	149	5.74	疏水性

中文名	英文名	三字符	单字符	相对分子质量 /Da	等电点	极性
脯氨酸	Proline	Pro	P	115	6.30	疏水性
苯丙氨酸	Phenylalanine	Phe	F	165	5.48	疏水性
色氨酸	Tryptophan	Trp	W	204	5.89	疏水性
丝氨酸	Serine	Ser	S	105	5.68	亲水性
苏氨酸	Threonine	Thr	T	119	5.60	亲水性
天冬酰胺	Asparagine	Asn	N	133	5.41	亲水性
谷氨酰胺	Glutamine	Gln	Q	147	5.65	亲水性
天冬氨酸	Aspartic acid	Asp	D	133	2.98	解离性
谷氨酸	Glutamic acid	Glu	E	147	3.22	解离性
半胱氨酸	Cysteine	Cys	C	121	5.07	解离性
酪氨酸	Tyrosine	Tyr	Y	181	5.66	解离性
组氨酸	Histidine	His	H	155	7.59	解离性
赖氨酸	Lysine	Lys	K	146	9.74	解离性
精氨酸	Arginine	Arg	R	174	10.76	解离性

三、核酸、蛋白质换算数据

（一）核酸数据转换

1. 分光光度换算

$1A_{260}$ 双链 DNA=50μg/mL

$1A_{260}$ 单链 DNA=33μg/mL

$1A_{260}$ 单链 RNA=40μg/mL

2. DNA 摩尔换算

1μg 1 000bp DNA=1.52pmol=3.03pmol 末端

1μg pBR322 DNA=0.36pmol

1pmol 1 000bp DNA=0.66μg

1pmol pBR322=2.8μg

1kb 双链 DNA（钠盐）=6.6×10^5Da

1kb 单链 DNA（钠盐）=3.3×10^5Da（dNMP 平均分子量 =330Da）

1kb 单链 RNA（钠盐）=3.4×10^5Da（NMP 平均分子量 =345Da）

（二）蛋白质数据转换

蛋白摩尔换算

100pmol 分子量 100 000Da 蛋白质 =10μg

100pmol 分子量 50 000Da 蛋白质 =5μg

100pmol 分子量 10 000Da 蛋白质 =1μg

氨基酸的平均分子量 =126.7Da

（三）蛋白质与核酸换算

1kb DNA=333 个氨基酸编码容量 =3.7×10^4Da 蛋白质

10 000Da 蛋白质 =270bp DNA

30 000Da 蛋白质 =810bp DNA

50 000Da 蛋白质 =1.35kb DNA

100 000Da 蛋白质 =2.7kb DNA

四、常用核酸相对分子质量标准数据

常用核酸相对分子质量标准数据见附表 B-3。

附表 B-3　常用核酸相对分子质量标准数据

核酸	核苷酸数	分子质量 /Da
λDNA	48 502（双链环状）	3.0×10^7
pBR322	4 363（双链）	2.8×10^6
28S rRNA	4 800	1.6×10^6
23S rRNA	3 700	1.2×10^6
18S rRNA	1 900	6.1×10^5
19S rRNA	1 700	5.5×10^5
5S rRNA	120	3.6×10^4
tRNA（大肠埃希菌）	75	2.5×10^4

五、琼脂糖凝胶浓度与线性 DNA 的最佳分辨范围

琼脂糖凝胶浓度与线性 DNA 的最佳分辨范围见附表 B-4。

附表 B-4　琼脂糖凝胶浓度与线性 DNA 的最佳分辨范围

琼脂糖浓度	最佳线性 DNA 分辨范围 /bp
0.5%	1 000~30 000
0.7%	800~12 000
1.0%	500~10 000
1.2%	400~7 000
1.5%	200~3 000
2.0%	50~2 000

六、变性 PAGE 凝胶配方（核酸电泳用）

PAGE 凝胶配方（核酸电泳用）见附表 B-5。

附表 B-5　PAGE 凝胶配方（核酸电泳用）

胶浓度及组分	各种凝胶体积所对应的各种组分的取样量 /mL							
	15mL	20mL	25mL	30mL	40mL	50mL	80mL	100mL
3.5% 凝胶								
H_2O	10.2	13.5	16.9	20.3	27.1	33.9	54.2	67.7
30% 丙烯酰胺	1.7	2.3	2.9	3.5	4.6	5.8	9.3	11.6
5×TBE	3.0	4.0	5.0	6.0	8.0	10.0	16.0	20.0
10% 过硫酸铵	0.11	0.14	0.18	0.21	0.28	0.35	0.56	0.70
TEMED	0.010	0.013	0.016	0.020	0.026	0.033	0.052	0.065
5% 凝胶								
H_2O	9.4	12.5	15.7	18.8	25.1	31.4	50.2	62.7
30% 丙烯酰胺	2.5	3.3	4.2	5.0	6.6	8.3	13.3	16.6
5×TBE	3.0	4.0	5.0	6.0	8.0	10.0	16.0	20.0
10% 过硫酸铵	0.11	0.14	0.18	0.21	0.28	0.35	0.56	0.70
TEMED	0.010	0.013	0.016	0.020	0.026	0.033	0.052	0.065
8% 凝胶								
H_2O	7.9	10.5	13.2	15.8	21.1	26.4	42.2	52.7
30% 丙烯酰胺	4.0	5.3	6.7	8.0	10.6	13.3	21.3	26.6
5×TBE	3.0	4.0	5.0	6.0	8.0	10.0	16.0	20.0
10% 过硫酸铵	0.11	0.14	0.18	0.21	0.28	0.35	0.56	0.70
TEMED	0.010	0.013	0.016	0.020	0.026	0.033	0.052	0.065
12% 凝胶								
H_2O	5.9	7.9	9.8	11.8	15.7	19.7	31.4	39.3
30% 丙烯酰胺	6.0	8.0	10.0	12.0	16.0	20.0	32.0	40.0
5×TBE	3.0	4.0	5.0	6.0	8.0	10.0	16.0	20.0
10% 过硫酸铵	0.11	0.14	0.18	0.21	0.28	0.35	0.56	0.70
TEMED	0.010	0.013	0.016	0.020	0.026	0.033	0.052	0.065
20% 凝胶								
H_2O	1.9	2.5	3.2	3.8	5.1	6.4	10.2	12.7
30% 丙烯酰胺	10.0	13.3	16.7	20.0	26.6	33.3	53.3	66.6
5×TBE	3.0	4.0	5.0	6.0	8.0	10.0	16.0	20.0
10% 过硫酸铵	0.11	0.14	0.18	0.21	0.28	0.35	0.56	0.70
TEMED	0.010	0.013	0.016	0.020	0.026	0.033	0.052	0.065

七、SDS-PAGE 浓缩胶（5% Acrylamide）配方

SDS-PAGE 浓缩胶（5% Acrylamide）配方见附表 B-6。

附表 B-6　SDS-PAGE 浓缩胶（5% Acrylamide）配方

溶液成分	不同体积凝胶液中各成分所需体积 /mL							
	1mL	2mL	3mL	4mL	5mL	6mL	8mL	10mL
H$_2$O	0.68	1.40	2.10	2.70	3.40	4.10	5.50	6.80
30% 丙烯酰胺	0.17	0.33	0.50	0.67	0.83	1.00	1.30	1.7
1.0mol/L Tris（pH 6.8）	0.13	0.25	0.38	0.50	0.63	0.75	1.00	1.25
10%SDS	0.01	0.02	0.03	0.04	0.05	0.06	0.08	0.10
10% 过硫酸铵	0.01	0.02	0.03	0.04	0.05	0.06	0.08	0.10
TEMED	0.001	0.002	0.003	0.004	0.005	0.006	0.008	0.010

八、SDS-PAGE 分离胶配方

SDS-PAGE 分离胶配方见附表 B-7。

附表 B-7　SDS-PAGE 分离胶配方

溶液成分	不同体积凝胶液中各成分所需体积 /mL							
	5mL	10mL	15mL	20mL	25mL	30mL	40mL	50mL
6% 浓度								
H$_2$O	2.6	5.3	7.9	10.6	13.2	15.9	21.2	26.5
30% 丙烯酰胺	1.0	2.0	3.0	4.0	5.0	6.0	8.0	10.0
1.5mol/L Tris-HCl（pH 8.8）	1.3	2.5	3.8	5.0	6.3	7.5	10.0	12.5
10%SDS	0.05	0.1	0.15	0.2	0.25	0.3	0.4	0.5
10% 过硫酸铵	0.05	0.1	0.15	0.2	0.25	0.3	0.4	0.5
TEMED	0.004	0.008	0.012	0.016	0.020	0.024	0.032	0.040
8% 浓度								
H$_2$O	2.3	4.6	6.9	9.3	11.5	13.9	18.5	23.2
30% 丙烯酰胺	1.3	2.7	4.0	5.3	6.7	8.0	10.7	13.3
1.5mol/L Tris-HCl（pH 8.8）	1.3	2.5	3.8	5.0	6.3	7.5	10.0	12.5

溶液成分	不同体积凝胶液中各成分所需体积 /mL							
	5mL	10mL	15mL	20mL	25mL	30mL	40mL	50mL
10%SDS	0.05	0.1	0.15	0.2	0.25	0.3	0.4	0.5
10% 过硫酸铵	0.05	0.1	0.15	0.2	0.25	0.3	0.4	0.5
TEMED	0.003	0.006	0.009	0.012	0.015	0.018	0.024	0.030
10% 浓度								
H_2O	1.9	4.0	5.9	7.9	9.9	11.9	15.9	19.8
30% 丙烯酰胺	1.7	3.3	5.0	6.7	8.3	10.0	13.3	16.7
1.5mol/L Tris（pH 8.8）	1.3	2.5	3.8	5.0	6.3	7.5	10.0	12.5
10%SDS	0.05	0.1	0.15	0.2	0.25	0.3	0.4	0.5
10% 过硫酸铵	0.05	0.1	0.15	0.2	0.25	0.3	0.4	0.5
TEMED	0.002	0.004	0.006	0.008	0.010	0.012	0.016	0.020
12% 浓度								
H_2O	1.6	3.3	4.9	6.6	8.2	9.9	13.2	16.5
30% 丙烯酰胺	2.0	4.0	6.0	8.0	10.0	12.0	16.0	20.0
1.5mol/L Tris（pH 8.8）	1.3	2.5	3.8	5.0	6.3	7.5	10.0	12.5
10%SDS	0.05	0.1	0.15	0.2	0.25	0.3	0.4	0.5
10% 过硫酸铵	0.05	0.1	0.15	0.2	0.25	0.3	0.4	0.5
TEMED	0.002	0.004	0.006	0.008	0.010	0.012	0.016	0.020
15% 浓度								
H_2O	1.1	2.3	3.4	4.6	5.7	6.9	9.2	11.5
30% 丙烯酰胺	2.5	5.0	7.5	10	12.5	15.0	20.0	25.0
1.5mol/L Tris（pH 8.8）	1.3	2.5	3.8	5.0	6.3	7.5	10.0	12.5
10%SDS	0.05	0.1	0.15	0.2	0.25	0.3	0.4	0.5
10% 过硫酸铵	0.05	0.1	0.15	0.2	0.25	0.3	0.4	0.5
TEMED	0.002	0.004	0.006	0.008	0.010	0.012	0.016	0.020

九、SDS-PAGE 分离胶的浓度与最佳分离范围

SDS-PAGE 分离胶的浓度与最佳分离范围见附表 B-8。

附表 B-8　SDS-PAGE 分离胶的浓度与最佳分离范围

SDS-PAGE 分离胶浓度	最佳分离范围 /kDa
6%	50~150
8%	30~90
10%	20~80
12%	12~60
15%	10~40

（周宏博　张春晶）